2021년 최신판

전기기사 / 전기공사기사
전기직 공사·공단·공무원 대비

제 어 공 학

기본서+최근 5년간 기출문제

테스트나라 검정연구회 편저

이노 books

전기기사/전기공사기사/전기직 공사·공단·공무원 대비
2021 제어공학 기본서+최근 5년간 기출문제

초판 1쇄 발행 | 2021년 3월 25일
편저자 | 테스트나라 검정연구회 편저
발행인 | 송주환

발행처 | 이노Books
출판등록 | 301-2011-082
주소 | 서울시 중구 퇴계로 180-15(필동1가 21-9번지 뉴동화빌딩 119호)
전화 | (02) 2269-5815
팩스 | (02) 2269-5816
홈페이지 | www.innobooks.co.kr

ISBN 978-89-97897-99-5 [13560]
정가 15,000원

목 차

01 제어공학 핵심 요약

핵심 01 자동 제어계의 요소와 구성

(1) 제어계

① 개루프 제어계 : 가장 단순한 시스템으로 설치비가 저렴하지만 설정값이 부정확하고 신뢰성이 낮다.

② 폐루프 제어계 : 구조는 복잡하지만 오차가 적다.

(2) 자동 제어 장치의 분류

① 제어량의 성질에 따른 분류

프로세서 제어	·생산 공정 중의 상태량, 외란의 억제를 주 목적으로 함 ·온도, 유량, 압력, 액위, 농도, 밀도
서어보 기구	·기계적 변위를 제어량으로 추종 ·위치, 방위, 자세
자동 조정	·전압, 전류, 주파수, 회전속도, 힘

② 조절부 동작에 의한 분류

비례 제어	·P 제어 ·잔류 편차(off-set)가 생기는 결점 ·$G(s) = K$
미분 제어	·D 제어 ·전달 함수 $G(s) = T_d s$
적분 제어	·I 제어 ·전달 함수 $G(s) = \dfrac{1}{T_i s}$
비례 미분 제어	·PD 제어 ·전달 함수 $G(s) = K(1 + T_d s)$ ·속응성, 과도 특성 개선

비례 적분 제어	·PI 제어 ·전달 함수 $G(s) = K\left(1 + \dfrac{1}{T_i s}\right)$ ·정상 특성 개선
비례 적분 미분 제어	·PID 제어 ·전달 함수 $G(s) = K\left(1 + \dfrac{1}{T_i s} + T_d s\right)$ ·잔류 편차 소멸
온-오프 제어	·불연속 제어

③ 제어 목적에 따른 분류

정치 제어	어떤 일정한 목표값을 유지하는 것
프로그램 제어	정해진 프로그램에 따라 제어량을 변화 시키는 것
추종 제어	임의 시간적 변화를 하는 목표값에 제어량을 추종하는 것
비율 제어	목표값이 다른 것과 일정 비율 관계를 가지고 변화하는 것

(3) 피드백 제어계의 특징

① 정확성 증가

② 계의 특성 변화에 대한 입력대 출력비의 감도 감소

③ 비선형성과 왜형에 대한 효과의 감소

④ 감대폭 증가

⑤ 발진을 일으키고 불안정한 상태로 되어가는 경향성

⑥ 반드시 입력과 출력을 비교하는 장치가 있어야 한다.

(1) 블록 선도

① 공식 $G(s) = \dfrac{C(s)}{R(s)} = \dfrac{경로}{1-폐루프}$

② 경로 : 입력에서 출력으로 가는 도중에 있는 각 소자의 곱

③ 폐로 : 폐로 내에 있는 각 소자의 곱

(2) 신호 흐름 선도

① 정의 : 제어계의 특성을 블록선도 대신 신호의 흐름의 방향을 전달 과정으로 표시

② 공식 : $G = \dfrac{G_k \cdot \Delta_k}{\Delta} = \dfrac{전향 경로}{loop의 값} = \dfrac{경로}{1-폐로}$

(1) 시간 응답 특성

① 오버슈트 : 과도 상태 중 계단 입력을 초과하여 나타나는 출력의 최대 편차량

$$백분율 \ 오버 \ 슈트 = \frac{최대오버슈트}{최종목표값} \times 100[\%]$$

② 지연 시간(시간 늦음) : 정상값의 50[%]에 도달하는 시간

③ 상승 시간 : 정상값의 10~90[%]에 도달하는 시간

④ 정정 시간 : 응답의 최종값의 허용 범위가 5~10[%] 내에 안정되기 까지 요하는 시간

⑤ 감쇠비 $= \dfrac{제2 \ 오버 \ 슈트}{최대 \ 오버 \ 슈트}$

⑥ 과도 현상은 시정수가 클수록 오래 지속된다.

(2) 특성 방정식

폐루프 전달 함수의 분모를 0으로 놓은 식, 이때의 근을 특성근이라 한다.

(3) 임펄스 응답

제어 장치의 입력에 단위 함수 $R(s) = 1$을 가했을 때의 출력

$$R(s) = 1 \rightarrow \boxed{G(s)} \rightarrow C(s) = G(s)R(s) = G(s)$$

$$\therefore C(s) = G(s)$$

(4) 인디셜 응답

단위 계산 입력 신호에 대한 과도 응답

(5) 1차 제어계의 과도 응답

① $\dfrac{C(s)}{R(s)} = \dfrac{K}{Ts+1}$

② $C(t) = K\left(1 - e^{\frac{1}{\tau}t}\right)$

(6) 2차 제어계의 전달 함수

$$G(s) = \frac{\omega_n^2}{s^2 + 2\delta\omega_n s + \omega_n^2}$$

① 특성 방정식 : $s^2 + 2\delta\omega_n s + \omega_n^2 = 0$

(δ : 제동비, 감쇠계수 ω_n : 고유 주파수)

② 근 : $s = -\delta\omega_n \pm j\omega_n\sqrt{1-\delta^2}$

㉮ $\delta < 1$ 경우 : 부족 제동 $s = -\delta\omega_n \pm j\omega_n\sqrt{1-\delta^2}$

㉯ $\delta = 1$ 경우 : 임계 제동 $s = -\omega_n$

㉰ $\delta > 1$ 경우 : 과제동 $s = -\delta\omega_n \pm \omega_n\sqrt{\delta^2-1}$

㉱ $\delta = 0$ 경우 : 무제동 $s = \pm j\omega_n$

(1) 자동 제어계의 정상 편차

① 정상 위치 편차 : 입력이 단위 계산 함수 일 때 편차

㉮ 입력 $r(t) = 1$

㉯ 위치 편차 상수 $K_p = \lim\limits_{s \to 0} G(s)H(s)$

→(0형 제어계 : 단위 계단 함수에서 생김)

㉰ 편차 $e_{ssp} = \dfrac{1}{1 + K_p}$

② 정상 속도 편차 : 입력이 단위 램프 함수

㉮ 입력 $r(t) = t$

㉯ 속도 편차 상수 $K_v = \lim\limits_{s \to 0} s\,G(s)H(s)$

→(1형 제어계 : 단위 램프 함수에서 생김)

㉰ 편차 $e_{ssv} = \dfrac{1}{K_v}$

③ 정상 가속도 편차

㉮ 입력 $r(t) = \dfrac{1}{2}t^2$

㉯ 가속도 편차 상수 $K_a = \lim\limits_{s \to 0} s^2 G(s)H(s)$

→(2형 제어계 : 포물선 함수에서 생김)

㉰ 편차 $e_{ssa} = \dfrac{1}{K_a}$

(2) 제어계의 형에 따른 편차값

① $G(s)H(s) = \dfrac{(s+1)}{(s+2)(s+3)}$: 분모의 괄호 밖의 차

수가 $s^0 = 1$로 0형 제어계이다.

② $G(s)H(s) = \dfrac{(s+1)}{s(s+2)(s+3)}$: 분모의 괄호 밖의

차수가 s^1로 1형 제어계이다.

③ $G(s)H(s) = \dfrac{(s+1)}{s^2(s+2)(s+3)}$: 분모의 괄호 밖의

차수가 s^2로 2형 제어계이다.

(3) 제어계의 형태 분류

① 0형 제어계 : 위치 편차 상수(K_p)

② 1형 제어계 : 속도 편차 상수(K_v)

③ 2형 제어계 : 가속도 편차 상수(K_a)

(4) 제어 장치의 감도

① 정의

계의 전달 함수의 한 파라미터가 지정값에서 벗어났

을 때의 전달 함수가 지정값에서 벗어난 양의 크기

② 전달 함수 $T = \dfrac{C(s)}{R(s)} = \dfrac{G(s)}{1 + G(s)H(s)}$

③ 감도 $S_K^T = \dfrac{K}{T}\dfrac{dT}{dK}$ \qquad →($T = \dfrac{C}{R}$)

(1) 주파수 응답

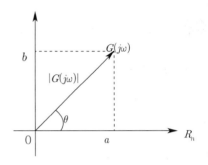

① 진폭비 : $|G(j\omega)| = \sqrt{a^2 + b^2}$

② 위상차 : 입력의 위상과 출력의 위상 사이의 차

$\theta = \angle G(j\omega) = \tan^{-1}\dfrac{a}{b}$

(2) 벡터 궤적

ω가 $0 \sim \infty$까지 변화하였을 때의 $G(j\omega)$의 크기와 위

상각의 변화를 극좌표에 그린 것으로 이 궤적을 나이

퀴스트선도라 한다.

(3) 보드 선도

① 이득 선도 : 횡축에 주파수와 종축에 이득값(데시

벨)으로 그린 그림

② 위상 선도 : 횡축에 주파수와 종축에 위상값(°)으

로 그린 그림

③ 이득 $G[\text{dB}] = -20\log|G(j\omega)|$

④ 절점 주파수 : 전달 함수의 특성 방정식에서 실수부

와 허수부가 같은 주파수

⑤ 경사 : $g = K\log_{10}\omega[\text{dB}]$에서 K값은 보드 선도의

경사를 의미한다.

$G(s) = s$의 보드 선도	$+20[\text{dB/dec}]$의 경사를 가지며 위상각은 $90[°\ ]$
$G(s) = s^2$의 보드 선도	$+40[\text{dB/dec}]$의 경사를 가지며 위상각은 $180[°\ ]$
$G(s) = s^3$의 보드 선도	$+60[\text{dB/dec}]$의 경사를 가지며 위상각은 $270[°\ ]$

핵심 06 제어계의 안정도

(1) 제어계의 안정 조건

특성 방정식의 근이 모두 s 평면의 좌반부에 있어야 한다.

(2) 루소 안정도 판별법

특성 방정식 $a_0 s^4 + a_1 s^3 + a_2 s^2 + a_3 s + a_4 = 0$에서 제어계가 안정하기 위한 필수 조건은 다음과 같다.

① 모든 계수의 부호가 동일 할 것

② 계수 중 어느 하나라도 0이 아닐 것

③ 루스 열수의 제1열의 부하가 같을 것

(3) 훌비쯔 판별법

특성 방정식의 계수로서 만들어진 행렬식에 의해 판별하는 방법

(4) 나이퀴스트 판별법

① 계의 주파수 응답에 관한 정보를 준다.

② 계의 안정을 개선하는 방법에 대한 정보를 준다.

③ 안정성을 판별하는 동시에 안정도를 지시해 준다.

④ 안정조건

㉮ 반시계 방향 : 안쪽에 $(-1,\ j\ 0)$이 있으면 불안정

㉯ 시계 방향 : 안쪽에 $(-1,\ j\ 0)$이 있으면 불안정

(5) 이득 여유

① 이득 여유는 위상 선도가 $-180[°\ ]$ 축과 교차하는

점에 대응되는 이득의 크기$[\text{dB}]$값이다.

② 이득 여유 $(GM) = 20\log\dfrac{1}{|GH_c|}[\text{dB}]$

(6) 나이퀴스트 선도에서 안정계에 요구되는 여유

① 이득여유$(GM) = 4 \sim 12[\text{dB}]$

② 위상여유$(PM) = 30 \sim 60[°\ ]$

(7) 보드 선도에서 안정계의 조건

① 위상 여유 : $\phi_m > 0$

② 이득 여유 : $g_m > 0$

③ 위상 교점 주파수 < 이득 교점 주파수

※루소-훌비츠 표를 작성할 때 제1열 요소의 부호 변화의 의미는 s 평면의 우반면에 존재하는 근의 수를 의미한다.

※특성 방정식의 근이 좌반부, 즉 음의 반평면에 있으면 안정한다.

(8) 보상법

① 위치 제어계의 종속보상법 중 진상요소의 주된 사용 목적은 속응성을 개선하는 것이다.

② 진상 보상기는 과도응답의 속도를 보상한다.

③ 위상 여유가 증가하고, 공진 첨두값이 감소한다.

핵심 07 제어계의 근궤적

(1) 정의

개루프 전달 함수의 이득정수 K를 $0 \sim \infty$ 까지 변화를 시킬 때의 특성근, 즉 폐루프 전달 함수 극의 이동 궤선을 말한다.

(2) 작도법

① 극점에서 출발하여 원점에서 끝난다.

② 근궤적은 $G(s)\,H(s)$ 의 극에서 출발하여 0 점에서 끝나므로 근궤적의 개수는 z 와 p 중 큰 것과 일치한다. 또한 근궤적의 개수는 특성 방정식의 차수와 같다.

③ 근궤적의 수(N)

근궤적의 수(N)는 극점의 수(p)와 영점의 수(z)에서

㉮ $z > p$ 이면 $N = z$

㉯ $z < p$ 이면 $N = p$

④ 근궤적의 대칭성

특성 방정식의 근이 실근 또는 공액 복소근을 가지므로 근궤적은 실수축에 대하여 대칭이다.

⑤ 근궤적의 점근선

근 s에 대하여 근궤적은 점근선을 가진다.

⑥ 점근선의 교차점

점근선은 실수 축상에만 교차한다.

$$\sigma = \frac{\Sigma G(s)H(s)의 극 - \Sigma G(s)H(S)의 영점}{p - z}$$

(3) 근궤적 상의 임의의 점 K의 계산

$$K = \frac{1}{|G(s_1)\,H(s_1)|}$$

(4) 이득 여유

$$이득여유 = 20\log\frac{허수축과의\ 교차점에서\ K의\ 값}{K의\ 설계값}\ [dB]$$

핵심 **08** **상태방정식 및 z변환**

(1) 전이행렬

$\varnothing(t) = \mathcal{L}^{-1}[(sI-A)^{-1}]$ 이며 전이행렬은 다음과 같은 성질을 갖는다.

① $\varnothing(0) = I \quad \rightarrow (I$는 단위행렬)

② $\varnothing^{-1}(t) = \varnothing(-t) = e^{-At}$

③ $\varnothing(t_2-t_1)\,\varnothing(t_1-t_0) = \varnothing(t_2-t_0)$

$\rightarrow$(모든 값에 대하여)

④ $[\varnothing(t)]^K = \varnothing(Kt) \quad \rightarrow (K$는 정수)

(2) n 차 선형 시불변 시스템의 상태 방정식

$\dfrac{d}{dx}x(t) = Ax(t) + By(t)$ 일 때 제어계의 특성 방정식은 $|sI - A| = 0$ 이다.

(3) z 변환법

① 라플라스 변환 함수의 s 대신 $\dfrac{1}{T}\ln z$ 를 대입

② s 평면의 허축은 z 평면상에서는 원점을 중심으로 하는 반경 1인 원에 사상

③ s 평면의 우반 평면은 z 평면상에서는 이원의 외부에 사상

④ s 평면의 좌반 평면은 z 평면상에서는 이원의 내부에 사상

$\displaystyle\lim_{t\to 0}e(t) = \lim_{s\to 0}E(z)$		
$f(t)$	$F(s)$	$F(z)$
$\delta(t)$	1	1
$u(t)$	$\dfrac{1}{s}$	$\dfrac{z}{z-1}$
t	$\dfrac{1}{s^2}$	$\dfrac{Tz}{(z-1)^2}$
e^{-at}	$\dfrac{1}{s+a}$	$\dfrac{z}{z-e^{-at}}$

핵심 **09** **시퀀스 제어**

(1) AND Gate (논리곱 회로, 직렬 회로)

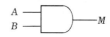

① 논리 회로 : $M = A \cdot B$

② 유접점 회로 :

③ 무접점 회로 :

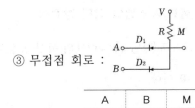

④ 진리표 :

A	B	M
0	0	0
0	1	0
1	0	0
1	1	0

(2) OR Gate (논리합 회로, 병렬 회로)

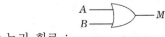

① 논리 회로 : $M = A + B$

② 유접점 회로 :

③ 무접점 회로 :

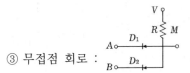

④ 진리표 :

A	B	M
0	0	0
0	1	1
1	0	1
1	1	1

(3) NOT Gate (논리부정)

① 논리 회로 :

$M = \overline{A}$

② 유접점 회로 :

③ 무접점 회로 :

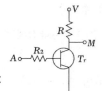

④ 진리표 :

A	M
0	1
1	0

(4) 변환 요소

① 압력 → 변위 : 벨로우즈, 다이어프램, 스프링

② 변위 → 압력 : 노즐플래퍼, 유압 분사관, 스프링

③ 변위 → 임피던스 : 가변저항기, 용량형 변환기

④ 변위 → 전압 : 포텐셔미터, 차동변압기, 전위차계

⑤ 전압 → 변위 : 전자석, 전자코일

⑥ 광 → 임피던스 : 광전관, 광전도 셀, 광전 트랜지스터

⑦ 광 → 전압 : 광전지, 광전 다이오드

⑧ 방사선 → 임피던스 : GM 관, 전리함

⑨ 온도 → 임피던스 : 측온 저항(열선, 서미스터, 백금, 니켈)

⑩ 온도 → 전압 : 열전대

(5) 드모르간의 정리

① $X = \overline{A \cdot B} = \overline{A} + \overline{B}$

② $X = \overline{A + B} = \overline{A} \cdot \overline{B}$

02

제어공학

자동 제어의 개요

01 제어계의 종류

(1) 개요

자동 제어란 어떤 동작을 하도록 만들어진 장치가 자동적으로 동작하도록 필요한 동작을 가하는 것을 말한다.

개회로 제어계(Open-loop system)와 폐회로 제어계(Closed-control system)가 있다.

(2) 개루프 제어계

정해놓은 순서에 따라서 제어의 각 단계가 순차적으로 진행, 시퀀스 제어라고도 하며 다음과 같은 특징이 있다.

· 가장 단순한 시스템이다.

· 설치비 저렴하다.

· 설정값이 부정확하다.

· 신뢰성이 낮다.

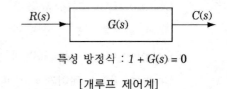

특성 방정식 : $1 + G(s) = 0$

[개루프 제어계]

(3) 폐루프 제어계

출력을 입력 방향으로 궤환(feedback)시켜 입·출력을 비교하여 원하는 목표값에 도달하도록 하는 시스템으로 다음의 특징을 가진다.

· 계의 특성변화에 대한 입력 대 출력비의 감도가 감소한다.

· 정확성의 증가

· 대역폭의 증가

· 구조가 복잡하다.

· 설치비가 고가이다.

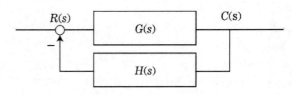

특성 방정식 : $1 + G(s)H(s) = 0$

[폐루프 제어계]

(4) 피드백 제어계의 구성 요소

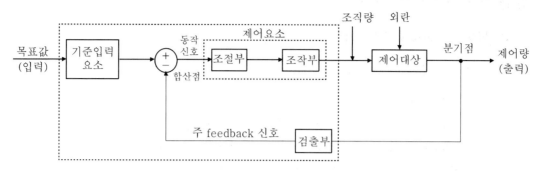

[피드백(폐루프) 제어계의 구성]

(5) 피드백 제어계의 용어 정의

① 목표값 : 입력값으로 피드백 요소에 속하지 않는 신호

② 기준 입력 요소(설정부) : 목표값에 비례하는 기준 입력 신호를 발생 시키는 장치

③ 동작 신호 : 폐루프에 직접 가해지는 입력으로 기준 입력과 주 피드백 신호와의 차로써, 제어 동작을 일으키는 신호로 편차라고도 한다.

④ 제어 요소 : 동작 신호를 조작량으로 변환하는 요소이고 조절부와 조작부로 구성된다.

⑤ 조절부 : 제어 요소가 동작 하는데 필요한 신호를 만들어 조작부에 보내는 부분

⑥ 조작부 : 조절부로부터 받은 신호를 조작량으로 바꾸어 제어 대상에 보내주는 부분

⑦ 조작량 : 제어 요소가 제어 대상에 가하는 제어 신호로써 제어 요소의 출력 신호, 제어 대상의 입력 신호

⑧ 외란 : 제어량의 값을 교란시키려 하는 외부 신호

⑨ 제어 대상 : 제어 활동을 갖지 않는 출력 발생 장치로 제어계에서 직접 제어를 받는 장치

⑩ 검출부 : 제어량을 검출하고 입력과 출력을 비교하는 비교부가 반드시 필요 (온도계, 속도계, 전류계, 전압계 등)

⑪ 제어량 : 제어를 받는 제어계의 출력, 제어 대상에 속하는 양

핵심기출 【기사】 17/3

제어 장치가 제어 대상에 가하는 제어 신호로 제어 장치의 출력인 동시에 제어 대상의 입력인 신호는?

① 목표값　　　　　　　　　　② 조작량

③ 제어량　　　　　　　　　　④ 동작신호

정답 및 해설 [폐루프 제어 시스템] ① 목표값 : 입력값, ③ 제어량 : 제어를 받는 제어계의 출력, 제어 대상에 속하는 양
④ 동작 신호 : 제어 동작을 일으키는 신호, 편차라고도 한다. 　　　　　　　　【정답】②

02 자동 제어 장치의 분류

(1) 목표값의 성질에 의한 분류

① 정치 제어 (Constant – Value Control)

   ⑦ 특징

     · 제어량을 일정한 목표치로 유지하는 제어이다.

     · 목표값이 시간적으로 변화하지 않고 일정한 경우의 제어

   ⑭ 적용 예 : 프로세스 제어, 자동 조정 제어, 연속식 압연기, 정전압 장치, 발전기의 조속기 제어 등

② 추치 제어 (Follow – Up Control)

   ⑦ 특징

     · 목표치가 변화할 때 그것에 제어량을 추종시키기 위한 제어이다.

     · 시간이 경과할 때마다 목표값이 시간적으로 변화하는 경우의 제어

   ⑭ 종류

추종 제어	임의로 변화하는 제어로 서보 기구가 이에 속한다. 예 대공포, 자동평형 계기, 추적 레이다
프로그램 제어 (Program Control)	목표값의 변화가 미리 정해진 신호에 따라 동작 예 무인 열차, 엘리베이터, 산업운전로보트 등
비율 제어	시간에 따라 비례하여 변화(배터리 등) 예 보일러의 온도제어, 암모니아 합성 프로세스

③ 프로그램 제어 (Program Control)

   · 자동 제어 중 목표값이 미리 정해져 있는 프로그램을 시간적 변화에 따라 실행하는 제어이다.

   · 엘리베이터의 위치 제어 운전이나 열차의 무인 운전 등이 프로그램 제어의 일종이다.

핵심기출 【기사】 07/1

자동 제어의 추치 제어에 속하지 않는 것은?

① 프로세스 제어　　　　　　　② 추종 제어

③ 비율 제어　　　　　　　　　④ 프로그램 제어

정답 및 해설 [추치 제어] 추치 제어는 출력의 변동을 조정하는 동시에 목표값에 정확히 추종하도록 설계한 제어계이다. 추종 제어, 프로그램 제어, 비율 제어가 이에 속한다.　　　　　　　　　　【정답】①

(2) 제어 대상(제어량)의 성질에 의한 분류

① 프로세스 제어 (공정 제어)

㉮ 특징

·플랜트나 생산 공정 중의 상태량을 제어량으로 하는 제어

·액면 레벨, 밀도 등의 공업량인 경우의 자동 제어를 말한다.

㉯ 제어량의 종류 : 압력, 온도, 유량, 액위, 농도 등의 공업 프로세스의 상태량을 제어량으로 하는 제어계

㉰ 적용 예 : 온도 제어 장치, 압력 제어 장치, 유량 제어 장치

② 서보 기구 (추종 제어)

㉮ 특징 : 기계적 변위를 제어량으로 해서 목표값의 임의의 변화에 추종하도록 구성된 제어계

㉯ 제어량의 종류 : 물체의 위치, 자세, 방위 등의 기계적 변위를 제어량으로 하는 제어계

㉰ 적용 예 : 대공포의 포신 제어, 미사일의 유도 기구

③ 자동 조정 (정치 제어)

㉮ 특징 : 전기적, 기계적 양을 주로 제어하는 시스템으로 응답 속도가 빨라야 한다.

㉯ 제어량의 종류 : 전압. 속도, 주파수, 힘 등 전기적, 기계적인 양을 제어량으로 하는 제어계

㉰ 적용 예 : 자동전압조정기(AVR), 발전기의 조속기 제어

핵심기출 【기사】 10/3

제어계 중에서 물체의 위치(속도, 가속도), 각도(자세, 방향) 등의 기계적인 출력을 목적으로 하는 제어는?

① 프로세스 제어   ② 프로그램 제어

③ 자동조정 제어   ④ 서보 제어

정답 및 해설 [서보 제어] 위치, 각도, 자세 등의 기계적인 출력을 목적으로 하는 제어
·프로세스 제어 : 온도, 압력, 유량
·자동조정 제어 : 주파수, 속도

【정답】④

---

(3) 조절부의 동작에 의한 분류

① 불연속 제어

·간헐 현상이 발생한다.

·ON-OFF 제어계, 샘플링(sampling) 제어

② 연속 동작 제어

종류	특징
비례 제어 (P 제어)	·정상 오차를 수반, 잔류 편차 발생 ·$G(s) = K_p z(t)$를 만족하며 궤환 경로 전달 특성이 비례적 특성만을 가진다. ·구조는 간단하지만 잔류 편차(off set)가 생긴다. ($z(t)$: 동작 신호, $G(s)$: 전달 함수(조작량), K_p : 비례 감도)
적분 제어 (I 제어)	·오차가 검출될 때 오차에 해당하는 면적을 계산하기 위해 적분 제어한다. ·잔류 편차 제거, 정확도를 높인다. ·$G(s) = \dfrac{1}{T_i} \int z(t) dt$ → (T_i : 적분 시간)
미분 제어 (D 제어)	·오차가 변화하는 속도에 대응하여 미분 제어한다. ·입력에 대응한 출력 변화를 검출허여 오차가 커지는 것을 미리 방지 ·$G(s) = T_d \dfrac{d}{dt} z(t)$ → (T_d : 미분 시간)
비례 적분 제어 (PI 제어)	·잔류 편차 제거 ·응답의 진동 시간이 길다. ·$G(s) = K_p [z(t) + \dfrac{1}{T_i} \int z(t) dt]$ → (T_i : 적분 시간, $\dfrac{1}{T_i}$: 리셋 률)
비례 미분 제어 (PD 제어)	·응답 속응성의 개선 ·$G(s) = K_p [z(t) + T_D \dfrac{d}{dt} z(t)]$
비례 적분 미분 제어 (PID 제어)	·잔류 편차 제거 ·정상 특성과 응답 속응성을 동시에 개선 ·오버슈트를 감소시킨다. ·D 동작에 의해 진동을 억제 ·연속 동작 중 가장 우수하다. ·$G(s) = K_p (z(t) + \dfrac{1}{T_i} \int z(t) dt + T_D \dfrac{dz(t)}{dt})$ →(K_p : 비례 감도, T_D : 미분시간)

핵심기출 【기사】 13/3

적분시간 4[sec], 비례 감도가 4인 비례 적분 동작을 하는 제어계에 동작 신호 $z(t) = 2t$를 주었을 때 이 시스템의 조작량은?

① $t^2 + 8t$ ② $t^2 + 4t$

③ $t^2 - 8t$ ④ $t^2 - 4t$

정답 및 해설 [비례 적분 제어(PI 제어)] 전달함수 $G(s) = \dfrac{X_0(s)}{X_i(s)} = K_p (z(t) + \dfrac{1}{T} \int z(t))$

K_p : 비례감도, T : 적분시간

$G(s) = 4(2t + \dfrac{1}{4} \int 2t dt) = 8t + 2 \times \dfrac{1}{2} t^2 = t^2 + 8t$ 【정답】 ①

(4) 조작 물질에 의한 분류

제어 장치의 각 부에는 각각의 동작에 관여하는 동작 물질(매질 : agent)이 있으며, 그 종류에 따라 제어 시스템을 분류하면 공기식, 유압식, 전기식, 혼합식 등이 있다. 또한 제어 시스템은 최적 (optimal), 적응(adaptive), 강인(robust) 제어 등으로도 나타낼 수 있다.

① 최적 제어 시스템

선택한 성능 지수(performance index)를 최소화하거나 최대화하여 직접적으로 설계되며 현대 제어 이론에서 자주 사용된다.

② 적응 제어 시스템

· 제어기 변수들이 변화되는 대로 움직이는 시스템
· 연속적이거나 불연속적이거나 시스템 출력에 알맞은 제어를 행하는 방식

③ 강인한 제어 시스템

제어 변수나 외란들에 의해 변동이 일어나도 강인하게 일정한 목표값을 유지할 수 있는 시스템이다.

01 폐루프 시스템의 주요 특징으로는 정확성 증가, 대역폭 증가, 발진을 일으키고 불안정한 상태로 되어갈 가능성이 있다는 것과 계의 특성 변화에 대한 입력 대 출력비의 감도가 (   )한다.

02 자동 제어계의 기본적 구성에서 제어 요소는 (①   )와 (②   )로 구성되어 있다.

03 기준 입력과 주 궤환량과의 차로서, 제어계의 동작을 일으키는 원인이 되는 신호는 (   ) 신호이다.

04 제어량을 어떤 일정한 목표값으로 유지하는 것을 목적으로 하는 제어법은 (   ) 제어이다.

05 자동 제어의 분류에서 엘리베이터의 자동 제어에 해당하는 제어는 (   ) 제어이다.

06 제어계 중에서 물체의 위치(속도, 가속도), 각도(자세, 방향) 등의 기계적인 출력을 목적으로 하는 제어는 (   ) 제어이다.

07 압력, 온도, 유량, 액위, 농도 등의 공업 프로세스의 상태량을 제어량으로 하는 제어계는 (   ) 제어이다.

08 잔류 편차(OFF SET)을 일으키는 제어는 (   ) 제어이다.

09 사이클링과 오프셋이 제거되고 응답 속도가 빠르며 안정성에서 최적 제어가 되는 것은 (   ) 제어이다.

10 조절부의 동작에 의한 분류 중 제어계의 오차가 검출될 때 오차가 변화하는 속도에 비례하여 조작량을 조절하는 동작으로 오차가 커지는 것을 미연에 방지하는 제어 동작은 (   ) 제어이다.

정답

(1) 감소 (2) ① 조절부, ② 조작부 (3) 동작
(4) 정치 (5) 프로그램 (6) 서보
(7) 프로세서 (8) 비례 (9) 비례 미분 적분(PID)
(10) 미분

적중 예상문제

1. 다음 중 개루프 시스템의 주된 장점이 아닌 것은?

① 원하는 출력을 얻기 위해 보정해 줄 필요가 없다.

② 구성하기 쉽다.

③ 구성 단가가 낮다.

④ 보수 및 유지가 간단하다.

|정|답|및|해|설|

[개루프 제어계] 개루프 시스템은 단순한 시스템으로서 설정값이 부정확하고 신뢰도가 낮다. 따라서 원하는 출력을 얻으려면 <u>보정해 줄 필요</u>가 있다. 【정답】①

2. 피드백 제어에서 반드시 필요한 장치는 어느 것인가?

① 구동 장치

② 응답 속도를 빠르게 하는 장치

③ 안정도를 좋게 하는 장치

④ 입력과 출력을 비교하는 장치

|정|답|및|해|설|

[피드백 제어] 피드백 제어에서는 반드시 <u>검출부가 필요</u>하다. 【정답】④

3. 피드백 제어계에서 제어 요소에 대한 설명 중 옳은 것은?

① 목표값에 비례하는 신호를 발생하는 요소이다.

② 조작부와 검출부로 구성되어 있다.

③ 조절부와 검출부로 구성되어 있다.

④ 동작 신호를 조작량으로 변화시키는 요소이다.

|정|답|및|해|설|

[피드백 제어] 제어요소는 조절부와 조작부로 되어 있으며, 조절부는 동작신호를 만들어 조작부에 보낸다. 【정답】④

4. 다음 요소 중 피드백 제어계의 제어 장치에 속하지 않는 것은?

① 설정부   ② 조절부

③ 검출부   ④ 제어 대상

|정|답|및|해|설|

[피드백 제어] 제어장치는 제어를 하기 위하여 제어 대상에 부착시켜 놓은 장치를 말하며, 설정부, <u>제어요소(조절부, 조작부), 검출부로 이루어진 요소</u>이다. 【정답】④

5. 제어 요소가 제어 대상에 주는 양은?

① 기준 입력   ② 동작 신호

③ 제어량   ④ 조작량

|정|답|및|해|설|

[조작량] 조작량은 제어 장치가 제어 대상에 가하는 제어 신호로서 제어장치의 출력인 동시에 <u>제어 대상의 입력</u>이 된다. 【정답】④

6. 자동 제어의 분류에서 제어량의 종류에 의한 분류가 아닌 것은?

① 서보 기구   ② 추치 제어

③ 프로세스 제어   ④ 자동 조정

|정|답|및|해|설|

[추치 제어] 추치 제어는 목표값이 시간에 따라 임의로 변하는 제어계이다.   【정답】②

7. 다음 용어 설명 중 옳지 않은 것은?

① 목표값을 제어할 수 있는 신호로 변환하는 장치를 기준 입력 장치

② 목표값을 제어할 수 있는 신호로 변환하는 장치를 조작부

③ 제어량을 설정값과 비교하여 오차를 계산하는 장치를 오차 검출기

④ 제어량을 측정하는 장치를 검출단

|정|답|및|해|설|

[기준 입력 요소(설정부)] 목표값을 제어할 수 있는 신호로 변환하는 장치는 기준입력장치(설정부)이다   【정답】②

8. 제어 장치가 제어 대상에 가하는 제어 신호로 제어 장치의 출력인 동시에 제어 대상의 입력인 신호는?

① 목표값   ② 조작량

③ 제어량   ④ 동작 신호

|정|답|및|해|설|

[조작량] 조작량은 제어장치가 제어대상에 가하는 제어신호로서 제어장치의 출력인 동시에 제어 대상의 입력이 된다.   【정답】②

9. 다음 중 프로세스 제어(process control)에 속하지 않는 것은?

① 온도   ② 압력

③ 유량   ④ 자세

|정|답|및|해|설|

[프로세스 제어] 프로세스 제어란 제어량이 온도, 유량, 압력, 액위, 농도, 밀도 등의 플랜트나 생산 공정 중의 상태량을 제어량으로 하는 제어로써 프로세스에 가해지는 외란의 억제를 주 목적으로 한다. 자세는 서보기구의 제어량이다.   【정답】④

10. 서보 기구에서 직접 제어되는 제어량은 주로 어느 것인가?

① 압력, 유량, 액위, 온도

② 수분, 화학 성분

③ 위치, 각도

④ 전압, 전류, 회전 속도, 회전력

|정|답|및|해|설|

[서보 기구] 서보기구란 물체의 위치, 방위, 자세 등이 기계적 변위를 제어량으로 해서 목표값의 임의 변화에 추종하도록 구성된 제어계를 말하며, 비행기 및 선박의 방향 제어계, 미사일 발사대의 자동 위치 제어계, 추적용 레이더, 자동 평형기록계 등이 여기에 속한다.   【정답】③

11. 연속식 압연기의 자동 제어는 다음 중 어느 것인가?

① 정치 제어   ② 추종 제어

③ 프로그래밍 제어   ④ 비례 제어

|정|답|및|해|설|

[정치 제어] 정치 제어란 제어량을 어떤 일정한 목표값으로 유지하는 것을 목적으로 하는 제어법을 말한다.   【정답】①

12. 목표값이 미리 정해진 시간적 변화를 하는 경우 제어량을 그것에 추종시키기 위한 제어는?

① 프로그래밍 제어

② 정치 제어

③ 추종 제어

④ 비율 제어

|정|답|및|해|설|

[프로그래밍 제어] 프로그래밍 제어란 <u>미리 정해진 프로그</u>램에 따라 제어량을 변화시키는 것을 목적으로 하는 제어법을 말한다. 【정답】①

13. 다음의 제어량에서 추종 제어에 속하지 않는 것은?

① 유량 ② 위치

③ 방위 ④ 자세

|정|답|및|해|설|

[추종 제어] 추종 제어란 미지의 임의 시간적 <u>변화를 하는</u> <u>목표값</u>에 제어량을 추종시키는 것을 목적으로 하는 제어법을 말한다. 유량은 프로세스 제어계 제어량으로서 정치제어에 속한다. 【정답】①

14. 열차의 무인 운전을 위한 제어는 어느 것에 속하는가?

① 정치 제어 ② 추종 제어

③ 비율 제어 ④ 프로그램 제어

|정|답|및|해|설|

[프로그래밍 제어] 프로그래밍 제어란 <u>미리 정해진 프로그</u>램에 따라 제어량을 변화시키는 것을 목적으로 하는 제어법을 말한다. 【정답】④

15. 피드백 제어계의 특징이 아닌 것은?

① 정확성이 증가한다.

② 대역폭이 증가한다.

③ 구조가 간단하고 설치비가 저렴하다.

④ 계(系)의 특성 변화에 대한 입력대 출력 비의 감도가 감소한다.

|정|답|및|해|설|

[피드백 제어계의 특징]

① 정확성이 증가한다.

② 계의 특성 변화에 대한 입력 대 출력비의 감도 감소

③ 비선형성과 왜형에 대한 효과의 감소

④ 대역폭이 증가한다.

⑤ 발진을 일으키고 불안정한 상태로 되어가는 경향이 있다.

※ <u>구조가 상대적으로 복잡하고 설치비가 많이 든다.</u>

【정답】③

블록 선도와 신호 흐름 선도

01 블록 선도

(1) 블록선도의 구성

블록 선도란 자동 제어계 중에 포함되어 있는 각 요소의 신호가 어떠한 모양으로 전달되고 있는가를
나타낸 선도로 구성 요소는 다음과 같다.

① 전달 요소 : 입력 신호를 받아 적당히 변환된 출력 신호를 만드
는 신호 전달 요소

② 화살표 : 신호의 흐름 방향을 표시하는 요소

③ 가산점 : 두 가지 이상의 신호가 있을 때 이들 신호의 합과 차를
만드는 요소

④ 인출점 : 하나의 신호 R(s)를 2개 이상의 요소에 동시에 가하는데
쓰이는 신호분기요소

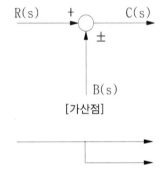

[전달 요소]

[가산점]

[인출점]

(2) 전압, 전류 관계식 및 블록선도

① R만의 회로 : $v(t) = Ri(t) \rightarrow V(s) = RI(s)$

② L만의 회로 : $v(t) = L\dfrac{di(t)}{dt} \rightarrow V(s) = LsI(s)$

③ C만의 회로 : $v(t) = \dfrac{1}{C}\displaystyle\int i(t)dt \rightarrow V_c(s) = \dfrac{1}{Cs}I(s)$

핵심기출 【산업기사】16/3

자동제어의 각 요소를 블록 선도로 표시할 때 각 요소는 전달 함수로 표시하고,
신호의 전달 경로는 무엇으로 표시하는가?

① 전달 함수   ② 단자

③ 화살표   ④ 출력

정답 및 해설 [화살표] 자동 제어계의 각 요소를 블록 선도로 표시할 때에 각 요소는 전달 함수로 표시하고, 신호의 전달
경로는 화살표로 표시한다.   【정답】③

(1) 블록 선도의 등가 변환의 형태

블록 선도는 직렬접속, 병렬접속, 궤환접속의 세 가지 기본 형태로 나타낼 수 있다.

(2) 직렬 종속 접속

$G_1(s)$, $G_2(s)$를 갖는 2개의 전달 요소가 직렬로 접속되어 있을 경우의 전달 요소가 다음과 같다.

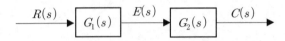

$$E(s) = G_1(s)R(s)$$

$$C(s) = G_2(s)E(s) = G_1(s)G_2(s)R(s)$$

$$\therefore \frac{C(s)}{R(s)} = G_1(s)G_2(s) \quad \rightarrow$$

(3) 병렬 종속 접속

전달 요소가 병렬로 접속된 경우의 전달 함수

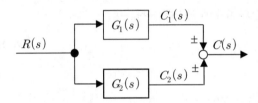

$$C_1(s) = G_1(s)R(s), \quad C_2(s) = G_2(s)R(s), \quad C(s) = C_1(s) \pm C_2(s)$$

$$\therefore \frac{C(s)}{R(s)} = G_1(s) \pm G_2(s) \quad \rightarrow$$

(4) 표준 피드백(feed back) 회로의 전달 함수

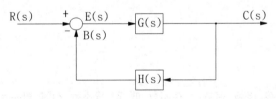

페루프 전달 함수 $\dfrac{C(s)}{R(s)} = \dfrac{G(s)}{1 + G(s)H(s)} \quad \rightarrow$

여기서, $G(s)$: 순방향 전달 함수, $G(s)H(s)$: 개루프 전달 함수

$\quad H(s)$: 되먹임(feed back) 전달함수 ($H(s) = 1$: 단위 되먹임 제어계)

전달 함수의 기본식 $G(s) = \dfrac{C(s)}{R(s)} = \dfrac{\sum 전향\ 경로\ 이득}{1 - \sum 루프\ 이득}$

【기사】 08/1

개루프 전달 함수가 다음과 같을 때 폐루프 전달 함수는?

$$G(s) = \frac{s+2}{s(s+1)}$$

① $\dfrac{s+2}{s^2+s}$　　　　　　　　② $\dfrac{s+2}{s^2+2s+2}$

③ $\dfrac{s+2}{s^2+s+2}$　　　　　　　④ $\dfrac{s+2}{s^2+2s+4}$

정답 및 해설 [폐루프 전달 함수] 폐루프 전달 함수를 $G'(s)$라 하면,

$$G'(s) = \frac{G(s)}{1+G(s)H(s)} = \frac{\dfrac{s+2}{s(s+1)}}{1+\dfrac{s+2}{s(s+1)}} = \frac{s+2}{s^2+2s+2} \ \rightarrow \ (H(s)=1 \ : : \ 단위 \ 되먹임 \ 제어계)$$

【정답】②

---

03 신호 흐름선도

(1) 신호 흐름선도의 정의

　복잡한 블록선도의 전달 함수를 간단한 선형 신호로 구성하여 해석한 선도

(2) 신호 흐름선도의 용어 및 구성

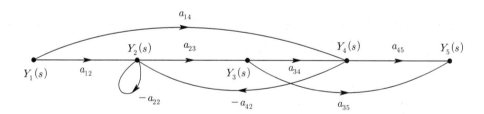

① 입력 마디($Y_1(s)$) : 신호가 밖으로 나가는 방향의 가지만을 갖는 마디

② 출력 마디($Y_5(s)$) : 신호가 들어오는 방향의 가지만을 갖는 마디

③ 가지(branch) : 전달 특성(방향)

④ 경로 : 동일한 진행 방향을 갖는 연결된 가지의 집합

⑤ 전방(전향) 경로 : 입력 마디에서 시작하여 두 번 이상 거치지 않고 출력 마디까지 도달하는 경로

　・$Y_1(s) \rightarrow Y_2(s) \rightarrow Y_3(s) \rightarrow Y_4(s) \rightarrow Y_5(s)$

　・$Y_1(s) \rightarrow Y_4(s) \rightarrow Y_5(s)$

　・$Y_1(s) \rightarrow Y_2(s) \rightarrow Y_3(s) \rightarrow Y_5(s)$

⑥ 경로 이득 : 경로를 형성하고 있는 가지들의 이득의 곱

$Y_1(s) \rightarrow Y_2(s) \rightarrow Y_3(s) \rightarrow Y_4(s) \rightarrow Y_5(s)$의 경로에서 경로 이득은 $a_{12}a_{23}a_{34}a_{45}$이다.

⑦ 전방 경로 이득 : 전방 경로의 경로 이득

⑧ 루프 : 한 마디에서 시작하여 다시 그 마디로 돌아오는 경로, 모든 마디는 두 번 이상 지날 수 없다.

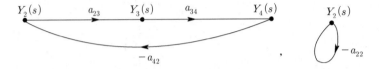

⑨ 루프 이득 : 루프의 경로 이득

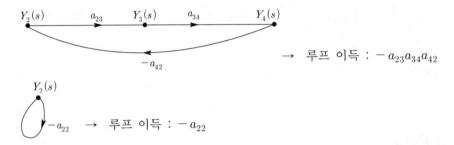

$\rightarrow$ 루프 이득 : $-a_{23}a_{34}a_{42}$

$\rightarrow$ 루프 이득 : $-a_{22}$

(3) 신호 흐름 선도의 연산

① 가산법 : 마디 변수의 이득의 값은 마디로 들어오는 모든 신호들의 합

$\rightarrow y_3 = ay_1 + by_2$

② 병렬법 : 두 마디 사이에 같은 방향으로 연결된 병렬 가지는 병렬로 된 가지들의 이득의 합과 같은 이득을 갖는 하나의 가지로 나타낼 수 있다.

$\rightarrow y_2 = (a+b)y_1$

③ 적산법 : 한 방향으로 직렬로 연결된 가지들은 각 가지들의 이득의 곱한 값과 같은 이득을 가지는 한 개의 가지로 나타낼 수 있다.

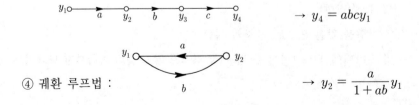

$\rightarrow y_4 = abcy_1$

④ 궤환 루프법 :

$\rightarrow y_2 = \dfrac{a}{1+ab}y_1$

⑤ 자기 루프법 : 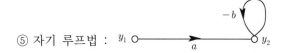 $\rightarrow y_2 = \dfrac{a}{1+b}y_1$

핵심기출 【기사】 05/1 12/3 19/1

다음의 신호선도를 메이슨의 공식을 이용하여 전달함수를 구하고자 한다. 이 신호도에서 루프(Loop)는 몇 개 인가?

① 1
② 2
③ 3
④ 4

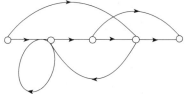

정답 및 해설 [메이슨 공식] loop란 각각의 순방향 경로의 이득에 접촉하지 않는 이득 (되돌아가는 폐회로)
따라서 루프는 2개(①, ②)가 있다.

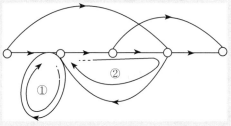

【정답】②

---

04 신호 흐름 선도의 작성법

(1) 신호 흐름 선도의 전달 함수 산출법

· 가산점, 인출점, 입력, 출력 단자를 mode로 바꾼다.

· 신호의 흐름을 선형화하여 적당한 mode로 연결하고 전달 특성 및 방향을 설정한다.

$$G(s) = \frac{C(s)}{R(s)} = \frac{\sum 전향\ 경로\ 이득}{1 - \sum 루프\ 이득}$$

(2) 메이슨 공식을 이용한 신호 흐름 선도 작성법

$$G(s) = \frac{C(s)}{R(s)} = \frac{\sum [G(1-\text{loop})]}{1 - \sum L_1 + \sum L_2 - \sum L_3}$$

여기서, G: 각각의 순방향 경로의 이득, loop : 각각의 순방향 경로의 이득에 접촉하지 않는 이득

L_1 : 각각의 모든 폐루프 이득의 곱, L_2 : 서로 접촉하지 않는 2개의 폐루프 이득의 곱

L_3 : 서로 접촉하지 않는 3개의 폐루프 이득의 곱

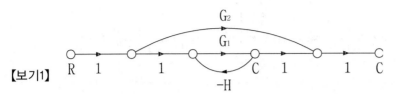

【보기1】

① $\sum[G(1-\text{loop})] = G_1(1-0) + G_2(1-G_1 H_1)$

② $\sum L_1 = G_1 H_1$

③ $\sum L_2 = 0$

④ $\sum L_3 = 0$

$$\therefore \frac{C}{R} = \frac{G_1 + G_2(1-G_1 H_1)}{1-G_1 H_1}$$

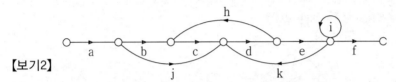

【보기2】

① $\sum[G(1-\text{loop})] = abcdef(1-0) + ajdef(1-0)$

② $\sum L_1 = cdh + dek + i$

③ $\sum L_2 = cdhi$

④ $\sum L_3 = 0$

$$\therefore \frac{C}{R} = \frac{abcdef + ajdef}{1-(cdh + dek + i) + cdhi}$$

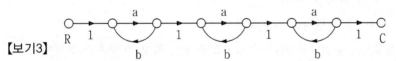

【보기3】

① $\sum[G(1-\text{loop})] = a^3(1-0)$

② $\sum L_1 = ab + ab + ab = 3ab$

③ $\sum L_2 = a^2 b^2 + a^2 b^2 + a^2 b^2 = 3a^2 b^2$

④ $\sum L_3 = a^3 b^3$

$$\therefore \frac{C}{R} = \frac{a^3}{1-3ab + 3a^2 b^2 - a^3 b^3} = \frac{a^3}{(1-3ab)^3}$$

핵심기출 【기사】 12/3

그림과 같은 신호흐름 선도에서 전달함수 $\dfrac{C}{R}$ 는?

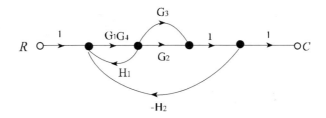

① $\dfrac{G_1 G_4 (G_2 + G_3)}{1 + G_1 G_4 H_1 + G_1 G_4 (G_2 + G_3) H_2}$

② $\dfrac{G_1 G_4 (G_2 + G_3)}{1 - G_1 G_4 H_1 + G_1 G_4 (G_3 + G_2) H_2}$

③ $\dfrac{G_1 G_2 + G_3 G_4)}{1 + G_1 G_3 G_4 H_2 + G_1 G_2 H_1}$

④ $\dfrac{G_1 G_2 - G_3 G_4}{1 - G_1 G_2 H_1 + G_1 G_3 G_4 H_2}$

정답 및 해설 [전달 함수 산출법(폐루프)] 전달함수 $G(s) = \dfrac{C(s)}{R(s)} = \dfrac{\sum 전향 경로 이득}{1 - \sum 루프 이득}$

전향 경로 이득 : $G_1 G_2 G_3$, $G_1 G_2 G_4$,

루프 이득 : $G_1 G_4 H_1$, $-G_1 G_2 G_4 H_2$, $-G_1 G_3 G_4 H_2$

$$G(s) = \frac{\sum 전향 경로 이득}{1 - \sum 루프이득} = \frac{G_1 G_2 G_4 + G_1 G_3 G_4}{1 - G_1 G_4 H_1 + G_1 G_2 G_4 H_2 + G_1 G_3 G_4 H_2}$$

$$= \frac{G_1 G_4 (G_2 + G_3)}{1 - G_1 G_4 H_1 + G_1 G_4 (G_2 + G_3) H_2}$$

【정답】②

---

05 블록 선도 및 신호 흐름 선도의 특수한 경우의 작성법

(1) 입력이 2개인 블록 선도에서의 전달 함수(외란이 있는 경우)

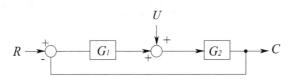

[입력이 2개인 블록 선도]

메이슨 공식을 이용

$$\frac{C(s)}{R(s)} = \frac{G_1 \times G_2}{1 - (-G_1 \times G_2)} = \frac{G_1 G_2}{1 + G_1 G_2} \qquad \frac{C(s)}{U(s)} = \frac{G_2}{1 - (-G_1 \times G_2)} = \frac{G_2}{1 + G_1 G_2}$$

$$\therefore G(s) = \frac{C(s)}{R(s)} + \frac{C(s)}{U(s)} = \frac{G_1 G_2}{1 + G_1 G_2} + \frac{G_2}{1 + G_1 G_2}$$

※외란 : 자동 제어에서 제어량을 변화시키려고 하는 외적 요인

그림과 같이 2중 입력으로 된 블록 선도의 출력 C는?

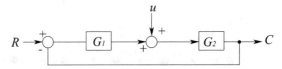

① $\left(\dfrac{G_2}{1-G_1G_2}\right)(G_1R+u)$ ② $\left(\dfrac{G_2}{1+G_1G_2}\right)(G_1R+u)$

③ $\left(\dfrac{G_1}{1-G_1G_2}\right)(G_1R-u)$ ④ $\left(\dfrac{G_2}{1+G_1G_2}\right)(G_1R-u)$

정답 및 해설 [2중 입력으로 된 블록선도] $G(s)=\dfrac{C(s)}{R(s)}+\dfrac{C(s)}{u(s)}=\dfrac{G_1G_2}{1+G_1G_2}+\dfrac{G_2}{1+G_1G_2}$

$(R-C)G_1+uG_2=C,\ RG_1G_2-CG_1G_2+uG_2=C$

$RG_1G_2+uG_2=C(1+G_1G_2)$

$\therefore C=\dfrac{G_1G_2}{1+G_1G_2}R+\dfrac{G_2}{1+G_1G_2}u=\dfrac{G_2}{1+G_1G_2}(G_1R+u)$ 【정답】②

---

(2) 경로에 접하지 않는 폐루프가 있는 신호 흐름 전달 함수

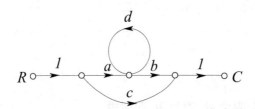

[경로를 접하지 않는 폐루프가 있는 신호 흐름선도]

$$\frac{C(s)}{R(s)}=\frac{\text{폐루프에 접하는 경로}+\text{폐루프에 접하지 않는 경로}\times(1-\text{폐루프})}{1-\text{폐루프}}$$

핵심기출 【기사】 09/2

다음 신호 흐름 선도에서 $\dfrac{C(s)}{R(s)}$ 의 값은?

① $\dfrac{ab+c(1-d)}{1-d}$

② $\dfrac{ab+c}{1-d}$

③ $ab+c$

④ $\dfrac{ab+c(1+d)}{1+d}$

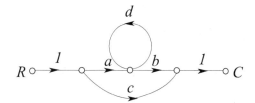

정답 및 해설 [경로에 접하지 않는 폐루프가 있는 신호 흐름 전달 함수] c경로에 접하지 않는 폐루프(e)가 있는 경우

$$G(s) = \frac{1 \times a \times b \times 1 + c \times (1-d)}{1-d} = \frac{ab+c(1-d)}{1-d}$$

【정답】 ①

---

06 연산 증폭기(OP amp)

(1) 연산 증폭기의 정의

증폭 회로, 비교 회로등, 아날로그 전자 회로에서 널리 쓰이고 있는 OP AMP는 Operational Amplifier 의 약자로 연산 증폭기라고 한다.

OP AMP는 원래 아날로그 계산기(현재는 디지털 계산기) 용으로 개발되었지만 간단하게 사용할 수 있게 된 때부터 증폭기뿐만 아니라 Active Filter, 선형, 비선형의 신호처리에 넓게 응용되고 있다.

(2) 이상적인 연산 증폭기의 특성

① 입력 저항 : $R_i = \infty$ → (입력 임피던스가 매우 크다)

② 출력 저항 : $R_0 = 0$ → (출력 임피던스가 작다)

③ 전압 이득 : $A_v = \infty$

④ 대역폭 : ∞

⑤ 정부(+, −) 2개의 전원을 필요로 한다.

⑥ 증폭도가 매우 크다.

(3) 연산 증폭기의 종류

① 증폭 회로 (부호 변환기)

$\rightarrow$ 출력 $v_0 = -\dfrac{R_2}{R_1}\nu_i$

$R_1 = R_2$인 경우에는 출력이 입력과 같고 부호만 반대이므로 부호 변환기라고도 한다.

② 미분기

$\rightarrow$ 출력 $v_0 = -RC\dfrac{dv_i}{dt}$

③ 적분기

$\rightarrow$ 출력 $v_0 = -\dfrac{1}{RC}\displaystyle\int v_i\,dt$

핵심기출 【기사】 15/2

다음의 연산 증폭기 회로에서 출력 전압 V_o를 나타내는 식은? (단, V_i는 입력 신호이다.)

① $V_o = -12\dfrac{dV_i}{dt}$

② $V_o = -8\dfrac{dV_i}{dt}$

③ $V_o = -0.5\dfrac{dV_i}{dt}$

④ $V_o = -\dfrac{1}{8}\dfrac{dV_i}{dt}$

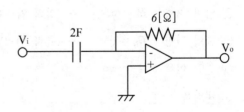

정답 및 해설 [증폭기(미분기)] $v_0 = -RC\dfrac{dv_i}{dt}$

출력 전압 $V_o = -CR\dfrac{dv_i}{dt} = -(2\times 6)\times\dfrac{dV_i}{dt} = -12\dfrac{dV_i}{dt}$ 　　【정답】①

01 그림과 같은 표준 피드백(feed back) 회로의 폐루프 전달 함수 $\dfrac{C(s)}{R(s)}=($
) 이다.

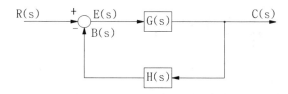

02 메이슨 공식을 이용한 신호 흐름 선도 작성법에서 $\dfrac{C(s)}{R(s)}=($) 이다.

단, G : 각각의 순방향 경로의 이득, loop : 각각의 순방향 경로의 이득에 접촉하지 않는 이득, L_1 : 각각의 모든 폐루프 이득의 곱, L_2 : 서로 접촉하지 않는 2개의 폐루프 이득의 곱, L_3 : 서로 접촉하지 않는 3개의 폐루프 이득의 곱

03 그림의 신호 흐름 선도에서 $\dfrac{C}{R}=($) 이다.

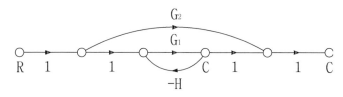

04 연산 증폭기의 성질에 관한 설명이다.
① 전압 이득이 매우 (   ),
② 입력 임피던스가 매우 (   ).
③ 전력 이득이 매우 (   ).
④ 출력 임피던스가 매우 (   ).

05 그림과 같은 연산 증폭기의 출력 $X_3 =($ $)$ 이다.

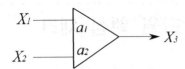

06 그림과 같이 $G_1(s)$, $G_2(s)$를 갖는 2개의 전달 요소가 직렬로 접속되어 있을 경우의

전달함수 $\dfrac{C(s)}{R(s)} =($ $)$ 이다.

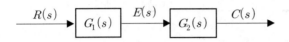

07 그림과 같은 블록선도에서 입력이 2개인 블록선도, 즉 외란이 있는 경우의 전달함수

$\dfrac{C(s)}{R(s)} =($ $)$ 이다.

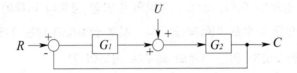

1. 종속으로 접속된 두 전달 함수의 종합 전달 함수를 구하시오.

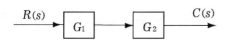

① $G_1 + G_2$ ② $G_1 \times G_2$

③ $\dfrac{1}{G_1} + \dfrac{1}{G_2}$ ④ $\dfrac{1}{G_1} \times \dfrac{1}{G_2}$

|정|답|및|해|설|

[종속(직렬)] $G = G_1 \cdot G_2$ 접속을 곱해진 결과를 얻는다.

[종속(병렬)] 병렬 접속한 경우에는 $G = G_1 + G_2$로 한다.

【정답】②

2. 다음 블록선도의 입·출력비는?

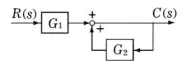

① $\dfrac{1}{1 + G_1 G_2}$ ② $\dfrac{G_1 G_2}{1 - G_2}$

③ $\dfrac{G_1}{1 - G_2}$ ④ $\dfrac{G_1}{1 + G_2}$

|정|답|및|해|설|

[폐루프] $G(s) = \dfrac{C(s)}{R(s)} = \dfrac{\sum \text{전향 경로 이득}}{1 - \sum \text{루프 이득}}$

$RG_1 + CG_2 = C$, $RG_1 = C - CG_2$

$\therefore \dfrac{C}{R} = \dfrac{G_1}{1 - G_2}$

【정답】③

3. 그림과 같은 피이드백 회로의 종합 전달 함수는?

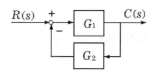

① $\dfrac{1}{G_1} + \dfrac{1}{G_2}$ ② $\dfrac{G_1}{1 - G_1 G_2}$

③ $\dfrac{G_1}{1 + G_1 G_2}$ ④ $\dfrac{G_1 C_2}{1 + G_1 G_2}$

|정|답|및|해|설|

[폐루프 전달함수] $G(s) = \dfrac{C(s)}{R(s)} = \dfrac{\sum \text{전향 경로 이득}}{1 - \sum \text{루프 이득}}$

$(R - CG_2)G_1 = C \rightarrow RG_1 = C + CG_1 G_2$

$\therefore \dfrac{C}{R} = \dfrac{G_1}{1 + G_1 G_2}$

위의 경우에 경로 이득도 R에서 C까지의 경로, 즉 G_1이고 폐로는 $G_1 G_2$가 된다.

【정답】③

4. 그림과 같은 피이드백 제어계의 폐루프 전달 함수는?

① $\dfrac{R(s)C(s)}{1 + G(s)}$ ② $\dfrac{G(s)}{1 + R(s)}$

③ $\dfrac{C(s)}{1 + R(s)}$ ④ $\dfrac{G(s)}{1 + G(s)}$

|정|답|및|해|설|_____

[폐루프] $G(s) = \dfrac{C(s)}{R(s)} = \dfrac{\sum 전향\ 경로\ 이득}{1 - \sum 루프\ 이득}$

$(R - C)G = C,\quad BG - CG = C$

$RG = C + CG = C(1 + G) \quad \rightarrow \quad \therefore \dfrac{C}{R} = \dfrac{G}{1 + G}$

【정답】④

---

③ $\dfrac{G_1 G_2}{1 - G_1 G_2}$ ④ $\dfrac{G_1 G_2}{1 - G_1 - G_2}$

|정|답|및|해|설|_____

$(RG_1 + R)G_2 + R = C$

$\dfrac{C}{R} = G_1 G_2 + G_2 + 1$ 그림은 폐로가 없이 경로로만 되어 있다.

【정답】②

---

5. 그림의 블록 선도에서 $\dfrac{C}{R}$ 을 구하시오.

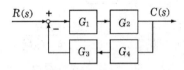

① $\dfrac{G_1 + G_2}{1 + G_1 G_2 + G_3 G_4}$

② $\dfrac{G_1 G_2}{1 + G_1 G_2 G_3 G_4}$

③ $\dfrac{G_3 G_4}{1 + G_1 G_2 + G_3 G_4}$

④ $\dfrac{G_1 G_2}{1 + G_1 G_2 + G_3 G_4}$

|정|답|및|해|설|_____

[폐루프 전달함수] $G(s) = \dfrac{C(s)}{R(s)} = \dfrac{\sum 전향\ 경로\ 이득}{1 - \sum 루프\ 이득}$

경로 $G = G_1 G_2$

폐로 $- G_1 G_2 G_3 G_4$

$\therefore 전달\ 함수 = \dfrac{경로}{1 - 폐로} = \dfrac{G_1 G_2}{1 + G_1 G_2 G_3 G_4}$

【정답】②

---

6. 그림과 같은 계통의 전달 함수는?

R(s) — G₁ — + + — G₂ — + + — C(s)

① $1 + G_1 G_2$ ② $1 + G_2 + G_1 G_2$

---

7. 그림과 같이 블록 선도로 표시되는 제어계의 전달 함수를 구하면?

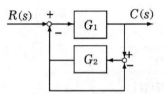

① $\dfrac{G_1}{1 + G_1 + G_1 G_2}$ ② $\dfrac{G_2}{1 + G_1 + G_1 G_2}$

③ $\dfrac{G_2 + G_1 G_2}{1 + G_2 + G_1 G_2}$ ④ $\dfrac{G_1 + G_1 G_2}{1 + G_2 + G_1 G_2}$

|정|답|및|해|설|_____

$G(s) = \dfrac{G_1}{1 + G_1 \cdot \dfrac{G_2}{1 + G_2}} = \dfrac{G_1(1 + G_2)}{1 + G_2 + G_1 G_2}$

【정답】④

---

8. 그림의 블록 선도에서 등가 전달 함수는?

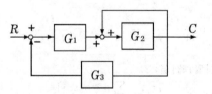

① $\dfrac{G_1 G_2}{1 + G_2 + G_1 G_2 G_3}$ ② $\dfrac{G_1 G_2}{1 - G_2 + G_1 G_2 G_3}$

③ $\dfrac{G_1 G_3}{1 - G_2 + G_1 G_2 G_3}$ ④ $\dfrac{G_1 G_3}{1 + G_2 + G_1 G_2 G_3}$

[폐루프 전달함수] $G(s) = \dfrac{C(s)}{R(s)} = \dfrac{\sum 전향\ 경로\ 이득}{1 - \sum 루프\ 이득}$

경로 : $G_1 G_2$

폐로 2개 : G_2, $G_1 G_2 G_3$

$G(s) = \dfrac{G_1 G_2}{1 - G_2 + G_1 G_2 G_3}$ 【정답】②

9. 그림과 같은 블록선도의 등가 전달함수는?

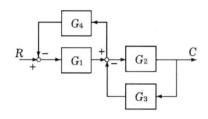

① $\dfrac{G_1 + G_2}{1 + G_2 G_3 + G_1 G_4}$

② $\dfrac{G_1 G_2}{1 + G_2 G_3 G_4}$

③ $\dfrac{G_1 G_2 G_3}{1 + G_2 G_3 + G_1 G_2 G_4}$

④ $\dfrac{G_1 G_2}{1 + G_2 G_3 + G_1 G_4}$

[폐루프] $G(s) = \dfrac{C(s)}{R(s)} = \dfrac{\sum 전향\ 경로\ 이득}{1 - \sum 루프\ 이득}$

경로 : $G_1 G_2$

폐로 : $G_4 G_1$, $G_2 G_3$

$G(s) = \dfrac{G_1 G_2}{1 + G_1 G_4 + G_2 G_3}$

【정답】④

10. 그림과 같은 블록 선도에 대한 등가 전달 함수를 구하면?

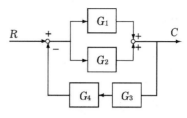

① $\dfrac{G_1 G_2}{1 + G_1 G_2 + G_3 G_4}$

② $\dfrac{G_1 + G_2}{1 + G_1 G_3 G_4 + G_2 G_3 G_4}$

③ $\dfrac{G_1 + G_2}{1 + G_1 G_2 G_3 G_4}$

④ $\dfrac{G_1 G_2}{1 + G_2 G_4 + G_1 G_3}$

[폐루프 전달함수] $G(s) = \dfrac{C(s)}{R(s)} = \dfrac{\sum 전향\ 경로\ 이득}{1 - \sum 루프\ 이득}$

경로 2개 : $G_1 + G_2$

폐로 2개 : $G_1 G_3 G_4$, $G_2 G_3 G_4$

$G(s) = \dfrac{G_1 + G_2}{1 + G_1 G_3 G_4 + G_2 G_3 G_4}$ 【정답】②

11. 다음 블록선도 중 합성 전달함수의 값이 다른 것은?

①

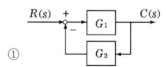

②

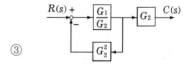

③

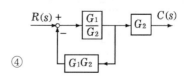

④

① $G(s) = \dfrac{G_1}{1 + G_1 G_2}$

② $G(s) = \dfrac{\dfrac{1}{G_2} G_1 G_2}{1 + G G_1 G_2} = \dfrac{G_1}{1 + G G_1 G_2}$

③ $G(s) = \dfrac{\dfrac{G_1}{G_2} G_2}{1 + \dfrac{G_1}{G_2} G_2^2} = \dfrac{G_1}{1 + G_1 G_2}$

④ $G(s) = \dfrac{G_1}{1 + G_2}$

【정답】④

① $\dfrac{4s + 20}{s^2 + 7s + 18}$ ② $\dfrac{4s + 20}{s^2 + 7s + 2}$

③ $\dfrac{s^2 + 7s + 2}{4s + 20}$ ④ $\dfrac{s^2 + 7s + 18}{4s + 20}$

|정 | 답 | 및 | 해 | 설 |

경로 : $4 \cdot \dfrac{1}{s+2}$

폐로 : $4 \cdot \dfrac{1}{s+2} \cdot \dfrac{2}{s+5}$

$G(s) = \dfrac{\dfrac{4}{s+2}}{1 + 4 \cdot \dfrac{1}{s+2} \cdot \dfrac{2}{s+5}} = \dfrac{4(s+5)}{(s+2)(s+5) + 8}$

$\quad\quad = \dfrac{4s + 20}{s^2 + 7s + 18}$

【정답】①

12. 그림과 같은 블록 선도에서 $\dfrac{C}{R}$의 값은?

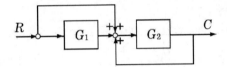

① $1 + G_1 + G_1 G_2$ ② $1 + G_2 + G_1 G_2$

③ $\dfrac{G_1 + G_2}{1 - G_2 - G_1 G_2}$ ④ $\dfrac{(1 + G_1) G_2}{1 - G_2}$

|정 | 답 | 및 | 해 | 설 |

경로 : $G_1 G_2 + G_2$, 폐로 : G_2

$\therefore G(s) = \dfrac{G_1 G_2 + G_2}{1 - G_2}$

【정답】④

13. 그림과 같은 블록 선도에 대한 등가 전달함수는?

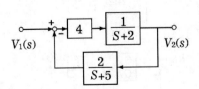

14. 그림과 같은 블록 선도에 대한 등가 전달 함수를 구하시오.

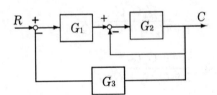

① $\dfrac{G_1 C_2}{1 + G_2 G_3}$ ② $\dfrac{G_1 C_2}{1 + G_1 + G_2 G_3}$

③ $\dfrac{G_1 C_2}{1 + G_2 + G_2 G_3}$ ④ $\dfrac{G_1 C_2}{1 + G_1 G_2 + G_2 G_3}$

|정 | 답 | 및 | 해 | 설 |

경로 : $G_1 G_2$, 폐로 2개 : G_2, $G_1 G_2 G_3$

$\therefore G(s) = \dfrac{G_1 G_2}{1 + G_2 + G_1 G_2 G_3}$

【정답】③

15. 그림과 같은 블록 선도에서 전달 함수로 표시한 식은?

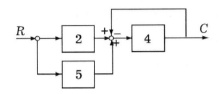

① $\dfrac{12}{5}$　　② $\dfrac{16}{5}$

③ $\dfrac{20}{5}$　　④ $\dfrac{28}{5}$

|정|답|및|해|설|

경로 : $2 \cdot 4 + 5 \cdot 4 = 28$

폐로 : 4

$\therefore G(s) = \dfrac{28}{1+4} = \dfrac{28}{5}$　　　**【정답】④**

16. 다음 블록 선도의 변환에서 ▢에 맞는 것은?

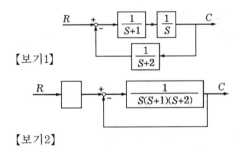

【보기1】

【보기2】

① $s+2$　　② $s+1$

③ s　　④ $s(s+1)(s+2)$

|정|답|및|해|설|

【그림1】　$\dfrac{\dfrac{a}{s+1} \cdot \dfrac{1}{s}}{1 + \dfrac{1}{s+1} \cdot \dfrac{1}{s} \cdot \dfrac{1}{s+2}} = \dfrac{s+2}{s(s+1)(s+2)+1}$

【그림2】　$\dfrac{\square \cdot \dfrac{1}{s(s+1)(s+2)}}{1 + \dfrac{1}{s(s+1)(s+2)}} = \dfrac{\square}{s(s+1)(s+2)+1}$

두 그림이 같으려면 $\square = s+2$

【정답】①

17. 그림과 같이 2중 입력으로 된 블록 선도의 출력 C는?

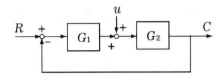

① $\left(\dfrac{G_2}{1 - G_1 G_2}\right)(G_1 R + u)$

② $\left(\dfrac{G_2}{1 + G_1 G_2}\right)(G_1 R + u)$

③ $\left(\dfrac{G_1}{1 - G_1 G_2}\right)(G_1 R - u)$

④ $\left(\dfrac{G_1}{1 + G_1 G_2}\right)(G_1 R - u)$

|정|답|및|해|설|

[외란이 있는 경우]

$R \cdot \dfrac{G_1 G_2}{1 + G_1 G_2} + u \cdot \dfrac{G_2}{1 + G_1 G_2} = C$

【정답】②

18. 그림과 같은 블록 선도에서 외란이 있는 경우의 출력은?

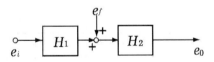

① $H_1 H_{2e_i} + H_2 e_f$

② $H_1 H_{2e_i} + (e_i + e_f)$

③ $H_1 e_i + H_2 e_f$

④ $H_1 H_2 e_i e_f$

|정|답|및|해|설|

[외란이 있는 경우] $e_i H_1 H_2 + e_f H_2 = e_0$

【정답】①

19. 다음 그림에서 A가 무한히 크다면 전체 주파수 전달 함수는?

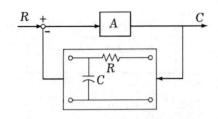

① $1+jwRC$

② $\dfrac{1}{1+jwRC}$

③ $\dfrac{jwRC}{1+jwRC}$

④ $\dfrac{1+jwRC}{jwRC}$

|정|답|및|해|설|

$G(jw) = \dfrac{A}{1+\dfrac{1}{1+jwCR}\cdot A}$ → (A가 무한히 크므로)

$G(jw) = \infty$가 되므로 A로 나누어 준다.

$G(jw) = \dfrac{1}{\dfrac{1}{A}+\dfrac{1}{jwCR+1}}$ → $\dfrac{1}{A}=\dfrac{1}{\infty}$이므로

$G(jw) = 1+jwRC$이 된다.　　　　【정답】①

20. 그림에서 x를 입력, y를 출력으로 했을 때의 전달 함수는? (단, $A \gg 1$이다.)

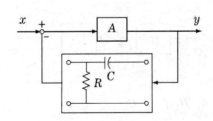

① $G(s) = 1+\dfrac{1}{RCs}$

② $G(s) = \dfrac{RCs}{1+RCs}$

③ $G(s) = 1+RCs$

④ $G(s) = \dfrac{1}{1+RCs}$

|정|답|및|해|설|

$G(jw) = \dfrac{A}{1+\dfrac{jwRC}{1+jwCR}\cdot A}$ → A가 무한히 크므로

$G(jw) = \infty$가 된다. → A로 나누면

$G(jw) = \dfrac{1}{\dfrac{1}{A}+\dfrac{jwRC}{jwCR+1}}$

A를 ∞로 크게하면 $\dfrac{1}{A}$이 0되므로

$G(jw) = \dfrac{jwRC+1}{jwRC} = 1+\dfrac{1}{jwRC}$

$G(s) = 1+\dfrac{1}{RCs}$　　　　【정답】①

21. 자동 제계의 각 요소를 블록 선도로 표시할 때 각 요소를 전달 함수로 표시하고 신호의 전달 경로는 무엇으로 나타내는가?

① 전달함수　　　　② 단자

③ 화살표　　　　④ 출력

|정|답|및|해|설|

[화살표] 신호의 전달 경로를 화살표로 표시한다.

　　　　【정답】③

22. 그림의 회로망에 맞는 신호 흐름선도는?

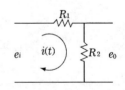

①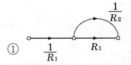

②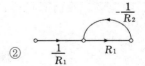

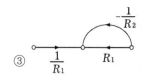

③

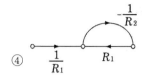

④

|정|답|및|해|설|

제시된 그림의 전달함수 $G(s) = \dfrac{R_2}{R_1 + R_2}$

① 전달함수 $1 + \dfrac{1}{R_1 R_2}$

② 전달함수 $\dfrac{\dfrac{1}{R_1} R_1}{1 - \left(-\dfrac{1}{R_2}\right) R_1} = \dfrac{1}{1 + \dfrac{R_1}{R_2}} = \dfrac{R_2}{R_2 + R_1}$

【정답】②

23. 연산 증폭기의 성질에 관한 설명 중 옳지 않은 것은?

① 전압 이득이 매우 크다.

② 출력 임피던스가 매우 작다.

③ 전력 이득이 매우 크다.

④ 입력 임피던스가 매우 크다.

|정|답|및|해|설|

[연산 증폭기의 성질] 이상적인 연산 증폭기는
·입력 저항 $R = \infty$
·출력 저항 $R_0 = 0$
·전압 이득 $A_v = -\infty$

【정답】③

24. 다음 연산 증폭기의 출력 X_3는?

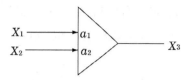

① $-a_1 X_1 - a_2 X_2$

② $a_1 X_1 + a_2 X_2$

③ $(a_1 + a_2)(X_1 + X_2)$

④ $-(a_1 - a_2)(X_1 + X_2)$

|정|답|및|해|설|

[연산 증폭기(가산기)] $X_1 a_1 + X_2 a_2 \equiv -X_3$ 이므로
$X_3 = -a_1 X_1 - a_2 X_2$

【정답】①

25. 그림과 같은 곱셈 회로에서 출력 전압 e_2는?
(단, A는 이상적인 연산 증폭기이다.)

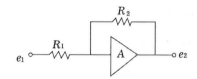

① $e_2 = \dfrac{R_2}{R_1} e_1$ ② $e_2 = \dfrac{R_1}{R_2} e_1$

③ $e_2 = -\dfrac{R_2}{R_1} e_1$ ④ $e_2 = -\dfrac{R_1}{R_2} e_1$

|정|답|및|해|설|

[연산 증폭기(반전회로)] 연산 증폭기 A의 임피던스가 매우 크므로 R_1에 흐르는 전류가 R_2로 거의 흐른다.

$\dfrac{e_1}{R_1} = -\dfrac{e_2}{R_2} \rightarrow \therefore e_2 = -\dfrac{R_2}{R_1} e_1$

【정답】③

26. 그림과 같은 연산 증폭기에서 출력 전압 V_0을 나타낸 것은? (단, V_1, V_2, V_3는 입력 신호이고, A는 연산 증폭기의 이득이다.)

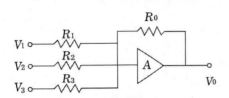

$$R_1 = R_2 = R_3 = R$$

① $V_0 = \dfrac{R_0}{3R}(V_1 + V_2 + V_3)$

② $V_0 = \dfrac{R}{R_0}(V_1 + V_2 + V_3)$

③ $V_0 = \dfrac{R_0}{R}(V_1 + V_2 + V_3)$

④ $V_0 = -\dfrac{R_0}{R}(V_1 + V_2 + V_3)$

|정|답|및|해|설|
[연산 증폭기]
$$\dfrac{V_0}{R_0} = -\left(\dfrac{V_1}{R_1} + \dfrac{V_2}{R_2} + \dfrac{V_3}{R_3}\right)$$
$R_1 = R_2 = R_3$ 이면
$$\dfrac{V_0}{R_0} = -\dfrac{1}{R}(V_1 + V_2 + V_3)$$
$$V_0 = -\dfrac{R_0}{R}(V_1 + V_2 + V_3)[V]$$

【정답】④

27. 다음 연산 기구의 출력으로 바르게 표현된 것은?

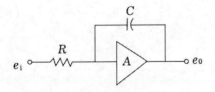

① $e_0 = -\dfrac{1}{RC}\displaystyle\int e_i\,dt$

② $e_0 = -\dfrac{1}{RC}\dfrac{de_i}{dt}$

③ $e_0 = -RC\displaystyle\int e_i\,dt$

④ $e_0 = \dfrac{C}{R}\displaystyle\int e_i\,dt$

|정|답|및|해|설|
[연산 증폭기(적분기)]
$$\dfrac{e_1}{R} = -C\dfrac{de_2}{dt} \quad \rightarrow \quad \therefore e_2 = -\dfrac{1}{RC}\displaystyle\int e_1\,dt$$

【정답】①

28. 그림과 같은 아날로그 적분기의 전달 함수는? (단, 1은 아날로그 적분기용 연산 증폭기의 이득을 의미한다.)

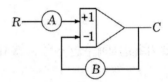

① $\dfrac{A}{s-B}$ ② $\dfrac{A}{s+B}$

③ $\dfrac{B}{s+A}$ ④ $\dfrac{B}{s-A}$

|정|답|및|해|설|
[연산 증폭기(적분기)]
$$C = \dfrac{\dfrac{A}{s}\cdot R}{1 + \dfrac{B}{s}} = \dfrac{A\cdot R}{B+s} \quad \rightarrow \quad \therefore \dfrac{C}{R} = \dfrac{A}{s+B}$$

【정답】②

29. 이득이 10^7인 연산 증폭기 회로에서 출력전압 V_0를 나타내는 식은? (단, V_i는 입력 신호이다.)

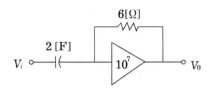

① $V_0 = -12 \dfrac{dV_i}{dt}$ ② $V_0 = -8 \dfrac{dV_i}{dt}$

③ $V_0 = -0.5 \dfrac{dV_i}{dt}$ ④ $V_0 = -\dfrac{1}{8} \dfrac{dV_i}{dt}$

|정|답|및|해|설|
[연산 증폭기(미분기)]

$$C\frac{dV_1}{dt} = -\frac{V_0}{R}$$

$$\therefore V_0 = -RC\frac{dV_1}{dt} = -12\frac{dV_1}{dt}$$

【정답】①

30. 다음 아날로그 컴퓨터로 표시되는 계통의 전달 함수는?

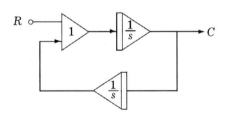

① $\dfrac{1}{s+1}$ ② $\dfrac{s}{s^2+1}$

③ $\dfrac{1}{s^2+1}$ ④ $\dfrac{s}{s+1}$

|정|답|및|해|설|
[연산 증폭기(적분기)]

$$G(s) = \frac{\dfrac{1}{s}}{1 + \dfrac{1}{s} \cdot \dfrac{1}{s}} = \frac{s}{s^2+1}$$

【정답】②

31. 다음의 상태 변수 그림이 뜻하는 계의 방정식은 어느 것인가?

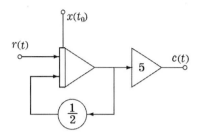

① $-2\dfrac{d}{dt}c(t) + c(t) = 10r(t)$

② $-0.5\dfrac{dc(t)}{dt} + c(t) = 10r(t)$

③ $2\dfrac{dc(t)}{dt} + c(t) = 5r(t)$

④ $2\dfrac{dc(t)}{dt} + 2c(t) = 5r(t)$

|정|답|및|해|설|
[연산 증폭기(적분기)] 아날로그 적분기이므로

$$X(s) = \frac{\dfrac{R}{s}(s)}{1 - \dfrac{1}{2s}} = \frac{2R(s)}{2s-1}$$

$$C = -5X(s) = -5 \cdot \left(\frac{2R(s)}{2s-1}\right) = \frac{-10R(s)}{2s-1}$$

$(2s-1)C(s) = -10R(s)$ → 역변환 하면

$$2\frac{d}{dt}C(t) - C(t) = -10r(t)$$

$$-2\frac{d}{dt}C(t) + C(t) = 10r(t)$$

【정답】①

32. 그림의 신호 흐름 선도에서 $\dfrac{C}{R}$는?

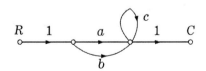

① $\dfrac{ac}{1-b}$ ② $\dfrac{a+c}{1-b}$

③ $\dfrac{ab}{1-c}$ ④ $\dfrac{a+c}{1-c}$

경로 : $a+b$, 폐로 : c

$$\therefore G(s) = \frac{a+b}{1-c}$$
【정답】④

33. 다음 상태 변수 신호 흐름 전도가 나타내는 방정식은?

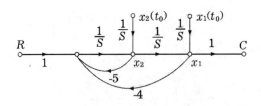

① $\dfrac{d^2}{dt^2}c(t) + 5\dfrac{d}{dt}c(t) + 4c(t) = r(t)$

② $\dfrac{d^2}{dt^2}c(t) - 5\dfrac{d}{dt}c(t) - 4c(t) = r(t)$

③ $\dfrac{d^2}{dt^2}c(t) + 4\dfrac{d}{dt}c(t) + 5c(t) = r(t)$

④ $\dfrac{d^2}{dt^2}c(t) - 4\dfrac{d}{dt}c(t) - 5c(t) = r(t)$

|정|답|및|해|설|

$$C(s) = \frac{R(s) \cdot \dfrac{1}{s} \cdot \dfrac{1}{s}}{1 + \dfrac{5}{s} + \dfrac{4}{s^2}} = \frac{R(s)}{s^2 + 5s + 4}$$

$$\therefore G(s) = \frac{C(s)}{R(s)} = \frac{1}{s^2 + 5s + 4}$$

$$(s^2 + 5s + 4)C(s) = R(s)$$

$$\frac{d^2 C(t)}{dt^2} + 5\frac{dC(t)}{dt} + 4C(t) = r(t)$$

【정답】①

34. 그림의 신호 흐름 선도에 대한 미분 방정식은?

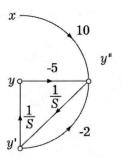

① $y'' + 2y' + 5y = 10x$

② $y'' - 2y' - 5y = 10x$

③ $y'' + \dfrac{1}{2}y' + 5y = 10x$

④ $y'' - \dfrac{1}{2}y' - 5y = 10x$

|정|답|및|해|설|

$$y'' = 10x - 5y - 2y' \;\rightarrow\; y'' + 2y' + 5y = 10x$$
【정답】①

35. 그림의 신호 흐름선도에서 $\dfrac{C}{R}$ 는?

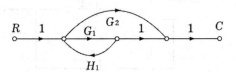

① $\dfrac{G_1 + G_2}{1 - G_1 H_1}$

② $\dfrac{G_1 G_2}{1 - G_1 H_1}$

③ $\dfrac{G_1 + G_2}{1 + G_1 H_1}$

④ $\dfrac{G_1 G_2}{1 + G_1 H_1}$

|정|답|및|해|설|

경로 : $G_1 + G_2$ 폐로 : $G_1 H_1$

$$\therefore G(s) = \frac{G_1 + G_2}{1 - G_1 H_1}$$

【정답】①

36. 아래 신호 흐름 선도의 전달함수 $\dfrac{C}{R}$ 을 구하면?

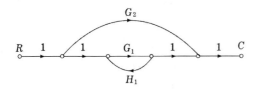

① $\dfrac{C}{R} = \dfrac{G_1 + G_2}{1 - G_1 H_1}$

② $\dfrac{C}{R} = \dfrac{G_1 + G_2}{1 - G_1 H_1 - C_2 H_2}$

③ $\dfrac{C}{R} = \dfrac{G_1 + G_2(1 - G_1 H_1)}{1 - G_1 H_1}$

④ $\dfrac{C}{R} = \dfrac{G_1 G_2}{1 - G_1 H_1}$

|정|답|및|해|설|

[경로에 접하지 않는 폐루프가 있는 신호 흐름 전달함수]
경로 : $G_1 + G_2$, 폐로 : $G_1 H_1$

경로에 접하지 않은 폐로 : $G_1 H_1$

$$G(s) = \frac{G_1 + G_2(1 - G_1 H_1)}{1 - G_1 H_1}$$

G_2경로 때 폐로 $G_1 H_1$은 경로와 접하지 않고 있다.

【정답】③

37. 그림의 신호흐름 선도에서 $\dfrac{C}{R}$ 는?

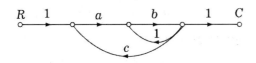

① $\dfrac{ab}{1 + b - abc}$ ② $\dfrac{ab}{1 - b - abc}$

③ $\dfrac{ab}{1 - b + abc}$ ④ $\dfrac{ab}{1 - ab + abc}$

|정|답|및|해|설|

경로 : ab, 폐로 : b, abc

$$G(s) = \frac{ab}{1 - b - abc}$$

【정답】②

38. 그림의 신호 흐름 선도를 단순화하면?

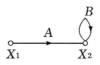

① $X_1 \xrightarrow{\quad AB \quad} X_2$

② $X_1 \xrightarrow{\quad \frac{1}{A \cdot B} \quad} X_2$

③ $X_1 \xrightarrow{\quad \frac{A}{1 \cdot B} \quad} X_2$

④ $X_1 \xrightarrow{\quad 1 \cdot B \quad} X_2$

|정|답|및|해|설|

경로 : A , 폐로 : B

$$G(s) = \frac{A}{1 - B}$$

【정답】③

39. 그림과 같은 신호 흐름 선도에서 전달 함수 $\dfrac{C(s)}{R(s)}$ 는?

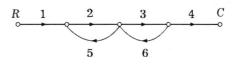

① $-\dfrac{8}{9}$ ② $\dfrac{4}{5}$

③ $-\dfrac{105}{77}$ ④ $-\dfrac{105}{78}$

|정|답|및|해|설|

경로 : $2 \cdot 3 \cdot 4 = 24$, 폐로 : $10, 18$

$\therefore G(s) = \dfrac{24}{1 - 10 - 18} = -\dfrac{24}{27} = -\dfrac{8}{9}$

【정답】①

40. 그림의 신호 흐름 선도에서 $\dfrac{C}{R}$의 값은?

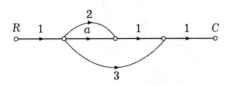

① $a+2$ ② $a+3$

③ $a+5$ ④ $a+6$

|정|답|및|해|설|

경로 : $a+2+3$, 폐로 : 없음

$G(s) = a+5$ 【정답】③

41. 그림과 같은 신호 흐름 선도에서 $\dfrac{C}{R}$는?

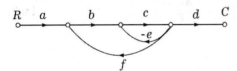

① $\dfrac{abcd}{1+ce+bcf}$ ② $\dfrac{abcd}{1-ce+bcf}$

③ $\dfrac{abcd}{1+ce-bcf}$ ④ $\dfrac{abcd}{1-ce-bcf}$

|정|답|및|해|설|

경로 : a, b, c, d , 폐로 : $-ce, bcf$

$G(s) = \dfrac{abcde}{1+ce-bcf}$ 【정답】③

42. 다음 신호 흐름 선도에서 전달 함수 $\dfrac{C}{R}$를 구하면 얼마인가?

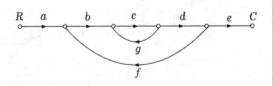

① $\dfrac{abcdg}{1-abcde}$

② $\dfrac{abcde}{1-cg-bcdf}$

③ $\dfrac{abcde}{c-cg-cgf}$

④ $\dfrac{abcde+aeh(1-cg)}{1-cg-bcdf-fh}$

|정|답|및|해|설|

경로 : a, b, c, d, e, 폐로 : $cg, bcdf$

$G(s) = \dfrac{abcde}{1-cg-bcdf}$ 【정답】②

43. 다음 신호흐름 선도에서 $\dfrac{C}{R}$를 구하여라.

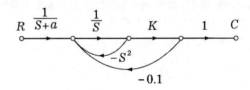

① $(s+a)(s^2-s-0.1K)$

② $(s+a)(s^2-s+0.1K)$

③ $\dfrac{K}{(s+a)(s^2-s-0.1K)}$

④ $\dfrac{K}{(s+a)(s^2+s+0.1K)}$

|정|답|및|해|설|

경로 : $\dfrac{1}{s+a}\cdot\dfrac{1}{s}\cdot K$, 폐로 : $-s$, $\dfrac{1}{s}\cdot K\cdot(-0,1)$

$\therefore G(s) = \dfrac{\dfrac{1}{s+a}\cdot\dfrac{1}{s}\cdot K}{1+s+0.1\dfrac{K}{s}}$

$\dfrac{1}{s+a}\cdot\dfrac{K}{s^2+s+0.1K} = \dfrac{K}{(s+a)(s^2+s+0.1K)}$

【정답】④

44. 그림의 신호 흐름 선도에서 $\dfrac{C}{R}$의 값은?

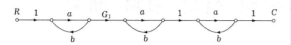

① $\dfrac{a^3}{(1-ab)^3}$

② $\dfrac{a^3}{(1-3ab+a^2b^2)}$

③ $\dfrac{a^3}{1-3ab}$

④ $\dfrac{a^3}{(1-3ab+2a^2b^2)}$

|정|답|및|해|설|......................

경로 : a^3, 폐로 : ab, ab, ab

가 3개 종속 결합이므로

$\therefore \left(\dfrac{a}{1-ab}\right)^3$

【정답】①

45. 단위 피드백 계에서 입력과 출력이 같으면 G (전향 전달 함수)의 값은 얼마인가?

① $|G|=1$ ② $|G|=0$

③ $|G|=\infty$ ④ $|G|=0.707$

|정|답|및|해|설|......................

$G(s)=\dfrac{C(s)}{R(s)}=1$

단위 부궤한 제어계 전달함수

$G(s)=\dfrac{G(s)}{1+G(s)} \rightarrow \dfrac{G(s)}{1+G(s)}=1$

분모 분자를 $G(s)$로 나누면

$\dfrac{1}{\dfrac{1}{G(s)}+1}=1 \rightarrow G(s)=\infty$

【정답】③

자동 제어계의 시간 영역 해석

01 과도 응답

(1) 과도 응답의 정의

제어계에 어떠한 입력이 가해졌을 때 출력이 일정한 값에 도달하기 전까지의 과도적으로 나타나는 응답

$$R(s) \longrightarrow \boxed{G(s)} \longrightarrow C(s)$$

$$G(s) = \frac{C(s)}{R(s)}$$

$$C(s) = G(s)R(s) \rightarrow c(t) = \mathcal{L}^{-1}[C(s)] = \mathcal{L}^{-1}[G(s)R(s)]$$

(2) 시험 기준에 따른 시간 응답

① 인디셜 응답 (단위 계단 응답) : $r(t) = u(t)$

제어 장치의 입력으로 단위 계단 함수 $R(s) = \dfrac{1}{s}$ 을 가했을 때의 출력을 말한다.

$$r(t) = u(t) \xrightarrow{\mathcal{L}} R(s) = \frac{1}{s} \quad \rightarrow \quad \therefore c(t) = \mathcal{L}^{-1}[C(s)] = \mathcal{L}^{-1}\left[G(s)\frac{1}{s}\right]$$

【보기1】 $G(s) = \dfrac{1}{s+1}$ 일 때 단위 계단 응답 $c(t)$?

$$\rightarrow C(s) = G(s)R(s) \Big|_{R(s) = \frac{1}{s}} = \frac{1}{s(s+1)} = \frac{A}{s} + \frac{B}{s+1}$$

$$A = \frac{1}{s+1} \Big|_{s=0} = 1, \qquad B = \frac{1}{s} \Big|_{s=-1} = -1$$

$$\therefore C(s) = \frac{1}{s} - \frac{1}{s+1} \rightarrow c(t) = 1 - e^{-t}$$

【보기2】 단위 계단 응답 $c(t) = 1 - e^{-2t}$ 일 때 전달함수 $G(s)$?

$$\rightarrow r(t) = u(t) \xrightarrow{\mathcal{L}} R(s) = \frac{1}{s}$$

$$c(t) = 1 - e^{-2t} \xrightarrow{\mathcal{L}} C(s) = \frac{1}{s} - \frac{1}{s+2} = \frac{2}{s(s+2)}$$

$$\therefore G(s) = \frac{C(s)}{R(s)} = \frac{2}{s+2}$$

② 임펄스 응답 : $r(t) = \delta(t)$

제어 장치의 입력으로 단위 임펄스 함수 $R(s) = 1$을 가했을 때의 출력을 말한다.

$$r(t) = \delta(t)\xrightarrow{\mathcal{L}} R(s) = 1 \;\to\; C(s) = R(s) \cdot G(s) = G(s)$$

$$\therefore C(t) = \mathcal{L}^{-1}[C(s)] = \mathcal{L}^{-1}[G(s)]$$

【보기1】 $G(s) = \dfrac{1}{(s+a)^2}$ 일 때 임펄스응답 $c(t)$?

$$\to\; C(s) = G(s)R(s)\mid_{R(s)=1} = \frac{1}{(s+a)^2}$$

$$\therefore c(t) = t\,e^{-at}$$

【보기2】 임펄스 응답 $c(t) = e^{-2t}$ 일 때 전달함수 $G(s)$는?

$$\to\; r(t) = \delta(t)\xrightarrow{\mathcal{L}} R(s) = 1$$

$$C(t) = e^{-2t}\xrightarrow{\mathcal{L}} C(s) = \frac{1}{s+2}$$

$$\therefore C(s) = G(s) = \frac{1}{s+2}$$

③ 경사 응답 (등속 응답) : $r(t) = tu(t)$

제어 장치의 입력으로 단위 램프 함수 $R(s) = \dfrac{1}{s^2}$ 을 가했을 때의 출력을 말한다.

$$r(t) = tu(t) \to R(s) = \frac{1}{s^2}$$

$$\therefore c(t) = \mathcal{L}^{-1}[C(s)] = \mathcal{L}^{-1}\left[G(s)\frac{1}{s^2}\right]$$

【보기】 $G(s) = \dfrac{s+1}{s+2}$ 일 때 경사 응답 $c(t)$는?

$$\to\; C(s) = G(s)R(s)\Big|_{R(s)=\frac{s+1}{s+2}} = \frac{s+1}{s^2(s+2)} = \frac{A}{s^2} + \frac{B}{s} + \frac{C}{s+2}$$

$$A = \frac{s+1}{s+2}\Big|_{s=0} = \frac{1}{2}, \qquad B = \frac{d}{ds}\frac{s+1}{s+2}\Big|_{s=0} = \frac{1}{(s+2)^2}\Big|_{s=0} = \frac{1}{4}$$

$$C = \frac{s+1}{s^2}\Big|_{s=-2} = -\frac{1}{4}$$

$$\therefore C(s) = \frac{1}{2}\frac{1}{s^2} + \frac{1}{4}\frac{1}{s} - \frac{1}{4}\frac{1}{s+2} \xrightarrow{\mathcal{L}^{-1}} c(t) = \frac{1}{2}t + \frac{1}{4} - \frac{1}{4}e^{-2t}$$

전달 함수 $G(s) = \dfrac{C(s)}{R(s)} = \dfrac{1}{(s+a)^2}$ 인 제어계의 임펄스 응답 $c(t)$는?

① e^{-at}

② $1 - e^{-at}$

③ te^{-at}

④ $\dfrac{1}{2}t^2$

[임펄스 응답] 임펄스 응답은 단위 임펄스 함수를 입력으로 했을 때의 응답이다.

· 임펄스 입력 $R(s) = \mathcal{L}[r(t)] = \mathcal{L}[\delta(t)] = 1$

· 임펄스 응답 $c(t) = \mathcal{L}^{-1}[G(s)R(s)] = \mathcal{L}^{-1}[G(s)\cdot 1] = \mathcal{L}^{-1}[G(s)]$

$$= \mathcal{L}^{-1}\left[\frac{1}{(s+a)^2}\right] = te^{-at}$$

【정답】 ③

(3) 자동 제어의 과도 응답 특성

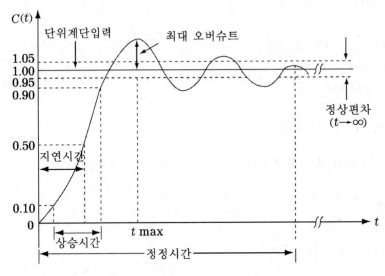

[단위 계단 입력에 대한 제어 장치의 시간 응답]

① 오버슈트 (overshoot)

　응답 중에 생기는 입력과 출력 사이의 최대 편차량 (안정성의 척도가 되는 양)

　㉮ 상대 오버슈트 $= \dfrac{\text{최대 오버슈트}}{\text{최종 희망값}} \times 100 [\%]$

　㉯ 백분율 오버슈트 $= \dfrac{\text{최대 오버슈트}}{\text{최종 목표값}} \times 100 [\%]$

　㉰ 최대 오버슈트 발생 시간 $t_p = \dfrac{\pi}{\omega_n \sqrt{1-\delta^2}}$

② 지연 시간 (time delay)

시간 지연 T_d는 응답이 최초로 희망 값의 50[%]만큼 진행되는데 요하는 시간

③ 감쇠비 (decay ratio)

과도 응답이 소멸되는 정도를 나타내는 양

$$감쇠비 = \frac{제2 오버슈트}{최대\ 오버슈트}$$

④ 상승 시간 (rise time)

·응답이 처음으로 희망 값에 도달하는데 요하는 시간, T_r로 정의

·시정수가 작은 경우에는 응답이 희망 값의 0~100[%]까지 도달하는데 요하는 시간

·시정수가 큰 경우에는 응답이 희망 값의 10~90[%]까지 도달하는데 요하는 시간

·50[%]되는 점에서의 기울기의 역수를 사용

⑤ 응답 시간 또는 정정 시간

·응답이 요구하는 오차 이내로 정착되는데 요하는 시간

·희망 값의 ±2~5[%] 이내의 오차 내에 정착되는 시간을 사용

·과도 응답 특성을 표시하는 양은 제동비, 제동 계수, 자연 진동수, 주기 등이 있음

핵심기출 【기사】 04/3 05/2 07/3 14/1 15/2

다음 과도 응답에 관한 설명 중 틀린 것은?

① OVER SHOOT는 응답 중에 생기는 입력과 출력 사이의 최대 편차량을 말한다.

② 시간 지연(Time delay)이란 응답이 최초로 희망 값의 10[%] 진행되는데 요하는 시간을 말한다.

③ 감쇠비 = $\dfrac{제2의\ overshoot}{최대\ overshoot}$

④ 상승 시간(Rise time)이란 응답이 희망 값의 10[%]에서 90[%]까지 도달하는데 요하는 시간을 말한다.

정답 및 해설 [과도 응답] 지연 시간은 응답이 최초로 희망 값(정상 값)의 50[%]가 되는 데 요하는 시간이다.

[정답] ②

(4) 특성 방정식

① 블록선도에서의 전달함수

$$R(s) = \frac{C(s)}{R(s)} = \frac{G(s)}{1+G(s)H(s)}$$

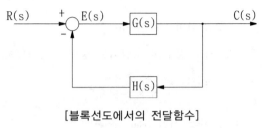

[블록선도에서의 전달함수]

② 특성 방정식

위 전달 함수에서 분모를 0으로 놓는 식

즉, $1+G(s)H(s)=0$

이를 선형 자동 제어계의 특성 방정식이라 한다.

③ 특성 방정식의 근의 위치와 응답

s평면내의 근의 위치	계단응답	안정판단
		$\delta > 1$ 과제동 ·δ_1: 불안정 ·δ_2: 안정 ·δ_3: 안정
		$\delta = 1$ 임계(무제동) (불안정)
		$0 < \delta < 1$ 감쇠진동 (안정)
		$0 < \delta$ 증폭 진동 (불안정)

· 시스템이 안정하기 위해서는 반드시 특성 방정식의 근은 s평면의 좌반면에 존재하여야 한다.

· 그림에서 보듯이 자동 제어계의 과도 응답 현상은 허수축에 가장 가까운 근에 의해 지배된다는 것을 볼 수 있는데 이 근을 대표근이라 하며 자동 제어계의 대표근은 대부분 공액 복소수근이다.

④ 영점과 극점

⑦ 영점 (zero)

· $Z(s) = 0$ → 전달 함수 분자 0

· 회로의 단락 상태

· 기호 ○

④ 극점 (pole)

· $Z(s) = \infty$ → 전달 함수 분모 0

· 회로의 개방 상태

· 기호 ×

【보기1】 개루프 전달함수 $\dfrac{(s+2)}{(s+1)(s+3)}$ 인 부궤환 제어계의 특성 방정식은?

$\rightarrow 1 + G(s)H(s) = 0$

$1 + \dfrac{(s+2)}{(s+1)(s+3)} = 0 \rightarrow (s+1)(s+3) + (s+2) = 0$

$\therefore s^2 + 5s + 5 = 0$

【보기2】 전달함수 $G(s) = \dfrac{s^2(s+3)}{(s+1)(s+2+j)(s+2-j)}$ 에서 영점과 극점은?

$\rightarrow$ 영점 : $s^2(s+3) = 0 \rightarrow \therefore s = 0(2개), -3$

극점 : $(s+1)(s+2+j)(s+2-j) = 0 \rightarrow \therefore s = -1, -2 \pm j$

핵심기출 【기사】 16/3

다음의 전달 함수 중에서 극점이 $-1 \pm j2$, 영점이 -2인 것은?

① $\dfrac{s+2}{(s+1)^2 + 4}$ ② $\dfrac{s-2}{(s+1)^2 + 4}$

③ $\dfrac{s+2}{(s-1)^2 + 4}$ ④ $\dfrac{s-2}{(s-1)^2 + 4}$

정답 및 해설 [영점과 극점] 영점은 분자가 0이 되는 점, 극점은 분모가 0이 되는 점

· 영점 : $s = -2$에서 분자는 $s+2$

· 극점 : $s = 1 \pm j2$에서 분모는 $[s - (-1+j2)][s - (-1-j2)] = s^2 + 2s + 5 = (s+1)^2 + 4$

따라서 $G(s) = \dfrac{s+2}{(s+1)^2 + 4}$

【정답】 ①

(5) 1차 지연 제어계의 과도응답 (→ 인디셜 응답)

① $G(s) = \dfrac{C(s)}{R(s)} = \dfrac{1}{1+Ts}$

② $R(s) = \dfrac{1}{s}$

③ $C(s) = G(s)R(s)$

$\qquad = \dfrac{1}{s(1+Ts)} = \dfrac{A}{s} + \dfrac{B}{1+Ts}$

㉮ $A = \dfrac{1}{1+Ts}\Big|_{s=0} = 1$

㉯ $B = \dfrac{1}{s}\Big|_{s=-\frac{1}{T}} = -T$

④ $C(s) = \dfrac{1}{s} - \dfrac{T}{1+Ts} = \dfrac{1}{s} - \dfrac{1}{s+\dfrac{1}{T}}$

⑤ $c(t) = \mathcal{L}^{-1}[C(s)] = 1 - e^{-\frac{1}{T}t}$

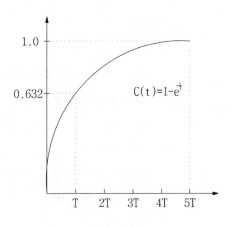

[1차 지연 제어계의 과도 응답]

핵심기출 【기사】 16/1

단위 계단 입력에 대한 응답 특성이 $c(t) = 1 - e^{-\frac{1}{T}t}$ 로 나타나는 제어계는?

① 비례 제어계   ② 적분 제어계

③ 1차 지연 제어계   ④ 2차 지연 제어계

정답 및 해설 [1차 지연 제어계] $R(s) = \mathcal{L}[r(t)] = \mathcal{L}[u(t)] = \dfrac{1}{s}$

$C(s) = \mathcal{L}[c(t)] = \mathcal{L}\left[1 - e^{-\frac{1}{T}t}\right] = \dfrac{1}{s} - \dfrac{1}{s+\dfrac{1}{T}}$

$\therefore G(s) = \dfrac{C(s)}{R(s)} = \dfrac{\dfrac{1}{s} - \dfrac{1}{s+\dfrac{1}{T}}}{\dfrac{1}{s}} = 1 - \dfrac{s}{s+\dfrac{1}{T}} = \dfrac{1}{Ts+1}$

그러므로 1차 지연 제어계   【정답】③

(6) 2차 지연 제어계의 과도 응답(→ 인디셜 응답)

$$G(s) = \frac{C(s)}{R(s)} = \frac{\omega_n^2}{s^2 + 2\delta\omega_n s + \omega_n^2} \ , \qquad R(s) = \frac{1}{s}$$

여기서, δ : 제동비(감쇠비), ω_n : 고유 주파수

$$\therefore C(s) = G(s)R(s) = \frac{\omega_n^2}{s(s^2 + 2\delta\omega_n s + \omega_n^2)}$$

(7) 제동값에 따른 제어계의 과도 응답 특성

$$C(s) = G(s)R(s) = \frac{\omega_n^2}{s(s^2 + 2\delta\omega_n s + \omega_n^2)}$$

① $\delta > 1$: 과제동 (비진동)

 • $s_1,\ s_2 = -\delta\omega_n \pm \omega_n \sqrt{\delta^2 - 1}$

 • 서로 다른 2개의 실근을 가지므로 비진동

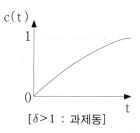

[$\delta > 1$: 과제동]

② $\delta = 1$: 임계 제동 (비진동)

 • $s_1,\ s_2 = -\omega_n$

 • 중근(실근) 가지므로 진동에서 비진동으로 옮겨가는
   임계 상태

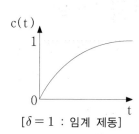

[$\delta = 1$: 임계 제동]

③ $0 < \delta < 1$: 부족 제동 (감쇠 진동)

 • $s_1,\ s_2 = -\delta\omega_n \pm j\omega_n \sqrt{1 - \delta^2}$

 • 공액 복소수근을 가지므로 감쇠 진동을 한다.

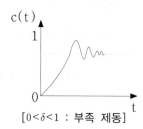

[$0 < \delta < 1$: 부족 제동]

④ $\delta = 0$: 무제동 (무한 진동)

 • $s_1,\ s_2 = \pm j\omega_n$

(8) 제어계의 공진 주파수와 고유 주파수와의 관계

 ① 제어계의 이득이 최대인 공진 주파수 : $\omega_p = \omega_n \sqrt{1 - 2\delta^2}$

   여기서, ω_p : 공진 주파수, ω_n : 고유 주파수, δ : 감쇠비(제동비)

 ② 최대 오버슈트(공진 정점) 값 : $M_p = \dfrac{1}{2\delta \sqrt{1 - \delta^2}}$

 ③ 최대 오버슈트 발생 시간 : $t_p = \dfrac{\pi}{\omega_n \sqrt{1 - \delta^2}}$

 ④ 대역폭 : $BW = \dfrac{1}{\sqrt{2}} M_p$ → (공진 정점값의 70.7[%])

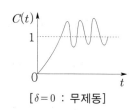

[$\delta = 0$: 무제동]

2차계 과도 응답에 대한 특성 방정식의 근은 $s_1,\ s_2 = -\delta\omega_n \pm j\omega_n\sqrt{1-\delta^2}$ 이다. 감쇠비 δ가 $0 < \delta < 1$ 사이에 존재할 때 나타나는 현상은?

① 과제동　　　　　　　　　② 무제동

③ 부족 제동　　　　　　　　④ 임계 제동

정답 및 해설 [감쇠비(δ)]

① $\delta > 1$ (과제동) : 서로 다른 2개의 실근을 가지므로 비진동
② $\delta = 1$ (임계제동) : 중근(실근) 가지므로 진동에서 비진동으로 옮겨가는 임계상태
③ $0 < \delta < 1$ (부족제동) : 공액 복소수근을 가지므로 감쇠진동을 한다.
④ $\delta = 0$ (무제동) : 무한 진동

【정답】③

02 정상 응답

(1) 정상 응답의 정의

제어계에 어떠한 입력이 가해졌을 때 출력이 과도기가 지난 후 일정한 값에 도달하는 응답

(2) 편차

어떠한 제어계의 전달 함수에서 기준 입력이나 외란의 변화에 대한 출력 신호와의 오차

① 단위 feed back 제어계

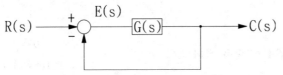

[단위 feed back 제어계]

$$M(s) = \frac{C(s)}{R(s)} = \frac{G(s)}{1 + G(s)} \qquad C(s) = M(s)R(s)$$

$$E(s) = R(s) - C(s) = R(s) - M(s)R(s) = [1 - M(s)]R(s) = \left[1 - \frac{G(s)}{1 + G(s)}\right]R(s)$$

$$\therefore E(s) = \frac{1}{1 + G(s)}R(s)$$

② 정상 편차

$$e = \lim_{t \to \infty} e(t) = \lim_{s \to 0} sE(s) = \lim_{s \to 0} s\left[\frac{1}{1 + G(s)}R(s)\right]$$

(3) 편차의 종류

① 위치 편차(K_p) : 제어계에 단위 계단 입력 $r(t) = u(t) = 1$을 가했을 때의 편차

② 속도 편차(K_v) : 제어계에 속도 입력 $r(t) = t$를 가했을 때의 편차

③ 가속도 편차(K_a) : 제어계에 가속도 입력 $r(t) = \dfrac{1}{2}t^2$를 가했을 때의 편차

편차의 종류	입력	편차 상수	편차
위치 편차	$r(t) = u(t) = 1$	$K_p = \lim_{s \to 0} G(s)H(s)$	$e_p = \dfrac{1}{1+K_p}$
속도 편차	$r(t) = t$	$K_v = \lim_{s \to 0} s\,G(s)H(s)$	$e_v = \dfrac{1}{K_v}$
가속도 편차	$r(t) = \dfrac{1}{2}t^2$	$K_a = \lim_{s \to 0} s^2 G(s)H(s)$	$e_a = \dfrac{1}{K_a}$

(4) 제어계의 형태에 의한 분류

제어계의 형은 주어진 제어 장치의 피드백 요소 $G(s)H(s)$ 함수에서 분모인 근의 값이 0인 S^n의 n차수와 같다.

① $G(s) = \dfrac{K(s+z_1)(s+z_2)(s+z_3)\cdots(s+z_n)}{s^l(s+P_1)(s+P_2)(s+P_3)\cdots(s+P_n)} = \dfrac{k(1+a_1s+a_2s^2+a_3s^3+\cdots+a_ks^h)}{s^l(1+b_1s+b_2s^2+b_3s^3+\cdots+b_ks^k)}$

② 정상 편차 : $\lim_{s \to 0} G(s) = \dfrac{k}{s^l}$

③ $l = 0 \to 0$형 제어계, $l = 1 \to 1$형 제어계, $l = 2 \to 2$형 제어계

    ㉮ $G(s)H(s) = \dfrac{(s+1)}{(s+2)(s+3)}$ → 0형 제어계 (분모의 괄호 밖의 차수가 $s^0 = 1$)

    ㉯ $G(s)H(s) = \dfrac{(s+1)}{s(s+2)(s+3)}$ → 1형 제어계 (분모의 괄호 밖의 차수가 s^1)

    ㉰ $G(s)H(s) = \dfrac{(s+1)}{s^2(s+2)(s+3)}$ → 2형 제어계 (분모의 괄호 밖의 차수가 s^2)

핵심기출 【기사】 10/1 12/1 16/2

그림과 같은 블록선도로 표시되는 계는 무슨 형인가?

① 0형   ② 1형

③ 2형   ④ 3형

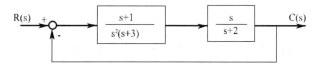

정답 및 해설 [제어계의 형태] 개루프 전달함수 $G(s)\dfrac{s+1}{s^2(s+3)} \cdot \dfrac{s}{s+2} = \dfrac{s+1}{s(s+3)(s+2)}$ 이므로

분모에 $s(s+3)(s+2)$에서 괄호 밖의 차수가 s^1이므로 1형 제어계   【정답】②

(5) 제어계의 형에 따른 편차값

제어계	편차 상수			정상 위치 편차 (계단입력)	정상 속도 편차 (램프입력)	정상 가속도 편차 (포물선입력)
	K_p	K_v	K_a			
0형	K_p	0	0	$e_p = \dfrac{1}{1+K_P}$	$e_v = \infty$	$e_a = \infty$
1형	∞	K_v	0	$e_p = 0$	$e_v = \dfrac{1}{K_v}$	$e_a = \infty$
2형	∞	∞	K_a	$e_p = 0$	$e_v = 0$	$e_a = \dfrac{1}{K_a}$
3형	∞	∞	∞	$e_p = 0$	$e_v = 0$	$e_a = 0$

【보기1】 단위 피드백(feed back) 제어계에서 개루프 전달함수 $G(s) = \dfrac{10}{(s+1)(s+2)}$ 으로 주어지는 계의 단위 계단 압력에 대한 정상 편차는?

$$\rightarrow e_p = \frac{1}{1+\lim\limits_{s\to0}G(s)} = \frac{1}{1+\lim\limits_{s\to0}\dfrac{10}{(s+1)(s+2)}} = \frac{1}{1+5} = \frac{1}{6}$$

【보기2】 단위 피드백 제어계에서 개루프 전달함수 $G(s) = \dfrac{2(1+0.5s)}{s(1+s)(1+2s)}$ 으로 주어지는 계의 단위 속도 입력에 대한 정상 편차는?

$$\rightarrow e_v = \frac{1}{\lim\limits_{s\to0}sG(s)} = \frac{1}{\lim\limits_{s\to0}s \cdot \dfrac{2(1+0.5s)}{s(1+s)(1+2s)}} = \frac{1}{2}$$

핵심기출 【기사】 18/1

개루프 전달함수 $G(s)$가 다음과 같이 주어지는 단위 부궤환계가 있다. 단위 계단입력이 주어졌을 때, 정상상태 편차가 0.05가 되기 위해서는 K의 값은 얼마인가?

$$G(s) = \frac{6K(s+1)}{(s+2)(s+3)}$$

① 19　　　　　　　　　　② 20

③ 0.9　　　　　　　　　④ 0.05

정답 및 해설 [단위 계단 입력 시 정상 상태 오차] $e_{ss} = \dfrac{1}{1+K_p}$　→(K_p : 정상위치 편차상수)

정사위치 편차상수 : $K_p = \lim\limits_{s\to0}G(s) = \lim\limits_{s\to0}\dfrac{6K(s+1)}{(s+2)(s+3)} = K$

따라서, 정상 상태 오차 $e_{ss} = \dfrac{1}{1+K_r} = \dfrac{1}{1+K} = 0.05$ → $K=19$

【정답】①

03 제어 장치의 감도

(1) 감도의 정의

계를 구성하는 한 요소의 특성 변화가 계 전체의 특성 변화에 미치는 영향의 정도

각각의 전달 함수에서 임의의 블럭을 변화시켰을 때 전체 전달 함수에 미치는 영향의 정도

(2) 감도 계산 방법

① 전달 함수 $T = \dfrac{C(s)}{R(s)} = \dfrac{G(s)}{1 + G(s)H(s)}$

② 감도 $S_K^T = \dfrac{K}{T} \times \dfrac{dT}{dK}$ → (단, $T = \dfrac{C}{R}$)

③ $T = \dfrac{C}{R} = \dfrac{KG}{1 + KG}$

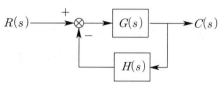

[블록 선도의 예]

$$S_K^T = \frac{K}{T}\frac{d}{dK}T = \frac{K}{\dfrac{KG}{1+KG}}\frac{d}{dK}\left(\frac{KG}{1+KG}\right)$$

$$= \frac{K(1+KG)}{KG} \cdot \frac{G(1+KG)-KG \cdot G}{(1+KG)^2} = \frac{1}{1+KG}$$

핵심기출　【기사】 16/3

그림의 블록선도에서 K에 대한 폐루프 전달함수 $T = \dfrac{C(s)}{R(s)}$ 의 감도 S_K^T는?

① -1

② -0.5

③ 0.5

④ 1

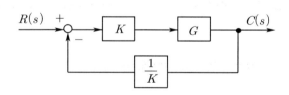

정답 및 해설 [감도] $S_K^T = \dfrac{K}{T} \times \dfrac{dT}{dK}$ → (단, $T = \dfrac{C}{R}$)

전달함수 $T = \dfrac{C(s)}{R(s)} = \dfrac{KG}{1 + \dfrac{1}{K} \cdot KG} = \dfrac{KG}{1+G}$

감도 $S_K^T = \dfrac{K}{T} \cdot \dfrac{dT}{dK} = \dfrac{K}{\dfrac{KG}{1+G}} \cdot \dfrac{d}{dK}\left(\dfrac{KG}{1+G}\right) = \dfrac{1+G}{G} \cdot \dfrac{G(1+G)-KG \cdot 0}{(1+G)^2} = 1$

【정답】④

01 제어계의 입력이 단위 계단 함수 $R(s) = \dfrac{1}{s}$ 일 때 출력 응답은 (　　　　　　　) 이다.

02 임펄스 응답이란 제어 장치의 입력으로 단위 임펄스 함수 $R(s) =$ (　　　　　　)을 가했을 때의 출력을 말한다.

03 $G(s) = \dfrac{1}{(s+a)^2}$ 일 때 임펄스 응답 $c(t) =$ (　　　　　　) 이다.

04 백분율 오버슈트는 최종 (　　　　　　)과 최대 오버슈트와의 비율[%]로 나타낸 것이다.

05 시간 지연(Time delay)이란 응답이 최초로 희망 값의 (　　　　　)[%] 진행되는데 요하는 시간을 말한다.

06 과도 응답이 소멸되는 정도를 나타내는 감쇠비(decay ratio)는 (　　　　　) 이다.

07 2단자 임피던스 함수 $Z(s) = \dfrac{(s+3)}{(s+4)(s+5)}$ 일 때 영점은 (　　　　　) 이다.

08 2차 시스템의 감쇠율(damping ratio) δ가 $\delta > 1$ 이면 (　　　　　) 이다.

09 자동 제어가 입력을 가한 뒤에 시간이 오랫동안 경과한 후 입력과 출력의 편차를 (　　　　) 편차라고 한다.

10 어떤 제어 계통에서 정상 위치 편차가 유한값일 때 이 제어계는 (　　　　　)형 이다.

11 그림과 같은 블록선도로 표시되는 계는 ( )형 이다.

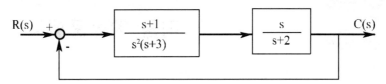

12 단위 피이드백 제어계의 개루우프 전달 함수가 $G(s)$일 때 $\displaystyle\lim_{s \to 0} s\,G(s)$는 ( ) 편차 정수이다.

13 그림과 같은 블록 선도의 제어계에서 K에 대한 폐루우프 전달 함수 $T = \dfrac{C}{R}$의 감도 $S_K^T = ($) 이다.

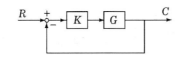

1. 시간 영역에서 자동 제어계를 해석할 때 기본 시험 입력으로 보통 사용되지 않는 입력은?

① 정속도 입력(ramp input)

② 단위 계단 입력(unit step input)

③ 정가속도 입력(parabolic funtion input)

④ 정현파 입력(sin wave input)

|정|답|및|해|설|

[정현파 입력] 정현파 입력은 주파수 응답을 구할 때 사용한다.

【정답】④

2. 다음에서 서로 등가 관계가 옳지 못한 쌍은?

① 인디셜 응답 = 단위 계단 응답

② 임펄스 응답 = 하중 함수

③ 전달 함수 = 임펄스 응답의 라플라스 변환

④ 비례 동작 = D 동작

|정|답|및|해|설|

[등가 관계] 비례동작 P동작, 적분동작 I동작
미분동작 D동작, 비례적분 미분 동작 PID동작

【정답】④

3. 개루프 전달 함수가 $G(s) = \dfrac{s+2}{s(s+1)}$ 일 때 폐루프 전달 함수는?

① $\dfrac{s+2}{s^2+s}$

② $\dfrac{s+2}{s^2+2s+2}$

③ $\dfrac{s+2}{s^2+s+2}$

④ $\dfrac{s+2}{s^2+2s+4}$

|정|답|및|해|설|

[폐루프 전달 함수] $T(s) = \dfrac{G}{1+G}$

$T(s) = \dfrac{G}{1+G} = \dfrac{\dfrac{s+2}{s(s+1)}}{1+\dfrac{s+2}{s(s+1)}} = \dfrac{s+2}{s(s+1)+s+2}$

$= \dfrac{s+2}{s^2+2s+2}$

【정답】②

4. 전달 함수 $C(s) = G(s)R(s)$ 에서 입력 함수를 단위 임펄스, 즉 $\delta(t)$로 가할 때 계의 응답은?

① $C(s) = G(s)R(s)$

② $C(s) = \dfrac{G(s)}{R(s)}$

③ $C(s) = \dfrac{G(s)}{s}$

④ $C(s) = G(s)$

|정|답|및|해|설|

[임펄스 입력] $C(s) = G(s)$

입력 함수가 $\delta(t)$이면 $\delta(t)$의 라플라스 값이 1이므로

$G(s) = \dfrac{C(s)}{R(s)} = C(s)$

∴ $G(s) = C(s)$ 입력함수의 라플라스 값이 1이기 때문에 출력 함수의 라플라스 값과 전달 함수의 라플라스 값이 같게 된다.

【정답】④

5. 임펄스 응답이 다음과 같이 주어지는 계의 전달 함수는?

$$c(t) = 1 - 1.8e^{-4t} + 0.8e^{-9t}$$

① $\dfrac{36s}{(s+4)(s+9)}$

② $\dfrac{36}{(s+4)(s+9)}$

③ $\dfrac{36}{s(s+4)(s+9)}$

④ $\dfrac{s+4}{s(s+4)(s+9)}$

[임펄스 응답] $C(s) = G(s)$

$C(t) = 1 - 1.8e^{-4t} + 0.8e^{-9t}$

라플라스 변화하면

$C(s) = \dfrac{1}{s} - \dfrac{1.8}{s+4} + \dfrac{0.8}{s+9}$

$\qquad = \dfrac{(s+4)(s+9) - 1.8s(s+9) + 0.8s(s+4)}{s(s+4)(s+9)}$

정리하면 $C(s) = \dfrac{36}{s(s+4)(s+9)}$

임펄스 응답이므로 $C(s) = G(s)$

【정답】③

6. 어떤 제어계의 임펄스 응답이 $\sin t$이면 이 제어계의 전달 함수는?

① $\dfrac{1}{s+1}$ 　② $\dfrac{1}{s^2+1}$

③ $\dfrac{s}{s+1}$ 　④ $\dfrac{s}{s^2+1}$

[임펄스 응답] $C(s) = G(s)$

임펄스 응답이 $\sin t$

$C(t) = \sin t \;\rightarrow\; C(s) = \dfrac{1}{s^2+1} = G(s)$

【정답】②

7. 어떤 제어계의 임펄스 응답이 $\sin wt$일 때 계의 전달 함수는?

① $\dfrac{w}{s+w}$ 　② $\dfrac{s}{s^2+w^2}$

③ $\dfrac{w}{s^2+w^2}$ 　④ $\dfrac{w^2}{s+w}$

[임펄스 응답] $C(s) = G(s)$

$C(t) = \sin wt \;\rightarrow\; C(s) = \dfrac{w}{s^2+w^2} = G(s)$

【정답】③

8. 회로망 함수의 라플라스 변환이 $\dfrac{1}{s+a}$로 주어지는 경우 이의 시간 영역 동작을 도시한 것 중 옳은 것은? (단 a는 정(+)의 상수이다.)

①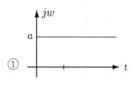

②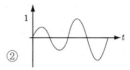

③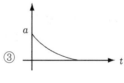

④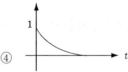

[시간 영역 동작] $\dfrac{1}{s+a} = e^{-at}$ 로서 $t=0$에서 $e^0=1$을 지나는 감쇠 함수이다. 　　【정답】④

9. 어떤 계의 계단 응답이 지수 함수적으로 증가하고 일정값으로 된 경우 이 계는 어떤 요소인가?

① 1차 뒤진 요소　　② 미분 요소

③ 부동작 요소　　④ 2차 뒤진 요소

[1차 지연 요소] $A = K\left(1 - e^{-\frac{1}{T}t}\right)$
지수 함수적으로 증가하여 안정하
면 1차 지연요소
$\rightarrow \frac{K}{TS+1}$ 의 요소이다.

【정답】①

10. 다음 임펄스 응답에 관한 말 중 옳지 않은 것은?

① 입력과 출력만 알면 임펄스 응답은 알 수 있다.

② 회로 소자의 값을 알면 임펄스 응답은 알 수 있다.

③ 회로의 모든 초기값이 0일 때 입력과 출력을 알면 임펄스 응답을 알 수 있다.

④ 회로의 모든 초기값이 0일 때 단위 임펄스 입력에 대한 출력이 임펄스 응답이다.

|정|답|및|해|설|
[임펄스 응답] 입력과 출력에 의해서 응답을 알 수 있다.

【정답】②

11. $J\frac{dw}{dt} + fw = T(t)$의 계수 방정식을 갖는 제어계의 시정수는?

① $\frac{f}{Js}$ ② $\frac{f}{J}$

③ $\frac{J}{f}$ ④ $\frac{Js}{f}$

|정|답|및|해|설|
[시정수]
라플라스 변환 $Jsw(s) + fw(s) = T(s)$

$\frac{w(s)}{T(s)} = \frac{1}{Js+f} = \frac{\frac{1}{f}}{\frac{J}{f}s+1} = \frac{\frac{1}{f}}{Ts+1}$

시정수 $T = \frac{J}{f}$[sec]

【정답】③

12. $G(s) = \frac{1}{s+1}$인 계의 단위 계단 응답은?

① $c(t) = e^{-1}$ ② $c(t) = e^t$

③ $c(t) = 1 - e^t$ ④ $c(t) = -e^t$

|정|답|및|해|설|
[단위 계단 응답] 단위계단 응답은 입력이 단위 계단 함수
$u(t) \rightarrow \frac{1}{s}$ 이다.

$C(s) = G(s)R(s) = \frac{1}{s+1} \cdot \frac{1}{s} = \frac{1}{s} - \frac{1}{s+1}$

역변환 $C(t) = 1 - e^{-t}$

【정답】③

13. 어떤 계의 입력이 단위 임펄스일 때 출력이 e^{-2t}이다. 이 계의 전달함수는?

① $\frac{1}{s}$ ② $\frac{1}{s+1}$

③ $\frac{1}{s+2}$ ④ $s+2$

|정|답|및|해|설|
[임펄스 응답] $C(s) = G(s)$
임펄스 응답 e^{-2t}

$C(t) = e^{-2t} \rightarrow C(s) = \frac{1}{s+2} = G(s)$

【정답】③

14. 어떤 제어계에 단위 계단 입력을 가하였더니 출력이 $1 - e^{-2t}$로 나타났다. 이 계의 전달함수는?

① $\frac{1}{s+2}$ ② $\frac{2}{s+2}$

③ $\frac{1}{s(s+2)}$ ④ $\frac{2}{s(s+2)}$

[단위 계단 응답] $1 - e^{-2t}$

$C(t) = 1 - e^{-2t}$

$C(s) = \dfrac{1}{s} - \dfrac{1}{s+2} = \dfrac{2}{s(s+2)}$

$C(s) = G(s) \cdot R(s)$ 이고 $R(s) = \dfrac{1}{s}$ 이므로

$\therefore G(s) = \dfrac{2}{s+2}$ 　　　　　【정답】②

15. 그림과 같은 저역 통과 RC회로에 계단 전압을 인가하면 출력 전압은?

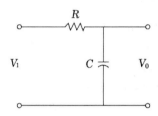

① 계단 전압으로 상승하여 지수적으로 감쇠한다.

② 아무 것도 나타나지 않는다.

③ 계단 전압이 나타난다.

④ 0부터 상승하여 계단 전압에 이른다.

[적분기] 위상이 늦다(지상).

계단 전압 인지는 직류전압 인가로 볼 수 있고 회로에서 볼 때 C에 충전시키는 것이므로 V_c는

$V_c = V_1\left(1 - e^{-\frac{1}{RC}t}\right)$ 와 같이 되나 V_c는 0[V]에서부터 증가해서 V_1과 동일할 때까지 증가한다.

【정답】④

16. 그림과 같은 RC 직렬 회로에 단위 계단 전압을 가했을 때의 전류 파형은?

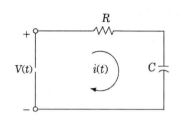

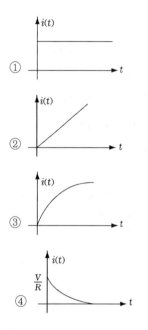

단위 계단 인가 시 V_c가 충전되어 감에 따라 V_1과의

$i(t) = \dfrac{V}{R} e^{-\frac{1}{RC}t}$, 즉 초기에 $i(t) = \dfrac{V}{R}$ 였다가 전위차로 점차 감소하여 $i(t) = 0$이 된다.

【정답】④

17. 그림과 같은 RC회로에 계단 전압을 인가하면 출력 전압은? (단, 콘덴서는 미리 충전되어 있지 않았다.)

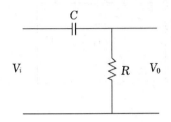

① 처음에는 입력과 같이 변했다가 지수적 으로 감쇠한다.

② 같은 모양의 계단 전압이 나타난다.

③ 아무것도 나타나지 않는다.

④ 0부터 지수적으로 증가한다.

|정|답|및|해|설|

[미분기] RC회로에서 V_R은 $t20$에서 입력전압 V_1이 모두 인가 되었다가 V_c가 증가함에 따라서 점차 감소하여 $0[V]$에 이르게 된다. $V_R = V_{1a}^{-\frac{1}{RC}t}$

【정답】①

18. 그림에서 스위치 S를 열 때 흐르는 전류 $i(t)$ [A]는 얼마인가?

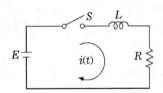

① $\dfrac{E}{R}e^{-\frac{R}{L}t}$ ② $\dfrac{E}{R}e^{\frac{R}{L}t}$

③ $\dfrac{E}{R}\left(1-e^{\frac{R}{L}t}\right)$ ④ $\dfrac{E}{R}\left(1-e^{-\frac{R}{L}t}\right)$

|정|답|및|해|설|

감소 상태이므로 $i = \dfrac{E}{R}e^{-\frac{R}{L}t}$ 가 된다.

④는 스위치를 닫았을 때 i가 증가하는 식이다.

【정답】①

19. 그림의 회로에서 스위치 S를 갑자기 닫은 후 회로에 흐르는 전류 $i(t)$의 시정수는 얼마인가?

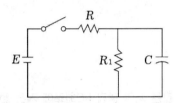

① $\dfrac{RR_1 C}{R+R_1}$ ② $\dfrac{R+R_1}{RR_1 C}$

③ $\dfrac{RR_1 + R_1}{C}$ ④ $\dfrac{C}{RR_1 + R_1}$

|정|답|및|해|설|

[$R-C$ 회로의 시정수] $T = RC$

$R = \dfrac{RR_1}{R_1 + R}$ 이므로 시정수 $RC = \dfrac{RR_1 C}{R+R_1}$

【정답】①

20. 전기 회로에서 일어나는 과도 현상은 그 회로의 시정수와 관계가 있다. 이 사이의 관계를 옳게 표현한 것은?

① 회로의 시정수가 클수록 과도 현상은 오래 지속된다.

② 시정수는 과도 현상의 지속 시간에는 상 관되지 않는다.

③ 시정수의 역이 클수록 과도 현상은 천천히 사라진다.

④ 시정수가 클수록 과도 현상이 빨리 사라 진다.

[과도현상] 시정수가 크면 응답이 늦다. 즉, 과도현상은 오래 지속된다.　　　　　　　　　　　　　　　【정답】①

[과도 현상]
③는 특성근이 잘못되어 있다.

$$E_L = Ee^{-\frac{R}{L}t}, \quad E_R = E\left(1 - e^{-\frac{R}{L}t}\right)$$

【정답】③

21. $R-L$ 직렬 회로에서 그의 양단에 직류 전압 E를 연결한 후 스위치 S를 개방하면 $\frac{L}{R}$[s]후의 전류값[A]는 얼마인가?

① $\frac{E}{R}$　　　　　　② $0.368\frac{E}{R}$

③ $0.5\frac{E}{R}$　　　　④ $0.632\frac{E}{R}$

[$R-L$ 직렬 회로의 시정수] $T = \frac{L}{R}$[초]

·S인가 $i(t) = \frac{V}{R}\left(1 - e^{-\frac{R}{L}\cdot\frac{L}{R}}\right) = \frac{V}{R}(1 - e^{-1}) = 0.63\frac{V}{R}$[A]

·S개방 $i(t) = \frac{V}{R}e^{-\frac{R}{L}\cdot\frac{L}{R}} = \frac{V}{R}e^{-1} = 0.37\frac{V}{R}$[A]

【정답】②

22. 직류 과도 현상의 저항$R[\Omega]$과 인덕턴스L[H]의 직렬 회로에서 잘못된 것은?

① 회로의 시정수는 $t = \frac{L}{R}$[s]이다.

② $t=0$에서 직류 전압 E[V]를 가했을 때 t[s] 후의 전류는 $i(t) = \frac{E}{R}\left(1 - e^{-\frac{R}{L}t}\right)$ [A]이다.

③ 과도 기간에 있어서 인덕턴스 L의 단자 전압은 $E_L = Ee^{-\frac{L}{R}t}$이다.

④ 과도 기간에 있어서의 저항 R과 단자 전압 $E_R = E\left(1 - e^{-\frac{R}{L}t}\right)$이다.

23. 자동 제어계에서 과도 응답 중 지연 시간을 옳게 정의한 것은?

① 목표값의 50[%]에 도달하는 시간

② 목표값이 허용 오차 범위에 들어갈 때까지의 시간

③ 최대 오우버슈우트가 일어나는 시간

④ 목표값의 $10 \sim 90$[%]까지 도달하는 시간

[오버슈트]
·지연시간 : 목표 값이 50[%]에 도달하는데 걸리는 시간
·상승시간 : 목표 값이 10[%]~ 90[%]에 도달하는데 걸리는 시간　　　　　　　　　　　　　　　【정답】①

24. 다음과 같은 계통 방정식의 정상 값은? (단 $w(0) = 0$이다.)

$\frac{dw}{dt} + 5w = 20$

① 0　　　　　　② 1

③ 2　　　　　　④ 4

$\frac{dw}{dt} + 5w = 20$

라플라스 변환 $sw(s) + 5w(s) = \frac{20}{s}$

$w(s) = \frac{20}{s(s+5)} = 4\left(\frac{1}{s} - \frac{1}{s+5}\right)$

$s(t) = 4(1 - e^{-5t})$

정상 값 $t = \infty \rightarrow e^{-5t} = 0$

$\therefore t = \infty$이면 $w(t) = 4$　　　　　　【정답】④

25. 회전체의 운동을 나타내는 방정식

$w = w_0\left(1 - e^{-\frac{t}{T}}\right)$에서 w가 정상 값 98[%]까지 소요되는 시간은?

① $t = T$ 　　② $t = 2T$

③ $t = 4T$ 　　④ $t = \dfrac{1}{T}$

|정|답|및|해|설|

$w = w_0\left(1 - e^{-\frac{t}{T}}\right) = 0.98w_0$ 이므로 $1 - e^{-\frac{t}{T}} = 0.98$

$e^{-\frac{t}{T}} = 0.02$, ln으로 양변을 취하면

$\dfrac{1}{e^{\frac{t}{T}}} = \dfrac{2}{100} = \dfrac{1}{50} \rightarrow e^{\frac{t}{T}} = 50 \rightarrow \dfrac{t}{T} = \ln 50$

$t = T\ln 50 = 4T$

【정답】③

26. 어떤 제어계의 단위 계단 입력에 대한 출력 응답 $c(t)$가 다음과 같이 주어진다. 지연 시간 T_d[s]는?

$$c(t) = 1 - e^{-2t}$$

① 0.346 　　② 0.446

③ 0.693 　　④ 0.793

|정|답|및|해|설|

[지연 시간] 응답이 최초로 희망 값의 50[%]만큼 진행되는데 요구하는 시간

$C(t) = 1 - e^{-2t}$

정상 값 $C(\infty) = 1$이므로 지연 시간은 $\dfrac{1}{2}$에 도달하는 시간이다.

$C(t_a) = 1 - e^{-2t_d} = \dfrac{1}{2} \rightarrow 1 - e^{-2t_d} = \dfrac{1}{2}$

$e^{-2t_d} = \dfrac{1}{2} \rightarrow e^{2t_d} = 2$

$t_d = \dfrac{1}{2}\ln 2 = 0.346[\text{sec}]$

【정답】①

27. 정정 시간(settling time)이란?

① 응답의 최종값의 허용 범위가 10~15[%]내에 안정되기까지 요하는 시간

② 응답의 최종값의 허용 범위가 5~10[%]내에 안정되기까지 요하는 시간

③ 응답의 최종값의 허용 범위가 2~5[%]내에 안정되기까지 요하는 시간

④ 응답의 최종값의 허용 범위가 0~2[%]내에 안정되기까지 요하는 시간

|정|답|및|해|설|

[정정 시간] 정정 시간은 목표값에 도달했다고 볼 수 있는 범위이다. 최종값이 5~2[%] 이내에 응답이 들어갔을 때까지 요하는 시간이다.

【정답】③

28. $G(s) = \dfrac{(s+2)(s+3)}{(s+4)(s+5)}$ 일 때 극은?

① $-2, -3$ 　　② $-3, -4$

③ $-1, -2, -3$ 　　④ $-4, -5$

|정|답|및|해|설|

[영점과 극점] 극점은 분모=0이 되는 점 $-4, -5$
영점은 분자=0이 되는 점 $-2, -3$

【정답】④

29. 폐루우프 전달함수 $\dfrac{C(s)}{R(s)}$ 가 다음과 같은 2차 제어계가 있다. 다음 설명 중 옳지 않은 것은?

$$\frac{C(s)}{R(s)} = \frac{w_n^{\,2}}{s^2 + 2\delta w_n S^2 + w_n^{\,2}}$$

① 이 폐루우프계의 특성 방정식은
$s^2 + 2\delta w_n s + w_n^{\,2} = 0$

② 이 계는 $\delta = 0.1$일 때 부족 제동된 상태에 있게 된다.

③ 최대 오버슈트는 $e^{-\pi\delta\sqrt{1-\delta^2}}$ 이다.

④ δ값을 작게 할수록 제동은 많이 걸리게 되나 비교 안정도는 향상 된다.

|정|답|및|해|설|
δ값이 적어지면 제동은 적게 걸린다(부족 제동, 감쇠 진동).
【정답】④

30. $G(s) = \dfrac{s+1}{s^2+2s-3}$ 의 특성 방정식의 근은 얼마인가?

① $-2, 3$ ② $1, -3$

③ $1, 2$ ④ $-1, 3$

|정|답|및|해|설|
[특성 방정식] $s^2+2s-3=0$
$(s+3)(s-1)=0 \rightarrow s=-3, 1$
【정답】②

31. 그림과 같은 극과 영점을 갖는 함수는?

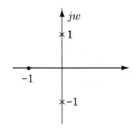

① $F(s)=\dfrac{s^2+1}{s+1}$ ② $F(s)=\dfrac{s^2-1}{s-1}$

③ $F(s)=\dfrac{s+1}{s^2+1}$ ④ $F(s)=\dfrac{s-1}{s^2-1}$

|정|답|및|해|설|
[영점과 극점] 극점(x)이 i, j, 영점(o)이 -1이므로
$$\frac{s+1}{(s-j)(s+j)} = \frac{s+1}{s^2+1}$$
【정답】③

32. 어떤 자동 제어 계통의 극이 그림과 같이 주어지는 경우 이 시스템의 시간 영역에서의 동작 특성을 나타낸 것은?

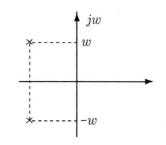

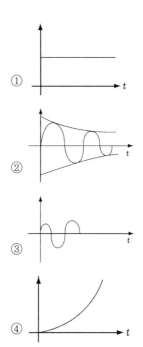

|정|답|및|해|설|
[특성 방정식의 근의 위치와 응답] 감쇠 진동

극점이 S평면의 좌반평면에서 허근을 갖는 경우 과도항은 감쇠 진동을 하게 된다.

③는 S평면의 오른쪽 우반 평면에서 허근을 갖는 경우

④는 S평면의 오른쪽 우반 평면에서 실근을 갖는 경우 발산하는 그림이다.

【정답】②

33. 개루우프 전달 함수가 $\dfrac{(s+2)}{(s+1)(s+3)}$ 인 부궤

한 제어계의 특성 방정식은?

① $s^2 + 5s + 5 = 0$ ② $s^2 + 5s + 6 = 0$

③ $s^2 + 6s + 5 = 0$ ④ $s^2 + 4s - 3 = 0$

|정|답|및|해|설|

[폐회로의 특성 방정식] $\dfrac{G}{1+G}$

$1 + \dfrac{s+2}{(s+1)(s+3)} = 0 \;\rightarrow\; (s+1)(s+3) + s + 2 = 0$

$s^2 + 5s + 5 = 0$ 【정답】①

34. s 평면상에서 극의 위치가 그림 S_a의 위치에 있을 때 이를 시간 영역의 응답으로 옳게 표현한 그림은?

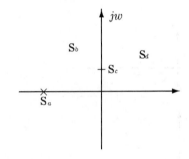

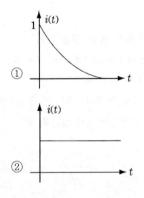

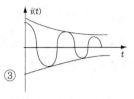

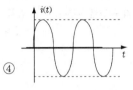

|정|답|및|해|설|

[특성 방정식의 근의 위치와 응답] S_a위치는 S평면의 좌반평면에서 실수축상에 있으므로 비진동 감소이다.
③는 S_b에서의 과도 현상이고
④는 S_c에서 무제동의 과도 현상이다.

【정답】①

35. 과도 응답의 소멸되는 정도를 나타내는 감쇠비 (decay ratio)는?

① $\dfrac{\text{최대 오버슈트}}{\text{제2 오버슈트}}$ ② $\dfrac{\text{제3 오버슈트}}{\text{제2 오버슈트}}$

③ $\dfrac{\text{제2 오버슈트}}{\text{최대 오버슈트}}$ ④ $\dfrac{\text{제2 오버슈트}}{\text{제3 오버슈트}}$

|정|답|및|해|설|

[감쇠비] 감쇠비는 $\dfrac{\text{제2오버슈트}}{\text{최대 오버슈트}}$ 로서 오버슈트(과행량)이 감소되는 정도를 나타낸다.

【정답】③

36. 그림은 저역 통과형 전달 함수의 극과 영점을 표시하고 있다. 이 전달 함수에 대하여 옳지 않은 것은?

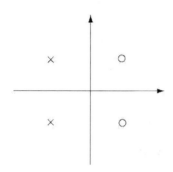

① 입력 출력의 진폭은 주파수에 따라 다르다.

② 입력 출력의 진폭은 같다.

③ 입력 출력의 위상차가 주파수에 따라 다르다.

④ 입력보다 출력은 위상이 뒤진다.

$G(s) = \dfrac{(s-1+j)(s-1-j)}{(s+1+j)(s+1-j)} = \dfrac{s^2-2s+2}{s^2+2s+2}$

$G(jw) = \dfrac{(jw)^2-2jw+2}{(jw)^2+2(jw)+2} = \dfrac{-w^2-2jw+2}{-w^2+2jw+2}$

크기 $= \sqrt{\dfrac{(2-w^2)^2+(2w)^2}{(2-w^2)^2+(2w)^2}} = 1$

크기는 주파수에 관계없이 일정 $\theta = \tan^{-1}$

$\dfrac{-2w}{2-w^2} - \tan^{-1}\dfrac{2w}{2-w^2} = -2\tan^{-1}\dfrac{2w}{2-w^2}$ 주파수에 따라 변한다. 　　　　　　　　【정답】①

37. 전달 함수가 $\dfrac{1}{s+a}$ 로 주어지는 경우 이의 시간 영역 동작을 나타낸 것은?

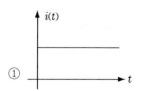

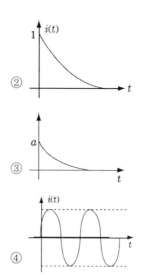

$\dfrac{1}{s+a} \rightarrow e^{-at}$

$t=0$에서 $e^0=1$이므로 1을 지나는 비진동 감소동작을 한다. 　　　　　　　　【정답】②

38. 그림 중에서 $i = e^{at}\sin wt$의 파형을 나타낸 것은?

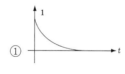

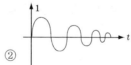

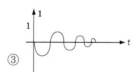

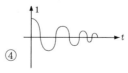

$e^{-at}\sin wt$

$\sin wt$의 정현파가 지수적 감쇠 　　　　　　　　【정답】②

39. 2차 제어계에 대한 설명 중 잘못된 것은?

① 제동 계수의 값이 작을수록 제동이 적게 걸려 있다.

② 제동 계수의 값이 1일 때 가장 알맞게 제동되어 있다.

③ 제동 계수의 값이 클수록 제동은 많이 걸려 있다.

④ 제동 계수의 값이 1일 때 임계 제동 되었다고 한다.

|정|답|및|해|설|_____

[제동값에 따른 제어계의 과도 응답 특성]

$\delta > 1$ 과제동 (비진동)

$\underline{\delta = 1 \ \text{임계 제동 (진동} \leftrightarrow \text{비진동)}}$

$0 < \delta < 1$ 부족제동 (감쇠 진동)

$\delta = 0$ 무제동

$\delta < 0$ 발산

여기서, δ : 제동비(damping rate)

일반적으로 제동 계수값이 $\frac{1}{\sqrt{2}} = 0.707$에서 알맞게 된 것으로 한다. 【정답】②

40. 2차계에서 오버슈트가 가장 크게 일어나는 계통의 감쇠율은?

① $\delta = 0.01$ ② $\delta = 0.5$

③ $\delta = 1$ ④ $\delta = 10$

|정|답|및|해|설|_____

[오버슈트] δ(감쇠비)가 작아질수록 과행량(오버슈트가)이 커진다. δ가 1보다 크면 오버슈트가 생기지 않는다. 【정답】①

41. 전달 함수 $G(s) = \dfrac{w_n^2}{s^2 + 2\delta w_n s + w_n^2}$ 으로 표시되는 2차 제어계에서 인디셜 응답은? (단, $w_n = 1$, $\delta = 1$이다.)

① $1 - wte^{-t} - e^{-t}$

② $1 - te^{-t} - e^{-t}$

③ $1 - te^{-2t} - e^{-2t}$

④ $1 - te^{-t}$

|정|답|및|해|설|_____

[인디셜 응답]

$G(s) = \dfrac{w_n^2}{s^2 + 2\delta w_n s + w_n^2}$ 에서 $w_n = 1$, $\delta = 1$이므로

$\dfrac{1}{s^2 + 2s + 1} = \dfrac{1}{(s+1)^2}$

인디셜 응답이란 입력이 단위 계단 입력이므로

$C(s) = G(s)R(s)$

$\dfrac{1}{(s+1)^2} \cdot \dfrac{1}{s} = \dfrac{A}{(s+1)^2} + \dfrac{B}{S+1} + \dfrac{C}{s}$

$A = \dfrac{1}{s} \Big|_{s=-1} \quad \rightarrow \quad A = -1$

$B = \dfrac{d}{ds} \cdot \dfrac{1}{s} = -\dfrac{1}{s^2} \Big|_{s=-1} \quad \rightarrow \quad B = -1$

$C = \dfrac{1}{(s+1)^2} \Big|_{s=0} \quad \rightarrow \quad C = 1$

$\therefore C(s) = \dfrac{1}{s(s+1)^2} \quad \rightarrow \quad -te^{-t} - e^{-t} + 1$

【정답】②

42. 전달 함수가 $\dfrac{C(s)}{R(s)} = \dfrac{1}{4s^2 + 3s + 1}$ 인 제어계는 어느 것인가?

① 과제동(over damped)

② 부족 제동(under damped)

③ 임계 제동(critical damped)

④ 무제동(undamped)

$$\frac{C(s)}{R(s)} = \frac{1}{4s^2 + 3s + 1} = \frac{\frac{1}{4}}{s^2 + \frac{3}{4}s + \frac{1}{4}}$$

$$2\delta w_n = \frac{3}{4}, \quad w_n^2 = \frac{1}{4}$$

$$w_n = \frac{1}{2} \;\rightarrow\; \delta = \frac{3}{4} < 1 \;\rightarrow\; (부족 제동)$$

【정답】②

43. 전달 함수 $G(jw) = \dfrac{1}{1 + j6w + 9(jw)^2}$ 의 요소의 인디셜 응답은?

① 진동

② 비진동

③ 임계 진동

④ 지수 함수적으로 증가

[인디셜 응답]

$$G(jw) = \frac{1}{1 + j6w + 9(jw)^2} \quad \rightarrow (jw = s) 로 \; 수정$$

$$G(s) = \frac{1}{9s^2 + 6s + 1} = \frac{\frac{1}{9}}{s^2 + \frac{6}{9}s + \frac{1}{9}}$$

$$2\delta w_n = \frac{6}{9}, \quad w_n = \frac{1}{3} \;\rightarrow\; \delta = 1$$

$\delta = 1$이므로 임계제동이다.

【정답】③

44. 특성 방정식 $s^2 + 2\delta w_n s + w_n^2 = 0$에서 δ을 제동비라고 할 때 $\delta < 1$인 경우는?

① 임계 진동 ② 경제 진동

③ 감쇠 진동 ④ 완전 진동

[제동값에 따른 제어계의 과도 응답 특성]

·$\delta > 1$이면 과제동 비진동

· $\delta = 1$이면 임계 제동

·$0 < \delta < 1$에서 부족 제동, 감쇠 진동

【정답】③

45. 특성 방정식 $s^2 + bs + c^2 = 0$이 감쇠 진동을 하는 경우 감쇠율은?

① $\dfrac{b}{c}$ ② $\dfrac{c}{b}$

③ $\dfrac{b}{2c}$ ④ $\dfrac{c}{2b}$

$$2\delta w_n = b, \quad w_n^2 = c^2 \;\rightarrow\; \delta = \frac{b}{2c}$$

【정답】③

46. 폐경로 전달 함수가 $\dfrac{w_n^2}{s^2 + 2\delta w_n s + w_n^2}$으로 주어진 단위 궤환계가 있다. $0 < \delta < 1$인 경우에 단위 계단 입력에 대한 응답은?

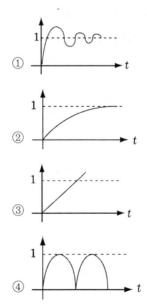

① 감쇠 진동이므로 $0 < \delta < 1$

② 비진동이므로 $\delta > 1$

【정답】①

47. 단위 부궤한 계통에서 $G(s)$가 다음과 같을 때 $K = 2$이면 무슨 제동인가?

$$G(s) = \frac{K}{s(s+2)}$$

① 무제동   ② 임계 제동

③ 과제동   ④ 부족 제동

|정|답|및|해|설|

[2차 지연 제어계] $G(s) = \dfrac{\omega_n^2}{s^2 + 2\delta\omega_n s + \omega_n^2}$

$G(s) = \dfrac{2}{s(s+2)} = \dfrac{2}{s^2 + 2s + 2}$

$2\delta w_n = 2$, $w_n = \sqrt{2}$

$\delta = \dfrac{1}{\sqrt{2}} < 1$ → δ가 1보다 작으므로 부족 제동이다.

【정답】④

48. 다음 미분 방정식으로 표시되는 2차계가 있다. 감쇠율은 얼마인가? (단, y는 출력, x는 입력이다.)

$$\frac{d^2 y}{dt^2} + 5\frac{dy}{dt} + 9y = 9x$$

① 5   ② 6

③ $\dfrac{6}{5}$ ④ $\dfrac{5}{6}$

|정|답|및|해|설|

[2차 지연 제어계] $G(s) = \dfrac{\omega_n^2}{s^2 + 2\delta\omega_n s + \omega_n^2}$

$\dfrac{d^2 y}{dt^2} + 5\dfrac{dy}{dt} + 9y = 9x$

$s^2 Y(s) + 5s Y(s) + 9 Y(s) = 9X(s)$

$\dfrac{Y(s)}{X(s)} = \dfrac{9}{s^2 + 5s + 9}$ → $2\delta w_n = 5$, $w_n = 3$

$\delta = \dfrac{5}{6}$ → 감쇠 진동

【정답】④

49. 특성 방정식 $s^2 + s + 2 = 0$을 갖는 2차계의 제동비(damping ratio)는?

① 1   ② $\dfrac{1}{\sqrt{2}}$

③ $\dfrac{1}{2}$ ④ $\dfrac{1}{2\sqrt{2}}$

|정|답|및|해|설|

[2차 지연 제어계] $G(s) = \dfrac{\omega_n^2}{s^2 + 2\delta\omega_n s + \omega_n^2}$

$2\delta w_n = 1$, $w_n = \sqrt{2}$ → $\delta = \dfrac{1}{2\sqrt{2}}$

【정답】④

50. 폐루우프 전달 함수가 다음과 같이 주어지는 2차계에서 고유 진동수 w_n[rad/s]은?

$$\frac{C(s)}{R(s)} = \frac{144}{s^2 + 10s + 144}$$

① $w_n = 0.413$ ② $w_n = 10$

③ $w_n = 12$ ④ $w_n = 144$

|정|답|및|해|설|

[2차 지연 제어계] $G(s) = \dfrac{\omega_n^2}{s^2 + 2\delta\omega_n s + \omega_n^2}$

$w_n^2 = 144$ → $w_n = 12\,[rad/s]$

【정답】③

51. 그림과 같은 궤환 제어계의 감쇠계수(제동비)는?

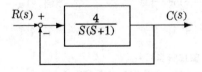

① 1   ② $\dfrac{1}{2}$

③ $\dfrac{1}{3}$ ④ $\dfrac{1}{4}$

|정|답|및|해|설|

$$G(s) = \frac{\frac{4}{s(s+1)}}{1 + \frac{4}{s(s+1)}} = \frac{4}{s(s+1)+4} = \frac{4}{s^2 + s + 4}$$

$$2\delta w_n = 1, \ w_n = 2 \quad \rightarrow \quad \delta = \frac{1}{4}$$

【정답】④

52. 그림과 같은 회로에서 $R = 80\,[\Omega]$, $L = 100\,[\mathrm{H}]$, $C = 10{,}000\,[\mu F]$ 일 때의 고유 각주파수 w_n과 감쇠율 δ를 구하면?

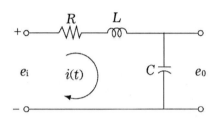

① $w_n = 1, \ \delta = 0.4$

② $w_n = 3, \ \delta = 0.4$

③ $w_n = 15, \ \delta = 3$

④ $w_n = 18, \ \delta = 0.2$

|정|답|및|해|설|

$$G(s) = \frac{\frac{1}{Cs}}{R + Ls + \frac{1}{Cs}} = \frac{1}{LCs^2 + RCs + 1}$$

$$= \frac{1}{100 \times 10000 \times 10^{-6} s^2 + 80 \times 10000 \times 10^{-6} s + 1}$$

$$= \frac{1}{s^2 + 0.8s + 1}$$

$$w_n = 1, \ 2\delta w_n = 0.8 \quad \rightarrow \quad \delta = 0.4$$

【정답】①

53. 어떤 제어계의 전달함수가 극점이 그림과 같다. 이 계의 고유주파수 w_n과 감쇠율 δ는?

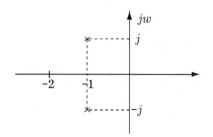

① $w_n = \sqrt{2}, \ \delta = \sqrt{2}$

② $w_n = 2, \ \delta = \sqrt{2}$

③ $w_n = \sqrt{2}, \ \delta = \frac{1}{\sqrt{2}}$

④ $w_n = \frac{1}{\sqrt{2}}, \ \delta = \sqrt{2}$

|정|답|및|해|설|

$$\frac{1}{(s-(-1+j))(s-(-1-j))} = \frac{1}{(s+1-j)(s+1+j)}$$

$$= \frac{1}{(s+1)^2 + 1} = \frac{1}{s^2 + 2s + 2}$$

$$2\delta w_n = 2, \ w_n = \sqrt{2} \quad \rightarrow \quad \therefore \delta = \frac{1}{\sqrt{2}}$$

극점이 s평면의 좌반평면에 있고 허근을 가지므로 감쇠진동을 한다. $\delta < 1$이므로 답을 찾기가 쉽다.

【정답】③

54. 2차계에서 공진 첨두값(M_p)과 감쇠율 (δ)사이에는 어떤 관계가 있는가?

① $M_p = \frac{1}{2\delta\sqrt{1-\delta^2}}$

② $M_p = \frac{1}{2\delta\sqrt{1+\delta^2}}$

③ $M_p = \frac{1}{2\delta\sqrt{1+\delta^2}}$

④ $M_p = \frac{1}{2\delta\sqrt{1-2\delta^2}}$

|정|답|및|해|설|
[제어계의 공진 주파수와 고유 주파수와의 관계]

$\dfrac{C(s)}{R(s)} = \dfrac{wn^2}{s^2 + 2\delta w_n s + w_n^2} \rightarrow (s = jw$대입$)$

$= \dfrac{w_n^2}{(jw)^2 + 2\delta w_n (jw) + w_n^2}$

$= \dfrac{1}{1 + j2\delta\dfrac{w}{w_n} - (\dfrac{w}{w_n})^2} = \dfrac{1}{1 + j2\delta u - u^2}$

$u = \dfrac{w}{w_n}$ 라 하면

$|M(jw)| = \dfrac{1}{\sqrt{(1 - u^2)^2 + (2\delta u)^2}}$

$\varnothing = -\tan^{-1}\dfrac{2\delta u}{1 - u^2}$

$\dfrac{dM}{du} = 0$에서 $u_p = \sqrt{1 - 2\delta^2} = \dfrac{w_p}{w_n}$

공진 주파수 $w_p = w_n \sqrt{1 - 2\delta^2}$

공진 정점 $M_p = \dfrac{1}{\sqrt{1 - (1 - 2\delta^2)^2 + 4\delta^2(1 - 2\delta^2)}}$

$\qquad\qquad = \dfrac{1}{2\delta\sqrt{1 - \delta^2}}$　　　　【정답】①

55. 2차 제어계에서 공진 주파수 w_m와 고유 주파수 w_n 감쇠비α사이의 관계가 바른 것은?

① $w_m = w_n \sqrt{1 - a^2}$

② $w_m = w_n \sqrt{1 + a^2}$

③ $w_m = w_n \sqrt{1 - 2a^2}$

④ $w_m = w_n \sqrt{1 + 2a^2}$

|정|답|및|해|설|
[공진 주파수] $w_m = w_n \sqrt{1 - 2a^2}$

　　　　　　　　　　　　　【정답】③

56. 그림과 같은 블록 선도로 표시되는 제어계는 무슨 형인가?

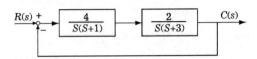

① 0형　　　　　　② 1형

③ 2형　　　　　　④ 3형

|정|답|및|해|설|
$G(s) = \dfrac{8}{s^2(s+1)(s+3)}$ 이므로 2형 제어계이다.

　　　　　　　　　　　　　【정답】③

57. $G(s)H(s) = \dfrac{K}{Ts + 1}$ 일 때 이 계통은 어떤 형인가?

① 0형　　　　　　② 1형

③ 2형　　　　　　④ 3형

|정|답|및|해|설|
[제어계의 형태에 의한 분류]
$G(s)H(s) = \dfrac{K}{Ts + 1} = \dfrac{K}{s^0(Ts + 1)}$ 이므로 0형 제어계이다.

　　　　　　　　　　　　　【정답】①

58. 단위 램프 입력에 대하여 속도 편차 상수가 유한값을 갖는 제어계의 형은?

① 0형　　　　　　② 1형

③ 2형　　　　　　④ 3형

|정|답|및|해|설|

[제어계의 형에 따른 편차값]

제어계	0형	1형	2형
단위 계단 입력 (정상 위치 편차)	유한값	0	0
단위 램프 입력 (정상 속도 편차)	∞	유한값	0
단위 포물선 입력 (정상 가속도 편차)	∞	∞	유한값

【정답】②

|정|답|및|해|설|

[제어계의 형에 따른 편차값]

제어계	0형	1형	2형
단위 계단 입력 (정상 위치 편차)	유한값	0	0
단위 램프 입력 (정상 속도 편차)	∞	유한값	0
단위 포물선 입력 (정상 가속도 편차)	∞	∞	유한값

정상 속도 편차가 ∞이면 0형 제어계이다.

【정답】①

59. 단위 계단 입력에 대하여 위치 편차 상수가 유한한 값을 갖는 제어계의 형은?

① 3형 　　　　② 2형
③ 1형 　　　　④ 0형

|정|답|및|해|설|

[제어계의 형에 따른 편차값]

$$\frac{K}{1+Kp} = \frac{K}{1+\lim\limits_{t\to 0}G(s)}$$

$G(s)$가 0형 제어이면 $s=0$에서 $\lim\limits_{t\to 0}G(s)$가 유한 값을 가지므로 편차 E_{ss}도 유한값을 가지게 된다.

【정답】④

61. 다음 중 위치 편차 상수로 정의된 것은? (단, 개루프 전달 함수는 $G(s)$이다.)

① $\lim\limits_{s\to 0} s^3 G(s)$ 　　② $\lim\limits_{s\to 0} s^2 G(s)$

③ $\lim\limits_{s\to 0} s G(s)$ 　　④ $\lim\limits_{s\to 0} G(s)$

|정|답|및|해|설|

[제어계의 형태에 의한 분류]

·위치 편차 상수 $K_p = \lim\limits_{s\to 0} G(s)$

·속도 편차 상수 $K_v = \lim\limits_{s\to 0} s G(s)$

·가속도 편차 상수 $K_a = \lim\limits_{s\to 0} s^2 G(s)$

【정답】④

60. 어떤 제어계에서 정속도 입력 $r(t) = R(tu(t))$에 대한 정상 속도 편차 $e_{ss} = \dfrac{R}{K_v} = \infty$ 이면 이 계는 무슨 형인가?

① 0형 　　　　② 1형
③ 2형 　　　　④ 3형

62. 단위 피이드백 제어계의 개루프 전달함수가 $G(s)$일 때 $\lim\limits_{s\to 0} s G(s)$는?

① 정상 위치 편차
② 정상 속도 편차
③ 속도 편차 정수
④ 가속도 편차 정수

|정|답|및|해|설|
[제어계의 형태에 의한 분류]

· 정상 위치 편차 $E_{ssp} = \dfrac{1}{1+K_p} = \dfrac{1}{1+\lim\limits_{t\to 0}G(s)}$

· 정상 속도 편차 $E_{ssv} = \dfrac{1}{K_v} = \dfrac{1}{\lim\limits_{t\to 0}sG(s)}$

· 정상 가속도 편차 $E_{ssa} = \dfrac{1}{K_a} = \dfrac{1}{\lim\limits_{s\to 0}s^2G(s)}$

· 위치 편차 상수 $K_p = \lim\limits_{s\to 0}G(s)$

· 속도 편차 상수 $K_v = \lim\limits_{s\to 0}sG(s)$

· 가속도 편차 상수 $K_a = \lim\limits_{s\to 0}s^2G(s)$

【정답】③

63. 그림과 같은 계통에서 정상 상태 편차(steady state error)는?

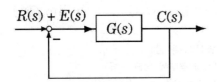

① $e_{ss} = \lim\limits_{s\to\infty} \dfrac{1}{1+G(s)}R(s)$

② $e_{ss} = \lim\limits_{s\to\infty} \dfrac{s}{1+G(s)}R(s)$

③ $e_{ss} = \lim\limits_{s\to 0} \dfrac{1}{1+G(s)}R(s)$

④ $e_{ss} = \lim\limits_{s\to 0} \dfrac{s}{1+G(s)}R(s)$

|정|답|및|해|설|
[정상 편차] 최종값 정리
$E_{ss} = R(s) - C(s)$

$= R(s) - \dfrac{G(s)}{1+G(s)} \cdot R(s) = \dfrac{R(s)}{1+G(s)}$

최종값 정리

$\lim\limits_{t\to 0}E_{ss} = \lim\limits_{s\to 0}sE_{ss} = \lim\limits_{s\to 0}\dfrac{R(s)}{1+G(s)}$

【정답】④

64. 단위 부궤환계에서 단위 계단 입력이 가하여졌을 때의 정상 편차는? (단, 개루우프 전달 함수는 $G(s)$이다.)

① $\dfrac{1}{1+\lim\limits_{s\to 0}G(s)}$ ② $\dfrac{1}{\lim\limits_{s\to 0}G(s)}$

③ $\dfrac{1}{\lim\limits_{s\to 0}s^2G(s)}$ ④ $\dfrac{1}{\lim\limits_{s\to 0}s^3G(s)}$

|정|답|및|해|설|
[정상 위치 편차(계단입력)]
입력이 단위 계단 입력이므로 $R(s) = \dfrac{1}{s}$

$\lim\limits_{s\to 0}\dfrac{s}{1+G(s)} \cdot \dfrac{1}{s} = \dfrac{1}{1+\lim\limits_{s\to 0}G(s)}$

【정답】①

65. 다음 그림과 같은 블록 선도의 제어 계통에서 속도 편차 상수 K_v는 얼마인가?

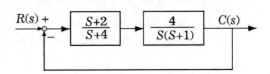

① 2   ② 0

③ 0.5   ④ ∞

|정|답|및|해|설|
[제어계의 형에 따른 편차값]
개루프 전달함수 $G(s) = \dfrac{4(s+2)}{s(s+1)(s+4)}$

$K_v = \lim\limits_{s\to 0}sG(s)$이므로

$K_v = \lim\limits_{s\to 0}s\dfrac{4(s+2)}{s(s+1)(s+4)} = 2$

정상 속도 편차이면 $\dfrac{1}{K_v}$이므로 0.5가 된다.

【정답】①

66. 개루우프 전달 함수 $G(s) = \dfrac{1}{s(s^2 + 5s + 6)}$ 인 단위 궤환계에서 단위 계단 입력을 가하였을 때의 잔류 편차(off set)는?

① 0   ② $\dfrac{1}{6}$

③ 6   ④ ∞

|정|답|및|해|설|

[1형 제어기]

잔류 편차

$$e_{ss} = \frac{1}{1 + K_p} = \frac{1}{1 + \lim_{t \to 0} G(s)} = \frac{1}{1 + \infty} = \frac{1}{\infty} = 0$$

1형 제어계는 단위 계단 입력에서 편차가 없다.

【정답】①

67. 단위 피이드백 제어계에서 개루우프 전달 함수 $G(s)$가 다음과 같이 주어지는 계의 단위 계단 입력에 대한 정상 편차는?

$$G(s) = \frac{10}{(s+1)(s+2)}$$

① $\dfrac{1}{3}$ ② $\dfrac{1}{4}$

③ $\dfrac{1}{5}$ ④ $\dfrac{1}{6}$

|정|답|및|해|설|

[단위 계단 입력] $e_p = \dfrac{1}{1 + K_P}$

$$\frac{1}{1 + K_p} = \frac{1}{1 + \lim_{s \to 0} G(s)} = \frac{1}{1 + \lim_{s \to 0} \frac{10}{(s+1)(s+2)}}$$

$$= \frac{1}{1 + 5} = \frac{1}{6}$$

【정답】④

68. 개회로 전달 함수가 다음과 같은 계에서 단위 속도 입력에 대한 정상 편차는?

$$G(s) = \frac{5}{s(s+1)(s+2)}$$

① $\dfrac{2}{5}$ ② $\dfrac{5}{2}$

③ 0   ④ ∞

|정|답|및|해|설|

[단위 램프 입력] $e_v = \dfrac{1}{K_v}$

$$\frac{1}{K_v} = \frac{1}{\lim_{s \to 0} s\, G(s)} = \frac{1}{\lim_{s \to 0} s \cdot \frac{5}{s(s+1)(s+2)}} = \frac{2}{5}$$

속도 편차 상수 $K_v = \dfrac{5}{2}$

【정답】①

69. 다음 입력이 $r(t) = 5t$일 때 정상 상태 편차는 얼마인가?

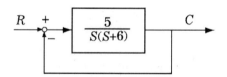

① $e_{ss} = 2$ ② $e_{ss} = 4$

③ $e_{ss} = 6$ ④ $e_{ss} = \infty$

|정|답|및|해|설|

[단위 램프 입력]

$$e_{ss} = \lim_{s \to 0} s \cdot \frac{R(s)}{1 + G(s)} = \lim_{s \to 0} \frac{s}{1 + \frac{5}{s(s+6)}} \cdot \frac{5}{s^2}$$

$$= \lim_{s \to 0} \frac{s^2(s+6)}{s(s+6) + 5} \cdot \frac{5}{s^2} = 6$$

【정답】③

70. 그림에 블록 선도로 보인 안정한 제어계의 단위 경사 입력에 대한 정상 상태 오차는?

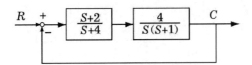

① 0   ② $\dfrac{1}{4}$

③ $\dfrac{1}{2}$ ④ ∞

|정|답|및|해|설|

[단위 램프(경사) 입력] $e_v = \dfrac{1}{K_v}$

$G(s) = \dfrac{4(s+2)}{s(s+1)(s+4)}$

$\dfrac{1}{K_v} = \dfrac{1}{\lim\limits_{s \to 0} s\,G(s)} = \dfrac{1}{\lim\limits_{s \to 0} s \cdot \dfrac{4(s+2)}{s(s+1)(s+4)}} = \dfrac{1}{2}$

【정답】③

71. 그림과 같은 블록 선도의 제어계에서 K_1에 대한 $T = \dfrac{C}{R}$의 감도 $S_{K_1}^{T}$는?

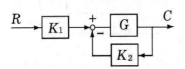

① 0.2   ② 0.4

③ 0.8   ④ 1

|정|답|및|해|설|

[감도] $S_{K_1}^{T} = \dfrac{K_1}{T} \cdot \dfrac{dT}{dK_1}$

전달 함수 $T = \dfrac{K_1\,G}{1 + GK_2}$

감도 $S_{K_1}^{T} = \dfrac{K_1}{T} \cdot \dfrac{dT}{dK_1}$

$\qquad = K_1 \cdot \dfrac{1 + GK_2}{K_1\,G} \cdot \dfrac{G}{1 + GK_2} = 1$

【정답】④

72. 일순 전달 함수가 $G_0(s) = \dfrac{K}{s(s+5)(s+20)}$로 주어졌을 때 속도 편차 정수 K_v는 $K_v = \lim\limits_{s \to 0} s\,G_{0(s)}$로 구할 수 있다. 지금 $K_v = 3$이 되는 이득 K를 구하면?

① $K = 200$ ② $K = 300$

③ $K = 400$ ④ $K = 450$

|정|답|및|해|설|

[단위 램프(속도) 입력]

$G_0(s) = \dfrac{K}{s(s+5)(s+20)}$

$K_v = 3$이므로 $K_v = \lim\limits_{s \to 0} s\,G(s) = 3$이면

$\qquad = \dfrac{K}{100} = 3 \;\rightarrow\; K = 300$

【정답】②

73. 다음 그림의 보안 계통에서 입력 변환기 K_2에 대한 계통의 전달함수 T의 감도는 얼마인가?

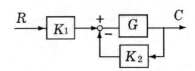

① $-\dfrac{GK_2}{1 + GK_2}$ ② $-\dfrac{G}{(1 + GK_1)^2}$

③ $\dfrac{GK_1}{1 + KG_2}$ ④ $-\dfrac{G}{1 + GK_1}$

|정|답|및|해|설|

[감도] $T = \dfrac{K_1\,G}{1 + GK_2}$

$S_{K_2}^{T} = \dfrac{K_2}{T} \cdot \dfrac{dT}{dK_2} = K_2 \cdot \dfrac{1 + GK_2}{K_1\,G} \cdot \dfrac{-K_1\,G.G}{(1 + GK_2)^2}$

$\qquad = \dfrac{-K_2\,G}{1 + GK_2}$

【정답】①

74. 그림과 같은 계에서 $K_1 = K_2 = 100$일 때 전달함수 $T = \dfrac{C}{R}$의 K_1에 대한 감도를 구하라?

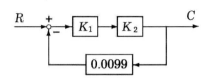

① 0.01
② 0.1
③ 1
④ 10

75. 그림과 같은 블록 선도의 제어계에서 K에 대한 폐루우프 전달함수 $T = \dfrac{C}{R}$의 감도는?

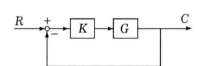

① $s\,_K^T = 1$
② $s\,_K^T = \dfrac{1}{1 + KG}$
③ $s\,_K^T = \dfrac{G}{1 + KG}$
④ $s\,_K^T = \dfrac{KG}{1 + KG}$

76. $G_{c_1}(s) = K$, $G_{c_1}(s) = \dfrac{1 + 0.1s}{1 + 0.2s}$, $G_{p}(s) = \dfrac{200}{s(s+1)(s+2)}$ 인 그림과 같은 제어계에 단위 램프 입력을 가할 때 정상 편차가 0.01이라면 K의 값은?

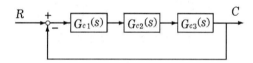

① 0.1
② 1
③ 10
④ 100

제어계의 주파수 영역 해석

01 주파수 응답과 주파수 전달 함수

(1) 주파수 영역 해석이란?

어떤 제어계의 입력으로 정현파 교류를 가할 때 입력 주파수에 대한 출력 주파수의 위상이 어떻게 변화하는가를 해석하는 것

(2) 주파수 응답

입력 주파수의 변화에 대한 입력과 출력의 진폭비 및 위상차가 어떻게 변화하는가의 특성을 나타내는 것

① 진폭비 $= \dfrac{\text{출력의 진폭}}{\text{입력의 진폭}} = \dfrac{B}{A}$

② 위상차 : 입력의 위상과 출력의 위상 사이의 차

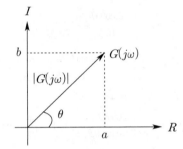

[진폭비와 위상차]

(3) 주파수 전달함수

전달함수 $G(s)$에 s대신 $j\omega$ 를 대입한 전달함수

$G(s) \rightarrow G(j\omega)$

① 주파수 이득 : 주파수 전달함수의 크기

$$g = |G(j\omega)| = \sqrt{(\text{실수부})^2 + (\text{허수부})^2} = \sqrt{a^2 + b^2}$$

② 위상차 : 주파수 전달함수 벡터의 편각 $\quad \theta = \angle G(j\omega) = \tan^{-1}\dfrac{\text{허수부}}{\text{실수부}} = \tan^{-1}\dfrac{b}{a}$

(4) 주파수 전달함수의 이득과 위상을 구하는 방법

① $G(j\omega) = a + jb \quad \rightarrow \quad |G(j\omega)| = \sqrt{a^2 + b^2} \quad . \quad \theta = \tan^{-1}\dfrac{b}{a}$

② $G(j\omega) = \dfrac{1}{a + jb} \quad \rightarrow \quad |G(j\omega)| = \dfrac{1}{\sqrt{a^2 + b^2}}, \quad \theta = -\tan^{-1}\dfrac{b}{a}$

③ $G(j\omega) = \dfrac{a + jb}{c + jd} \quad \rightarrow \quad |G(j\omega)| = \dfrac{\sqrt{a^2 + b^2}}{\sqrt{c^2 + d^2}}, \quad \theta = \tan^{-1}\dfrac{b}{a} - \tan^{-1}\dfrac{d}{c}$

④ $G(j\omega) = \dfrac{jb}{c + jd}$ → $|G(jw)| = \dfrac{b}{\sqrt{c^2 + d^2}}$, $\theta = 90° - \tan^{-1}\dfrac{d}{c}$

⑤ $G(j\omega) = \dfrac{a + jb}{jd}$ → $|G(jw)| = \dfrac{\sqrt{a^2 + b^2}}{d}$, $\theta = \tan^{-1}\dfrac{a}{b} - 90°$

핵심기출 전달함수 $G(j\omega) = \dfrac{1}{1 + j\omega T}$ 일 때 전달함수의 크기 $|G(j\omega)|$ 와 위상각 $\angle G(j\omega)$ 를 구하여라? (단, $T > 0$ 이다.)

① $G(jw) = \dfrac{1}{\sqrt{1 + w^2 T^2}} \angle -\tan^{-1}wT$ ② $G(jw) = \dfrac{1}{\sqrt{1 - w^2 T^2}} \angle -\tan^{-1}wT$

③ $G(jw) = \dfrac{1}{\sqrt{1 + w^2 T^2}} \angle \tan^{-1}wT$ ④ $G(jw) = \dfrac{1}{\sqrt{1 - w^2 T^2}} \angle \tan^{-1}wT$

정답 및 해설 [전달함수의 크기 및 위상] $G(jw) = \dfrac{1}{1 + jwT}$

크기 $|G(jw)| = \dfrac{1}{\sqrt{1 + (wT)^2}}$, 위상 $\theta = -\tan^{-1}wT$

$G(jw) = \dfrac{1}{1 + jwT} = \dfrac{1}{\sqrt{1 + (wT)^2}} \angle -\tan^{-1}wT$ 【정답】①

---

02 벡터 궤적

(1) 도시 방법

주파수 응답의 도시 방법에는 벡터 궤적, 보드 선도, 이득·위상 선도가 주로 사용된다.

(2) 벡터 궤적

주파수 전달 함수 $G(j\omega)$ 를 복소 평면상의 벡터로 나타낸 크기 $|G(j\omega)|$, 편각 $\angle G(j\omega)$ 에서 각주파수 ω 를 $0 \sim \infty$ 까지 변화시켰을 때 그려진 궤적

① 비례 요소

주파수 전달 함수가 $G(j\omega) = K$ → (주파수와 무관)

실수 축 상의 K 의 하나의 점으로 나타낸다.

비례 요소 $G(s) = K \rightarrow G(j\omega) = K$

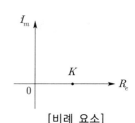

[비례 요소]

② 미분 요소

미분 요소 $G(j\omega) = j\omega$는 ω가 0에서 ∞까지 변화할 때 허수 축 상의 위로 올라가는 직선으로 표시

미분 요소 $G(s) = s \rightarrow G(j\omega) = j\omega\,|_{\omega=0} = 0$

$$G(s) = s \rightarrow G(j\omega) = j\omega\,|_{\omega=\infty} = j\infty$$

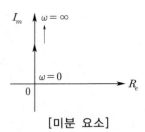

[미분 요소]

③ 적분 요소

적분 요소 $G(j\omega) = \dfrac{1}{j\omega}$는 ω가 0에서 ∞까지 변화할 때 허수 축 상 $-\infty$에서 0으로 올라가는 직선으로 표시된다.

적분 요소 $G(s) = \dfrac{1}{s} \rightarrow G(j\omega) = \dfrac{1}{j\omega} = -j\dfrac{1}{\omega}\Big|_{\omega=0} = -j\infty$

$$G(s) = \dfrac{1}{s} \rightarrow G(j\omega) = \dfrac{1}{j\omega} = -j\dfrac{1}{\omega}\Big|_{\omega=\infty} = 0$$

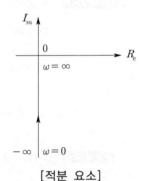

[적분 요소]

④ 비례 미분 요소

$(1,\ j0)$인 점에서 수직으로 올라가는 직선으로 표시된다.

비례 미분 요소 $G(j\omega) = 1 + j\omega T\,|_{\omega=0} = 1$

$$G(j\omega) = 1 + j\omega T\,|_{\omega=\infty} = 1 + j\infty$$

[비례 미분 요소]

⑤ 1차 지연 요소

㉮ $G(s) = \dfrac{1}{1+Ts} \rightarrow G(j\omega) = \dfrac{1}{1+j\omega T}$

㉯ 위상각으로 표시하면

$$G(j\omega) = \dfrac{1}{\sqrt{1+(\omega T)^2}} \angle -\tan^{-1}\omega T$$

㉰ $\displaystyle\lim_{\omega T\to 0} G(j\omega) = 1\angle 0$

㉱ $\displaystyle\lim_{\omega T\to 1} G(j\omega) = \dfrac{1}{\sqrt{2}} \angle -45°$

㉲ $\displaystyle\lim_{\omega T\to\infty} G(j\omega) = 0\angle -90°$

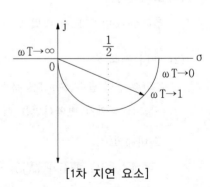

[1차 지연 요소]

⑥ 2차 자연 요소

㉮ $G(s) = \dfrac{\omega_n^2}{s^2 + 2\delta\omega_n s + \omega_n^2}$

㉯ $G(j\omega) = \dfrac{\omega_n^2}{-\omega^2 + j2\delta\omega_n + \omega_n^2}$

$\qquad = \dfrac{1}{1 - \left(\dfrac{\omega}{\omega_n}\right)^2 + j2\delta\dfrac{\omega}{\omega_n}}\Bigg|_{\frac{\omega}{\omega_n} = \lambda}$

$\qquad = \dfrac{1}{(1 - \lambda^2) + j2\delta\lambda}$

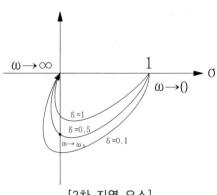

[2차 지연 요소]

㉰ $G(j\omega) = \dfrac{1}{\sqrt{(1 - \lambda^2)^2 + (2\delta\lambda)^2}} \;\angle -\tan^{-1}\dfrac{2\delta\lambda}{1 - \lambda^2}$

㉱ $\displaystyle\lim_{\lambda \to 0} G(j\omega) = 1 \angle 0$

㉲ $\displaystyle\lim_{\lambda \to 1} G(j\omega) = \dfrac{1}{2\delta} \angle -90°$

㉳ $\displaystyle\lim_{\lambda \to \infty} G(j\omega) = 0 \angle -\tan^{-1}\dfrac{1}{-\infty}\Bigg|_{\delta = 0.5} = 0 \;\angle -180° - \tan^{-1}\dfrac{1}{\infty} = 0 \angle -180°$

⑦ 부동작 시간 요소

크기는 1이며, ω의 증가에 따라 원주상을 시계 방향으로 회전
하는 벡터 궤적 $G(j\omega)$

㉮ $G(s) = e^{-\tau s} \;\rightarrow\; G(j\omega) = e^{-j\omega\tau}$

㉯ $G(j\omega) = 1 \angle -\omega\tau$

㉰ $\displaystyle\lim_{\omega\tau \to 0} G(j\omega) = 1 \angle 0$

㉱ $\displaystyle\lim_{\omega\tau \to \frac{\pi}{2}} G(j\omega) = 1 \;\angle -\dfrac{\pi}{2}$

㉲ $\displaystyle\lim_{\omega\tau \to \pi} G(j\omega) = 1 \angle -\pi$

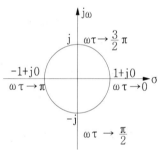

[부동작 시간 요소]

【기사】 10/1 19/3

그림과 같은 벡터 궤적을 갖는 계의 주파수 전달함수는?

① $\dfrac{1}{jw+1}$

② $\dfrac{1}{j2w+1}$

③ $\dfrac{jw+1}{j2w+1}$

④ $\dfrac{j2w+1}{jw+1}$

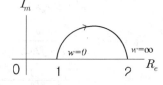

정답 및 해설 [벡터 궤적] 각 함수에 값을 대입해 푼다. $\rightarrow (\omega=0,\ \omega=\infty)$

① $G=\dfrac{j2w+1}{jw+1}$ 의 경우 $\omega=0$이면 $G=1$, $\omega=\infty$이면 $G=2$ 이므로 1에서 2로 가는 경로를 가진다.

② $G=\dfrac{jw+1}{j2w+1}$ 의 경우 $\omega=0$이면 $G=1$, $\omega=\infty$이면 $G=\dfrac{1}{2}$로 가는 경로를 가진다.

【정답】④

03 보드선도

(1) 보드선도의 정의

주파수 전달함수 $G(j\omega)$의 이득 $|G(j\omega)|$와 위상각 $\angle\,G(j\omega)$로 나누어 각각의 주파수 ω의 함수로 나타낸 것

보드선도의 이득 이유 $g_m > 0$, 위상 여유 $\varnothing_m > 0$의 조건에서 제어 장치의 동작이 안정하다.

보드선도의 종축은 이득의 [dB], 횡축은 주파수 ω의 대수 눈금 $\log\omega$의 값

(2) 보드선도 작성 시 필요한 사항

① 이득 : $g = 20\log_{10}|G(j\omega)| = 20\log_{10}($진폭비$)$[dB] $\rightarrow$ (진폭비 $= \dfrac{\text{출력의 진폭}}{\text{입력의 진폭}}$)

② 이득 여유 : 위상이 $-180\degree$ 가 되는 주파수에 있어서의 이득이 1에 대해서 어느 정도 여유가 있는가를 나타내는 값이다.

이득 여유 $GM = 20\log_{10}\dfrac{1}{|G(s)|}$[dB]

③ 절점 주파수 : 절점 함수의 특성 방정식에서 실수부와 허수부가 같은 주파수, 즉 보드 선도 위의 기울기가 20[dB/dec]로 변하는 곳의 주파수

$G(jw) = a + jw\beta \rightarrow$ 절점 주파수 $\omega_0 = \dfrac{\alpha}{\beta}$

④ 경사 : $g = K\log_{10}\omega$[dB]에서 K값이 보드 선도의 경사를 의미한다.

(3) 비례 요소 (상수)

① 전달함수 $G(j\omega) = K$

② 이득 $g = 20\log_{10}K[\text{dB}]$

(4) 미분 요소

① 전달 함수 $G(j\omega) = (j\omega)^n$

② 이득 $g = 20\log_{10}\omega^n = 20n\log_{10}\omega[\text{dB}]$

③ 위상 $\theta = \angle\,(j\omega)^n = n\times 90°$

(5) 적분 요소

① 전달함수 $G(j\omega) = \left(\dfrac{1}{j\omega}\right)^n = (j\omega)^{-n}$

② 이득 $g = 20\log_{10}\omega^{-n} = -20n\log_{10}\omega[\text{dB}]$

③ 위상 $\theta = \angle\,(j\omega)^{-n} = -n\times 90°$

(6) 1차 지연 요소

① 전달함수 $G(j\omega) = \dfrac{1}{1+j\omega T}$

② 이득 $g = 20\log_{10}\dfrac{1}{\sqrt{1+(\omega T)^2}} = -20\log_{10}\sqrt{1+(\omega T)^2} = -10\log_{10}[1+(\omega T)^2][\text{dB}]$

③ 위상 $\theta = -\tan^{-1}\omega T$

예 $\omega T = 0.1 \rightarrow g = 10.043,\ \theta = -5.7°$ $\omega T = 1 \rightarrow g = -3,\ \theta = -45°$

$\omega T = 10 \rightarrow g = -20,\ \theta = -84°$ $\omega T = 100 \rightarrow g = -40,\ \theta = -90°$

핵심기출 【기사】 09/1 12/1

$G(j\omega) = \dfrac{K}{(1+2j\omega)(1+j\omega)}$ 의 이득 여유가 20[dB]일 때 K의 값은?

① 0   ② 1   ③ 10   ④ $\dfrac{1}{10}$

정답 및 해설 [이득 여유] $GM = 20\log\left|\dfrac{1}{G(j\omega)H(j\omega)}\right|[\text{dB}]$

허수부 $s = j\omega = 0$에서 $G(s)H(s)$의 크기를 구한다.

$|G(j\omega)H(j\omega)| = \left|\dfrac{K}{(1+2j\omega)(1+j\omega)}\right|_{w=0} = K$

이득 여유가 20[dB]으로 주어졌으므로

$20 = 20\log\dfrac{1}{K}$이 성립하려면 $\rightarrow$ $\therefore K = \dfrac{1}{10}$ 【정답】 ④

04 주파수 특성에 관한 상수

(1) 영주파수에서의 이득 M_0

영주파수에서의 이득, 즉 M_0는 정상값

$1-M_0$는 정상 오차

(2) 대역폭(Bandwidth)

크기가 $0.707M_0$ 또는 응답 기준값에 대하여 3[dB] 감소하는 점($(20\log M_0 - 3)[dB]$)에서의 주파수

대역폭이 넓으면 넓을수록 응답속도가 빠르다.

(M_0 : 영주파수에서의 이득)

(3) 공진 정점(M_p: response peak)

M의 최대값으로 M_p가 크면 과도 응답시 오우버슈우트가 커진다.

제어계의 최적 M_p는 대략 1.1 ~ 1.5이다.

(4) 공진 주파수(w_p: response frequency)

공진 정점이 일어나는 주파수를 말하며 w_p의 값이 높으면 주기는 작다.

(5) 분리도

분리도는 신호와 잡음(외란)을 분리하는 제어계의 특성을 가리킨다.

일반적으로 예리한 분리 특성은 큰 M_p를 동반하므로 불안정하기가 쉽다.

핵심기출 【기사】 15/3

전달 함수의 크기가 주파수 0에서 최대값을 갖는 저역 통과 필터가 있다. 최대값의 70.7[%] 또는 -3[dB]로 되는 크기까지의 주파수로 정의되는 것은?

① 공진 주파수　　　　　　　② 첨두 공진점

③ 대역폭　　　　　　　　　　④ 분리도

정답 및 해설 [대역폭] 크기가 $0.707M_0$ 또는 $(20\log M_0 - 3)$[dB]에서의 주파수로 정의한다.

【정답】③

단원 핵심 체크

01 이득 교차 주파수는 진폭비가 ( )이 되는 주파수이다.

02 계의 이득 여유는 보드 선도에서 위상 곡선이 ( )[˚]의 점에서의 이득값이 된다.

03 보드 선도에서 이득 곡선이 ( )[dB]인 점을 지날 때의 주파수에서 양의 위상 여유가 생기고 위상 곡선이 −180˚를 지날 때 양의 이득 여유가 생긴다.

04 벡터 궤적이 그림과 같이 표시되는 요소를 ( ) 요소라고 한다.

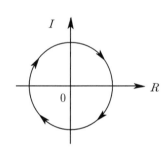

05 보드선도의 이득 $g = ($)[dB]에 의해 구한다.

06 $G(s)H(s) = \dfrac{2}{(s+1)(s+2)}$ 의 이득 여유는 ( )[dB]이다.

07 1차 요소 $G(s) = \dfrac{1}{1+Ts}$ 인 제어계의 절점 주파수에서 이득 $g = ($)[dB] 이다.

08 $G(s) = \dfrac{1}{s(1+Ts)}$ 로 표시되는 제어계에서 ω 가 아주 클 때 $|G(j\omega)|$의 경사는 (①)이고 위상각은 (②)[˚] 이다.

09 보드선도의 이득 이유 (①   ), 위상 여유 (②   )의 조건에서 제어 장치의 동작이 안정하다.

10 보드선도가 경사를 이루는 실수부와 허수부가 같은 주파수, 즉 보드 선도 위의 기울기가 20[dB/dec]로 변하는 곳의 주파수를 (   ) 주파수라고 한다.

11 $G(S) = \dfrac{1}{5s+1}$ 일 때, 보드선도에서 절점주파수 $\omega_o =$ (   )[rad/sec] 이다.

---

1. 주파수 응답에 필요한 입력은?

① 계단 입력　　　② 임펄스 입력

③ 램프 입력　　　④ 정현파 입력

|정|답|및|해|설|

[주파수 응답] 제어계 전달함수에 주파수 $w(2\pi f)$의 신호를 가하고 w의 변화에 따른 크기, 위상의 변화를 구한다.

【정답】④

2. 전달함수가 $G(jw) = \dfrac{jw}{jw + \dfrac{1}{RC}}$ 인 경우

$w = \infty$ 에서의 $|G(jw)|$ 및 $\angle G(jw)$의 값은?

① $0, 90°$　　　② $\sqrt{2}, 45°$

③ $1, 90°$　　　④ $1, 0°$

|정|답|및|해|설|

[크기 및 위상] $G(jw) = \dfrac{jw}{jw + \dfrac{1}{RC}}$　→($j\omega$로 나눈다.)

$$= \dfrac{1}{1 + \dfrac{1}{jwRC}} = 1 \angle 0°$$

($\omega = \infty$이면 $G(jw)$가 ∞가 되므로 jw로 나눈다.)

【정답】④

3. 단위 궤환계에서 입력과 출력이 같다면 G(전향 전달함수)의 값은?

① $|G| = 1$　　　② $|G| = 0$

③ $|G| = \infty$　　　④ $|G| = 0.707$

|정|답|및|해|설|

[단위 궤환계]

전달함수 $T = \dfrac{G}{1 + G}$

입력과 출력이 같을 때 전달함수 $T = 1$

$$\dfrac{G}{1 + G} = 1 \;\to\; \dfrac{1}{\dfrac{1}{G} + 1} = 1 \;\to\; \therefore |G| = \infty$$

【정답】③

4. 전달 함수 $G(s)$가 다음과 같은 계가 있다. $w = 0$ 근방에서의 위상각은?

$$G(s) = \dfrac{K\pi(T_j s + 1)}{s^h \pi(T_i S + 1)}$$

① $-90h°$　　　② $-45h°$

③ $45h°$　　　④ $90h°$

|정|답|및|해|설|

[위상각]

$$G(s) = \dfrac{K_\pi(T_j s + 1)}{s^k(T_i s + 1)}$$

$w = 0$에서 위상각은 S^k에 의한 값이므로

$s = jw = w \angle 90°$

$\dfrac{1}{s} = \dfrac{1}{jw} - \angle -90°$

$\dfrac{1}{s^h}$에서 $h = 1$이면 $-90°$, $h = 2$이면 $-180°$ ....

h가 1씩 증가할 때마다 $-90°$씩 시계 방향으로 회전한다.

【정답】①

5. 전달함수 $G(jw) = \dfrac{1}{1+jwT}$ 의 크기와 위상

각을 구한 값은? (단, $T > 0$ 이다.)

① $G(jw) = \dfrac{1}{\sqrt{1+w^2T^2}} \angle -\tan^{-1}wT$

② $G(jw) = \dfrac{1}{\sqrt{1-w^2T^2}} \angle -\tan^{-1}wT$

③ $G(jw) = \dfrac{1}{\sqrt{1+w^2T^2}} \angle \tan^{-1}wT$

④ $G(jw) = \dfrac{1}{\sqrt{1-w^2T^2}} \angle \tan^{-1}wT$

|정|답|및|해|설|

[1차 지연 요소의 크기와 위상각] $G(jw) = \dfrac{1}{1+jwT}$

크기 $|G(jw)| = \dfrac{1}{\sqrt{1+(wT)^2}}$

위상 $\theta = -\tan^{-1}wT$

$G(jw) = \dfrac{1}{1+jwT} = \dfrac{1}{\sqrt{1+(wT)^2}} \angle -\tan^{-1}wT$

【정답】①

6. 전달함수 $G(s) = \dfrac{20}{3+2s}$ 을 갖는 요소가 있

다. 이 요소에 $w = 2$ 인 정현파를 주었을 때

$|G(jw)|$ 를 구하면?

① $|G(jw)| = 8$ 　② $|G(jw)| = 6$

③ $|G(jw)| = 2$ 　④ $|G(jw)| = 4$

|정|답|및|해|설|

$G(s) = \dfrac{20}{3+2s}$, $w = 2$ 이면

$G(jw) = \dfrac{20}{3+2jw} = \dfrac{20}{3+j4}$, $|G(jw)| = \dfrac{20}{\sqrt{3^2+4^2}} = 4$

※위상 : $\dfrac{20}{3+j4} = \dfrac{20\angle 0°}{5\angle \tan^{-1}\frac{4}{3}} = 4\angle -\tan^{-1}\dfrac{4}{3}$

【정답】④

7. $G(s) = \dfrac{K}{s(s+1)}$ 의 벡터 궤적은?

① 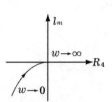　②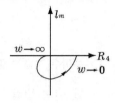

③ 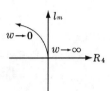　④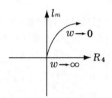

|정|답|및|해|설|

[벡터 궤적] $G(jw) = \dfrac{K}{jw(jw+1)}$

· $w = 0$ 이면 $G(jw) = \dfrac{K}{jw}$ 에서 $w = 0$ 이면 $G(jw) = \infty$

위상은 $-90°$

· $w = \infty$ 이면 $G(jw) = \dfrac{K}{jw \cdot jw}$ 에서 $|G(jw)| = 0$

위상은 $-180°$ 이다.

【정답】①

8. 1차 지연 요소의 벡터 궤적은?

① 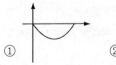　②

③ 　④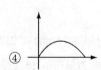

|정|답|및|해|설|

[1차 지연 요소]

$$G(s) = \frac{1}{1+Ts}, \qquad G(jw) = \frac{1}{1+jwT}$$

$w = 0$, $G(0) = 1\angle 0°$, 크기 1 위상 0°

$w = \infty$, $G(\infty) = \frac{1}{jwT} = 0\angle -90°$, 크기 0 위상 $-90°$

【정답】①

9. 벡터 궤적이 그림과 같이 표시되는 요소는?

① 비례 요소

② 1차 지연 요소

③ 부동작 시간 요소

④ 2차 지연 요소

|정|답|및|해|설|

[부동작 시간 요소] $G(s) = e^{-LS}$

$G(jw) = e^{-jwL} = \cos wL - j\sin wL$

$|G(jw)| = \sqrt{(\cos wL)^2 + (\sin wL)^2} = 1$

$\angle G(jw) = \tan^{-1}\dfrac{-\sin wL}{\cos wL}$

$\qquad = \tan^{-1}(-\tan wL) = -wL$

크기는 1이고 w가 증가하면 궤적은 원주를 따라 회전한다.

【정답】③

10. 그림과 같은 궤적을 갖는 계의 주파수 전달 함수는?

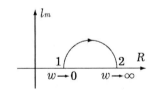

① $\dfrac{1}{jw+1}$

② $\dfrac{1}{2jw+1}$

③ $\dfrac{jw+1}{j2w+1}$

④ $\dfrac{j2w+1}{jw+1}$

|정|답|및|해|설|

[벡터 궤적] $G(jw) = \dfrac{j2w+1}{jw+1}$

$w = 0$에서 크기가 1, 위상 0°

$w = \infty$에서 크기가 2, 위상 0°

【정답】④

11. $G(s) = e^{-Ls}$에서 $w = 100[\text{rad/s}]$일 때 이득[dB]은?

① 0

② 20

③ 30

④ 40

|정|답|및|해|설|

[부동작 시간 지연]

$G(s) = e^{-LS}$, $w = 100$

$G(jw) = e^{-jwL} = \cos wL - j\sin wL$

$|G(jw)| = 1$

$g = 20\log|G(jw)| = 20\log 1 = 0[dB] \qquad \rightarrow (\log 1 = 0)$

부동작 시간 요소에서 이득(gain)은 0이다.

【정답】①

12. 주파수 전달 함수 $G(jw) = \dfrac{1}{j100w}$인 계에서 $w = 0.1[\text{rad/s}]$일 때의 이득[dB]과 위상각은?

① 40, $-90°$

② 20, $-90°$

③ $-40, -90°$

④ $-20, -90°$

|정|답|및|해|설|

$G(jw) = \dfrac{1}{j100w} = \dfrac{1}{j10} \qquad \rightarrow (w = 0.1)$

크기 $|G(jw)| = \dfrac{1}{10}$, 위상 $-90°$

$g = 20\log|G(jw)| = 20\log\dfrac{1}{10} = -20[dB]$

※$\log 1 = 0$, $\log 10 = 1$, $\log 100 = 2$, $\log\dfrac{1}{10} = -1$, $\log\dfrac{1}{100} = -2$

【정답】④

13. $G(s) = 500s$ 로 표시되는 제어계에서 $w = 2$ [rad/s]일 때 이득[dB]과 위상각은?

① 10, 0°   ② 20, 60°

③ 60, 90°   ④ 80, 180°

|정|답|및|해|설|
[이득, 위상] $G(s) = 500s$, $w = 2$
$G(jw) = 500jw = j1000$
· 크기 $|G(jw)| = 1000$
· 위상 $\theta = 90°$
· 이득 $g = 20\log|G(jw)| = 20\log1000 = 60[dB]$

【정답】③

14. $G(jw) = j\,0.1w$에서 $w = 0.01$[rad/s]일 때 계의 이득은?

① $-100[\mathrm{dB}]$ ② $-80[\mathrm{dB}]$

③ $-60[\mathrm{dB}]$ ④ $-40[\mathrm{dB}]$

|정|답|및|해|설|
[이득]
$G(jw) = j0.1w = j0.001$ $\rightarrow (w = 0.01)$
크기 $|G(jw)| = 0.001$
위상 $90°$
이득 $g = 20\log0.001 = 20\log\dfrac{1}{1000} = -60[dB]$

【정답】③

15. $G(jw) = j\,0.01\omega$에서 $w = 0.01$[rad/ sec]일 때 계의 이득은 얼마인가?

① $-100[\mathrm{dB}]$ ② $-80[\mathrm{dB}]$

③ $-60[\mathrm{dB}]$ ④ $-40[\mathrm{dB}]$

|정|답|및|해|설|
$G(jw) = j0.01w = j0.0001$ $\rightarrow (w = 0.01)$
크기 $|G(jw)| = 0.0001$
위상 $\theta = 90°$

이득 $g = 20\log0.0001 = 20\log\dfrac{1}{10000} = -80[dB]$

【정답】②

16. $T(s) = \dfrac{1}{s(s+10)}$ 인 선형 제어계에서 $w = 0.1$일 때 주파수 전달 함수의 이득은?

① $-20[\mathrm{dB}]$ ② $0[\mathrm{dB}]$

③ $20[\mathrm{dB}]$ ④ $40[\mathrm{dB}]$

|정|답|및|해|설|
$T(s) = \dfrac{1}{s(s+10)}$ $\rightarrow (w = 0.1)$

$T(jw) = \dfrac{1}{jw(jw+10)} = \dfrac{1}{0.1j(10)} = \dfrac{1}{j} \fallingdotseq 1$

$\rightarrow (jw+10$에서 jw를 무시한다.)

$g = 20\log1 = 0[dB]$, 위상 $-90[°]$

【정답】②

17. $G(s) = Ts + 1$로 표시되는 제어계에서 주파수 ω가 아주 클 때 $|G(jw)|$는 어떤 변화를 하는가?

① $+40[\mathrm{dB/dec}]$ ② $+20[\mathrm{dB/dec}]$

③ $-20[\mathrm{dB/dec}]$ ④ $-40[\mathrm{dB/dec}]$

|정|답|및|해|설|
$G(jw) = jwT + 1$
$|G(jw)| = \sqrt{(wT)^2 + 1}$
$\angle G(jw) = \tan^{-1}wT$
$g = 20\log|G(jw)| = 20\log\sqrt{(wT)^2 + 1}$

$\rightarrow (w$가 아주 크면$)$

$= 20\log(\sqrt{(wT)^2 + 1}) = 20\log(wT)$이므로
이득은 $20[\mathrm{dB}]$씩 증가한다. $20[\mathrm{dB/dec}]$

【정답】②

18. $G(s)H(s) = \dfrac{2}{s(s+1)(s+2)}$ 의 이득 여유를 구하면?

① 20[dB] ② −20[dB]

③ 0[dB] ④ ∞[dB]

[이득 여유] $g = 20\log\left|\dfrac{1}{GH}\right|$

$G(jw)H(jw) = \dfrac{2}{(jw+1)(jw+2)}$

$w=0$이면 (허수부가 0일 때) $G(0)H(0)=1$

∴이득 여유 $g = 20\log 1 = 0[\text{dB}]$

【정답】③

19. $G(s)H(s) = \dfrac{1}{s(s-1)(s+2)}$ 인 계의 이득은?

① 10[dB] ② 1[dB]

③ −20[dB] ④ −10[dB]

[이득] $g = 20\log\left|\dfrac{1}{jw(jw-1)(jw+2)}\right|$ 에서

크기 $|G(j\omega)| = \dfrac{1}{jw(jw-1)(jw+2)} = \dfrac{1}{1 \cdot \sqrt{2} \cdot \sqrt{5}}$

$g = 20\log\dfrac{1}{1 \cdot \sqrt{2} \cdot \sqrt{5}} = 20\log\dfrac{1}{\sqrt{10}}$

$= -20\log 10^{\frac{1}{2}} = -10\log 10 = -10[\text{dB}]$

【정답】④

20. 주파수 전달함수가 $G(jw) = a + jw\beta$인 경우 절점 주파수 w_0는?

① $\dfrac{\beta}{a}$ ② $\dfrac{a}{\beta}$

③ $\dfrac{w}{1-a}$ ④ $\dfrac{\beta}{1+\beta}$

[절점 주파수] $G(jw) = \alpha + jw\beta$

절점 주파수 $w = \dfrac{\alpha}{\beta}$

【정답】②

21. $G(jw) = \dfrac{1}{1+jwT}$ 인 제어계에서 절점 주파수일 때의 이득은?

① 약 −1[dB] ② 약 −2[dB]

③ 약 −3[dB] ④ 약 −4[dB]

[절점 주파수, 이득] $G(jw) = \dfrac{1}{1+jwT}$

절점 주파수 $w = \dfrac{1}{T}$이므로

절점 주파수에서 $G(jw) = \dfrac{1}{1+j}$

크기 $|G(jw)| = \dfrac{1}{\sqrt{2}}$

이득 $g = 20\log\dfrac{1}{\sqrt{2}} = -10\log 2 = -3[\text{dB}]$

$\longrightarrow (\log 2 = 0.3010)$

【정답】③

22. 폐루프 전달함수 $G(s) = \dfrac{1}{2s+1}$ 인 계의 대역폭(BW)은 몇 [rad]인가?

① 0.5 ② 1

③ 1.5 ④ 2

[대역폭] $G(s) = \dfrac{1}{2s+1}$ 에서

$|G(jw)| = \dfrac{1}{\sqrt{(2w)^2+1}} = \dfrac{1}{\sqrt{2}}$

$4w^2 + 1 = 2 \;\rightarrow\; w^2 = \dfrac{1}{4} \;\rightarrow\; \therefore w = 0.5[\text{rad}]$

【정답】①

23. 보드선도에서 전달함수 $G(jw) = \dfrac{K}{1+jwT}$ 인 요소의 절점 이득과 절점 주파수의 참 이득과의 차는?

① $20\log 1\,[\text{dB}]$ ② $20\log\dfrac{1}{\sqrt{2}}\,[\text{dB}]$

③ $20\log\sqrt{2}\,[\text{dB}]$ ④ $20\log 10\,[\text{dB}]$

|정|답|및|해|설|

$G(jw) = \dfrac{1}{1+jwT}$

절점 주파수 $w = \dfrac{1}{T}$

$G(jw) = \dfrac{1}{1+j}$ → $|G(jw)| = \dfrac{1}{\sqrt{2}}$

$g_1 = 20\log\dfrac{1}{\sqrt{2}}$

절점 이득 $g_2 = 20\log 1\,[\text{dB}]$

$g_2 - g_1 = 20\log 1 - 20\log\dfrac{1}{\sqrt{2}} = 20\log\sqrt{2}\,[\text{dB}]$

【정답】③

24. 2차 제어계에 있어서 공진 정점 M_p가 너무 크면 제어계의 안정도는 어떻게 되는가?

① 불안정하게 된다.
② 안정하게 된다.
③ 불변이다.
④ 조건부 안정이 된다.

|정|답|및|해|설|

[공진 정점] 공진 정점 M_p가 크면, 과도 응답 시 오버슈트가 커진다. 그러므로 너무 커지면 불안정해진다.

【정답】①

25. 2차 지연 요소의 보드 선도에서 이득 곡선의 두 점근선이 만나는 점의 주파수는?

① 영 주파수 ② 공진 주파수
③ 고유 주파수 ④ 차단 주파수

|정|답|및|해|설|

[절점 주파수] 이득 곡선의 두 점근선이 만나는 점의 주파수가 절점 주파수이다.

$w = \dfrac{1}{T}$ 로서 이 주파수는 고유 주파수이다.

【정답】③

26. 보드선도의 횡축에 대하여 옳은 것은?

① 이득-균등 눈금
② 주파수-대수 눈금
③ 주파수-균등 눈금
④ 이득-대수 눈금

|정|답|및|해|설|

[보드선도]
·횡축 : 주파수 w의 대수 눈금 $\log w$의 값
·종축 : 이득의 [dB] 【정답】②

27. $G(s) = s$의 보드 선도는?

① $+20[\text{dB}]$의 경사를 가지며 위상각 $90°$
② $+40[\text{dB}]$의 경사를 가지며 위상각 $180°$
③ $-40[\text{dB}]$의 경사를 가지며 위상각 $180°$
④ $-20[\text{dB}]$의 경사를 가지며 위상각 $90°$

|정|답|및|해|설|

[보드 선도] $G(s) = S$
크기 $|G(jw)| = w$, 위상 $\angle G(jw) = 90°$
$g = 20\log w$ → $w = 1$이면 $20\log 1 = 0[dB]$
$\qquad\qquad\qquad w = 10$이면 $20\log 10 = 20$
$\qquad\qquad\qquad w = 100$이면 $20\log 100 = 40$
$\qquad\qquad\qquad w = 1000$이면 $20\log 1000 = 60$
w 변화에 대해서 이득은 $20[\text{dB}]$씩 증가한다.

【정답】①

28. 벡터 궤적의 임계점 $(-1, j0)$에 대응하는 보드 선도 상의 점은 이득이 $A[\text{dB}]$, 위상이 B되는 점이다. A, B에 알맞은 것은?

① $A = 0[\text{dB}]$, $B = -180°$

② $A = 0[\text{dB}]$, $B = 0°$

③ $A = 1[\text{dB}]$, $B = 0°$

④ $A = 1[\text{dB}]$, $B = 180°$

|정|답|및|해|설|......

[보드 선도 이득 및 위상] $(-1, jw)$은 크기가 1, 위상이 $-180°$ 되는 점이므로 이득 $g = 20\log 1 = 0[\text{dB}]$

【정답】①

29. $G(jw) = K(jw)^2$의 보드 선도는?

① $-40[\text{dB}]$의 경사를 가지며 위상각 $-180°$

② $40[\text{dB}]$의 경사를 가지며 위상각 $180°$

③ $-20[\text{dB}]$의 경사를 가지며 위상각 $-90°$

④ $20[\text{dB}]$의 경사를 가지며 위상각 $90°$

|정|답|및|해|설|......

[보드 선도 이득 및 위상]

$G(jw) = K(jw)^2$

$|G(jw)| = Kw^2$ $\angle G(jw) = 180°$

$g = 20\log Kw^2 = 40\log(Kw)$

$\log w = 1, 2, 3, 4 \dots$ 변화하면 g는 $40[\text{dB}]$씩 증가한다.

【정답】②

30. $G(s) = \dfrac{10}{(s+1)(10s+1)}$ 의 보드 선도의 이득 곡선은?

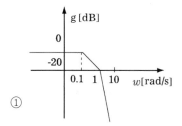

①

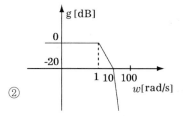

②

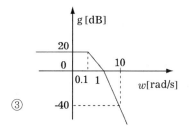

③

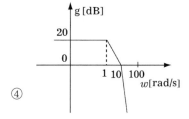

④

|정|답|및|해|설|......

[보드 선도의 이득 곡선]

$G(s) = \dfrac{10}{(s+1)(10s+1)}$

절점이 $s+1$에서 1

$10s+1$에서 0.1

분모의 s가 2차식이므로 $40[\text{dB}]$감소,

즉, 초기 이득 $g = 20\log 10 = 20[\text{dB}]$에서

절점 주파수 $w = 0.1$에서 $-20[\text{dB}]$씩 감소

$w = 1$에서 $20[\text{dB}]$씩 감소가 추가되어 $-40[\text{dB}]$씩 감소

【정답】③

31. 어떤 계통의 보드 선도 중 이득 선도가 그림과
  같을 때 이에 해당하는 전달 함수는?

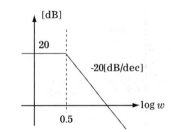

① $\dfrac{20}{5s+1}$ ② $\dfrac{10}{2s+1}$

③ $\dfrac{10}{5s+1}$ ④ $\dfrac{20}{2s+1}$

|정|답|및|해|설|⋯⋯⋯⋯⋯⋯⋯⋯⋯⋯⋯⋯⋯

[보드선도] 절점이($w=\dfrac{1}{2}$) 0.5이고 -20[dB./dec] 변화이

므로 $G(s)=\dfrac{K}{2s+1}$ 가 된다.

$20\log K=20 \;\rightarrow\; K=10$

또 절점 이전의 이득이 20[dB]이므로

$\therefore G(s)=\dfrac{10}{2s+1}$ 【정답】②

제어계의 안정도

01 루드표에 의한 안정도 판별법

(1) 제어계의 안정 조건

특성 방정식 $a_0 s^3 + a_1 s^2 + a_2 s + a_3 = 0$에서 제어계가 안정하기 위한 필수 조건은 다음과 같다.

· 특성 방정식의 모든 계수의 부호가 같을 것

· 특성 방정식의 모든 차수가 존재할 것

즉, $a_0, \ a_1, \ a_2, \ \cdots \ , a_n = 0$

· 특성 방정식의 근이 모두 s 평면 좌반부에 존재할 것

· 루드표를 작성하여 제1열의 부호 변화가 없을 것

※제1열의 부호가 변화하는 회수만큼의 특성근이 복소평면의 우반부에 존재한다.

① 절대 안정도 : 안정 여부만 판단하는 것(루드-후르비츠)

② 상대 안정도 : 안정된 정도를 나타내는 것(나이퀴스트)

핵심기출   【기사】 19/3
Routh-Hurwitz 표에서 제1열의 부호가 변하는 횟수로부터 알 수 있는 것은?

① s-평면의 좌반면에 존재하는 근의 수

② s-평면의 우반면에 존재하는 근의 수

③ s-평면의 허수축에 존재하는 근의 수

④ s-평면의 원점에 존재하는 근의 수

정답 및 해설 [루드표] 제1열의 부호가 변화하는 회수만큼의 특성근이 s평면의 우반부에 존재한다.

【정답】②

(2) 루드표 작성 및 안정도 판별법

루드표에서 제1열의 결과들과의 부호가 (+)가 되어 부호 변화가 없어야 제어계는 안정하다.

부호 변화가 1번이라도 발생하면 제어계는 불안정

특성 방정식 $F(s) = a_0 s^5 + a_1 s^4 + a_2 s^3 + a_3 s^2 + a_4 s + a_5 = 0$에서 루드표를 자성하면 다음과 같다.

① 다음과 같이 두 줄로 정리한다.

$\quad a_0 \quad\quad a_2 \quad\quad a_4 \quad\quad a_6 \; \cdots\cdots$

$\quad a_1 \quad\quad a_3 \quad\quad a_5 \quad\quad a_7 \; \cdots\cdots$

② 다음과 같은 규칙적인 방법으로 루드 수열을 계산하여 만든다.

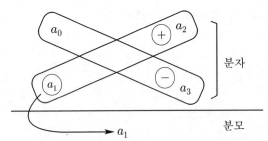

차수	제1열 계수	제2열 계수	제3열 계수
s^5	$a_0 \;\rightarrow$ ①	$a_2 \;\rightarrow$ ③	$a_4 \;\rightarrow$ ⑤
s^4	$a_1 \;\rightarrow$ ②	$a_3 \;\rightarrow$ ④	$a_5 \;\rightarrow$ ⑥
s^3	A	B	
s^2	C	D	
s^1	E		
s^0	s^0부분의 값		

$$A = \frac{a_1 a_2 - a_0 a_3}{a_1}, \; B = \frac{a_1 a_4 - a_0 a_5}{a_1}, \; C = \frac{A a_3 - a_1 B}{A}, \; D = \frac{A a_5 - a_1 a_6}{A}$$

$$E = \frac{CB - AD}{C}$$

(3) 특수한 경우의 안정도 판별법

① 루드표의 어느 한 행의 제1열 원소가 0이고, 나머지 원소는 0이 아닌 경우

　→ 특성 방정식 $F(s)$에 $(s+\alpha)$를 곱한 보조 방정식 $F'(s)$를 세워 구한다.

② 루드표의 어느 한 행에 있는 모든 원소가 0인 경우

　→ 모든 원소가 0이 되는 행의 바로 위의 원소를 계수로 하는 보조 방정식을 세워 s에 관하여 미분한 다음 그 계수를 모든 원소가 0인 행에 대치하여 구한다.

【기사】 08/1 17/3

특정 방정식 $S^5+2S^4+2S^3+3S^2+4S+1$을 Routh-Hurwitz 판별법으로 분석한 결과이다. 옳은 것은 ?

① s-평면의 우반면에 근이 존재하지 않기 때문에 안정한 시스템이다.

② s-평면의 우반면에 근이 1개 존재하기 때문에 불안정한 시스템이다.

③ s-평면의 우반면에 근이 2개 존재하기 때문에 불안정한 시스템이다.

④ s-평면의 우반면에 근이 3개 존재하기 때문에 불안정한 시스템이다.

정답 및 해설 [루드표]

	제1열 계수	제2열 계수	제3열 계수
S^5	1	2	4
S^4	2	3	1
S^3	$A=\dfrac{4-3}{2}=0.5$	$B=\dfrac{8-1}{2}=3.5$	
S^2	$C=\dfrac{0.5\times3-2\times3.5}{0.5}=-11$	$D=\dfrac{0.5\times1-0}{0.5}=1$	
S^1	$E=\dfrac{-11\times3.5-(0.5\times1)}{-11}=3.5$		
S^0	1		

루드표에서 제1열의 부호가 2번 변하므로(0.5에서 -11로, -11에서 3.55로) s평면의 우반면에 불안정한 근이 2개가 존재하는 불안정 시스템이다. 【정답】③

02 나이퀴스트 안정도 판별

(1) 나이퀴스트에 의한 안정도 판별의 특징

$G(s)H(s)$의 나이퀴스트 곡선에서 직접 s평면 우반부에 있는 $1+G(s)H(s)$의 영점 수로부터 정해진다.

$N=Z-P$

여기서, N : 나이퀴스트 궤적에 의한 $(-1, j0)$인 점의 시계 방향 회전수.

Z : 정(+)의 실수 부분을 가지는 폐루프 전달 함수 $G(s)H(s)$의 영점의 개수

P : 정(+)의 실수 부분을 가지는 개루프 전달 함수 $G(s)H(s)$의 극점의 개수

안정한 시스템에서는 $Z=0$이므로 $N=-P$이다.

따라서 $P=0$인 안정한 함수라면 나이퀴스트 곡선이 $(-1, j0)$점 주위를 회전하지 말아야 한다.

나이퀴스트 곡선에서 안정한 시스템은 주파수 w가 0에서 ∞로 증가하는 방향으로 $(-1, j0)$점을 좌측으로 보면서 일주해야 한다.

(2) 나이퀴스트 곡선의 특징

•안정성을 판별하는 동시에 안정성을 지시해 준다.

•시스템의 안정성을 개선하는 방법에 관한 정보를 제공한다.

•제어시스템의 주파수 응답에 관한 정보를 제공한다.

(3) 나이퀴스트 곡선에 의한 안정도 판별의 특징

$G(j\omega)H(j\omega)$의 ω값을 0에서 ∞까지 증가시키면서 그 궤적을 그릴 때 그 궤적이$(-1,\ j0)$인 점을 왼쪽으로 보면서 수렴하면 제어계는 안정, 오른쪽으로 보게 되면 불안정

① 나이퀴스트 선도의 경로가 시계 방향인 경우

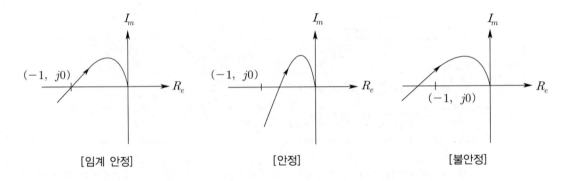

[임계 안정]   [안정]   [불안정]

② 나이퀴스트 선도의 경로가 시계 방향인 경우

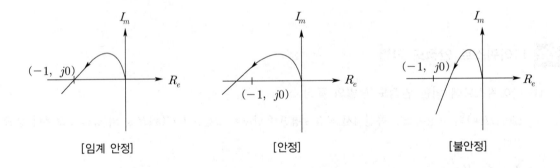

[임계 안정]   [안정]   [불안정]

【기사】 06/3 10/1 12/2 12/3 15/1

$G(j\omega) = \dfrac{k}{j\omega(j\omega+1)}$ 의 나이퀴스트 선도는?

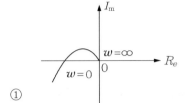

①

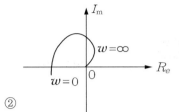

②

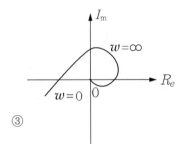

③

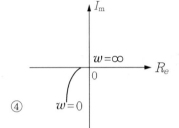

④

정답 및 해설 [나이퀴스트 선도] $G(j\omega) = \dfrac{K}{j\omega(j\omega+1)}$ 의 나이퀴스트 선도

$\omega \to 0$ 에서 $G(j\omega) = \dfrac{K}{j\omega}$, 위상은 $-90°$, 크기는 ∞

$\omega \to \infty$ 에서 $G(j\omega) = \dfrac{K}{j\omega(j\omega)}$, 위상은 $-180°$, 크기는 0

【정답】④

(4) 나이퀴스트 곡선에서의 이득 여유와 위상 여유

① 안정 조건

㉮ 이득 여유 : $g_m > 0$

㉯ 위상 여유 : $\phi_m > 0$

② 이득 여유 (GM)

나이퀴스트 선도에서 임계점을 기준으로 안정한 영역의 크기 여유

이득 여유 $GM = 20\log \left| \dfrac{1}{GH} \right|_{\omega=0}$ [dB]

③ 위상 여유 (PM)

·나이퀴스트 곡선의 임계점$(-1, j0)$이 보드 선도 상에 대응하는 이득은 0[dB]이고 위상은 $-180°$이다.

- 일반적으로 안정한 제어계에서 요구되는 이득 여유는 $GM = 4 \sim 12[\text{dB}]$이고 위상 여유 $PM = 30 \sim 60°$이다.
- 위상 교점 주파수 $>$ 이득 교점 주파수

핵심기출 【기사】 06/1 07/3

다음 ( ) 안에 알맞은 것은?

> 계의 이득 여유는 보드 선도에서 위상 곡선이 ( )의 점에서의 이득값이 된다.

① 90[°] 　　　　　　　② 120[°]

③ −90[°] 　　　　　　④ −180[°]

정답 및 해설 [이득 곡선] 보드 선도에서 이득 곡선이 0[dB]인 점을 지날 때의 주파수에서 양의 위상 여유가 생기고 위상 곡선이 −180° 를 지날 때 양의 이득 여유가 생긴다. 　　　　　　【정답】 ④

Chapter **05**

시험 전 반드시 체크해야 할

단원 핵심 체크

01 계의 안정 조건은 모든 차수의 항이 존재하고 각 계수의 부호가 (　　　　　) 한다.

02 특성 방정식의 모든 근이 s 복소 평면의 (　　　　　)면에 있으면 이 계는 안정하다.

03 Routh 안정 판별표에서 수열의 제1열이 그림과 같을 때 이 계통의 특성 방정식에 양의 실수부를 우반면에 갖는 근이 (　　　　　)개 이다.

1
2
−1
3
1

04 $S^3+11S^2+2S+40=0$에는 양의 실수부를 갖는 근은 몇 개 있는지를 알아 보기 위한 루드표 작성을 완성하시오.

	제1열 계수	제2열 계수
S^3	1	2
S^2	11	40
S^1	$A=($ ① $)$	0
S^0	(②)	

05 특성 방정식이 $S^3+2S^2+2S+40=0$인 경우, 양의 실수부를 갖는 근이 (①)개 이므로 이 제어계는 (②)하다.

06 나이퀴스트 곡선에서 안정한 시스템은 주파수 w가 0에서 ∞로 증가하는 방향으로 $(-1, j0)$ 점을 (　　　　　)측으로 보면서 일주해야 한다.

07 계의 이득 여유는 보드선도에서 위상 곡선이 (　　　　　)[°]의 점에서의 이득값이 된다.

08 보드선도 상의 안정 조건으로 이득 여유(g_m)와 위상 여유(ϕ_m) 모두가 0보다 (   ) 안정하다.

09 나이퀴스트 선도로부터 결정된 이득 여유는 (①   )[dB], 위상 여유가 (②   )[˚]일 때, 이 제어계는 안정하다.

10 보드선도에서 이득 여유에 대한 정보를 얻을 수 있는 것은 위상 곡선 −180˚에서 이득과 (   )[dB]의 사이이다.

정답   (1) 같아야   (2) 좌반   (3) 2

(4) ① $-\dfrac{18}{11}$, ② 40   (5) ① 2, ② 불안정   (6) 좌

(7) −180   (8) 크면   (9) ① 4~12, ② 30~40

(10) 0

적중 예상문제

1. 다음의 임펄스 응답 중 안정한 계는?

① $h(t) = te^{-t}$ ② $h(t) = 1$

③ $h(t) = \cos wt$ ④ $h(t) = t$

|정|답|및|해|설|

[안정]

$h(t) = t\,e^{-t}$

$H(s) = \dfrac{1}{(S+1)^2}$ → (극점이 -1)

제어계가 안정하려면 극점이 s평면의 좌반 평면에 있어야 하고, e^{-t}항을 가지면 제어계가 안정하다.

【정답】①

2. 루드-후르비츠 표를 작성할 때 제1열 요소의 부호 변환은 무엇을 의미하는가?

① $s-$평면의 좌반면에 존재하는 근의 수

② $s-$평면의 우반면에 존재하는 근의 수

③ $s-$평면의 허수축에 존재하는 근의 수

④ $s-$평면의 원점에 존재하는 근의 수

|정|답|및|해|설|

[루드표] 1열 부호의 변화 만큼의 극정이 s평면 오른쪽에 있게 된다. 　　　　　　　　　　　　　　【정답】②

3. 특성 방정식이 $s^3 + 2s^2 + 3s + 4 = 0$ 일 때 이 계통은?

① 안정하다.   ② 불안정하다.

③ 조건부 안정하다.   ④ 알 수 없다.

|정|답|및|해|설|

[루드표]

S^3	1	3
S^2	2	4
S^1	$\dfrac{6-4}{2} = 1$	
S^0	4	

1열 부호 변화가 없으므로 안정하다.

【정답】①

4. 특정 방정식의 근이 s 복소 평면의 음의 반평면에 있으면 이 계는 어떠한가?

① 안정   ② 중안정

③ 조건부 안정   ④ 불안정

|정|답|및|해|설|

특성 방정식의 근, 즉 극점이 s평면의 음의 반평면(좌반평면)에 있다면 안정하다. 　　　　　【정답】①

5. $2s^3 + 5s^2 + 3s + 1 = 0$로 주어진 계의 안정도를 판정하고 우반 평면상의 근을 구하면?

① 임계 상태이며 허축상에 근이 2개 존재한다.

② 안정하고 우반평면에 근이 없다.

③ 불안정하며 우반평면에 근이 2개이다.

④ 불안정하며 우반평면에 근이 1개이다.

[루드표] $2S^3+5S^2+3S+1=0$

S^3	2	3
S^2	5	1
S^1	$\dfrac{13}{5}$	
S^0	1	

<u>1열의 부호의 변화가 없으므로 안정하다.</u>

【정답】②

6. 특성 방정식이 $s^4+2s^3+s^2+4s+2=0$일 때 이 계를 후르비츠 방법으로 안정도를 판별하면?

　① 안정　　　　　② 중안정

　③ 조건부 안정　　④ 불안정

[루드표] $S^4+2S^3+S^2+4S+2=0$

S^4	1	1	2
S^3	2	4	
S^2	-1	2	
S	8	0	
S^0	2		

1열의 부호가 2번(+에서 一로, 一에서 +로) 바뀌었으므로 우반평면에 극점이 2개 있다.

【정답】④

7. $s^5+2s^4+3s^3+4s^2+5s+6=0$로 주어진 계의 안정도를 판정하고 우반 평면상의 근을 구하면?

　① 0　　　　　　② 1

　③ 2　　　　　　④ 3

[루드표] $S^5+2S^4+3S^3+4S^2+5S+6=0$

S^5	1	3	5
S^4	2	4	6
S^3	1	2	0
S^2	0	3	0
S	∞	S^0	
s^0	6		

0을 e로 바꾸면

S^5	1	3	5
S^4	1	2	3
S^3	1	2	0
S^2	e	3	0
S	$\dfrac{2e-3}{e}$	0	
S^0	$\dfrac{6e-3}{2e-3}$		

S열에서 $\dfrac{2e-3}{e}$의 극한값

$$\lim_{e\to 0}\frac{2e-3}{e}=-\infty$$이므로

부호가 2번 바뀐다.

부호가 바뀐 것은 바뀐 만큼의 불안정 근이 있다는 의미이다.

【정답】③

8. 특성 방정식 $s^3-4s^2-5s+6=0$로 주어지는 계는 안정한가? 불안정한가? 또 우반 평면에 근을 몇 개 가지는가?

　① 안정하다. 0개

　② 불안정하다. 1개

　③ 불안정하다. 2개

　④ 임계 상태이다. 0개

[루드표] $s^3-4s^2-5s+6=0$

제어계가 안정하려면 우선 특성 방정식의 부호가 모두 동일해야 하고 차순을 다 갖추어야 한다.

$s^3-4s^2-5s+6=0$의 식은 부호 변화가 2번 있으므로 양의 평면에 2개의 극점을 갖는 불안정 제어계가 된다.

【정답】③

9. 어떤 제어계의 특성 방정식이 $s^2 + as + b = 0$ 일 때 안정 조건은?

① $a = 0, b < 0$ ② $a < 0, b < 0$

③ $a > 0, b < 0$ ④ $a > 0, b > 0$

|정|답|및|해|설|

[제어계의 안정 조건] $s^2 + as + b = 0$
모든 계수의 부호가 (+)가 되어야 안정하다.
$a > 0, \ b > 0$　　　　　　　　　【정답】④

10. −1, −5에 극을 1과 −2에 영점을 가지는 계가 있다. 이 계의 안정 판별은?

① 불안정하다. ② 임계상태이다.

③ 안정하다. ④ 알 수 없다.

|정|답|및|해|설|

[제어계의 안정 조건] 극점의 위치가 좌반평면상이므로 제어계는 안정하다.　　　　　　　【정답】③

11. 다음 특성 방정식 중 안정될 필요 조건을 갖춘 것은?

① $s^4 + 3s^2 + 10s + 10 = 0$

② $s^3 + 3s^2 - 5s + 10 = 0$

③ $s^3 + 2s^2 + 4s - 1 = 0$

④ $s^3 + 9s^2 + 20s + 12 = 0$

|정|답|및|해|설|

[제어계의 안정 조건]
부호의 변화가 있는 ②, ③는 불안정
①는 차순에 3차식이 빠져있어서 안정하지 않다.
　　　　　　　　　　　　　　　　【정답】④

12. 특성 방정식이 $s^5 + 4s^4 - 3s^3 + 2s^2 + 6s + K = 0$으로 주어진 제어계의 안정성은?

① $K > 0$ ② $K = -3$

③ $K = -2$ ④ 절대 불안정

|정|답|및|해|설|

[제어계의 안정 조건] K값에 관계없이 − 부호를 갖고 있으므로 불안정하다.　　　　　　　【정답】④

13. 특성 방정식이 $Ks^3 + s^2 - 2s + 5 = 0$으로 주어진 제어계가 안정하기 위한 K의 값을 구하면?

① $K < 0$

② $K > -\dfrac{2}{5}$

③ $K > \dfrac{2}{5}$

④ 안정한 값이 없다.

|정|답|및|해|설|

[제어계의 안정 조건] K값에 관계없이 − 부호를 갖고 있으므로 불안정하다.　　　　　　　【정답】④

14. 특성 방정식 $s^3 + 2s^2 + Ks + 5 = 0$으로 주어진 제어계가 안정하기 위한 K의 값은 얼마인가?

① $K > 0$ ② $K > \dfrac{5}{2}$

③ $K < 0$ ④ $K < \dfrac{5}{2}$

|정|답|및|해|설|

[제어계의 안정 조건]

S^3	1	K
S^2	2	5
S	$\dfrac{2K-5}{2}$	
S^0	5	

$$\frac{2K-5}{2} > 0 \;\rightarrow\; 2K-5 > 0 \;\rightarrow\; K > \frac{5}{2}$$

【정답】②

15. 특성 방정식이 $s^3 + 2s^2 + Ks + 10 = 0$으로 주어지는 제어계가 안정하기 위한 K의 값은?

① $K > 0$　　　② $K > 5$

③ $K < 0$　　　④ $0 < K < 5$

|정|답|및|해|설|

[제어계의 안정 조건]

S^3	1	K
S^2	2	10
S	$\dfrac{2K-10}{2}$	
S^0	10	

$\dfrac{2K-10}{2} > 0$이면, $K > 5$

【정답】②

16. 그림과 같은 제어계가 안정하기 위한 K의 범위는?

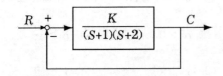

① $K > 0$　　　② $K > 2$

③ $K > -2$　　　④ $K > 1$

|정|답|및|해|설|

[제어계의 안정 조건]

특성 방정식 $1 + \dfrac{K}{(S+1)(S+2)} = 0$

$(S+1)(S+2) + K = 0, \quad S^2 + 3S + 2 + K = 0$

$2 + K > 0 \;\rightarrow\; K > -2$ 　　　【정답】③

17. 특성방정식의 $s^3 + 3s^2 + 3s + K + 1 = 0$에서 계가 안정되기 위한 K의 값은?

① $-1 < K < 0$　　　② $0 < K < 8$

③ $-1 < K < 8$　　　④ $1 < K < \dfrac{8}{3}$

|정|답|및|해|설|

[제어계의 안정 조건] $S^2 + 3s^2 + 3S + K + 1 = 0$

S^3	1	3
S^2	3	$K+1$
S	$\dfrac{9-(K+1)}{3}$	
S^0	$K+1$	

① $\dfrac{9-(K+1)}{3} > 0 \;\rightarrow\; K < 8$

② $K + 1 > 0 \;\rightarrow\; K > -1$

$\therefore\; -1 < K < 8$ 　　　【정답】③

18. 특성 방정식 $s^2 + Ks + 2K - 1 = 0$로 주어지는 제어계가 안정하기 위한 K의 값은?

① $K > 0$　　　② $K > \dfrac{1}{2}$

③ $K < \dfrac{1}{2}$　　　④ $0 < K < \dfrac{1}{2}$

|정|답|및|해|설|

[제어계의 안정 조건] $S^2 + KS + 2K - 1 = 0$

S^2	1	$2K-1$
S	K	
S^0	$2K-1$	

① $K > 0$

② $2K - 1 > 0 \rightarrow K > \dfrac{1}{2}$

$\therefore K > \dfrac{1}{2}$ 【정답】②

[루드표]

S^3	1	3
S^2	4	2
S	$\dfrac{12-2}{4}$	
S^0	2	

1열의 부호 변화가 없으므로 안정 【정답】①

19. 주어진 계통의 특성 방정식이 $s^4 + 6s^3 + 11s^2 + 6s + K = 0$이다. 안정하기 위한 K의 범위는?

① $K < 0,\ K > 20$ ② $0 < K < 20$

③ $0 < K < 10$ ④ $K < 20$

|정|답|및|해|설|..

[제어계의 안정 조건] $S^4 + 6S^3 + 11S^2 + 6S + K = 0$

S^3	1	11	K
S^3	6	6	
S^2	$\dfrac{66-6}{6}$	$\dfrac{6K}{6}$	
S	$\dfrac{60-6K}{10}$		
S^0	K		

· $0 < K$

· $60 - 6K > 0 \rightarrow K < 10$

$\therefore 0 < K < 10$ 【정답】③

20. 개루프 전달 함수가 $G(s)H(s) = \dfrac{2}{s(s+1)(s+3)}$ 일 때 이 계는 어떠한가?

① 안정 ② 불안정

③ 임계 안정 ④ 조건부 안정

|정|답|및|해|설|..

[제어계의 안정 조건]

특성 방정식 $1 + \dfrac{2}{s(s+1)(s+3)} = 0$

$s(s+1)(s+3) + 2 = 0$

$s^3 + 4s^2 + 3s + 2 = 0$

21. 제어계의 종합 전달 함수의 값이 $G(s) = \dfrac{s+1}{(s-3)(s^3+4)}$ 로 표시된 경우 안정성을 판정하면?

① 안정 ② 불안정

③ 임계 상태 ④ 알 수 없다.

|정|답|및|해|설|..

[제어계의 안정 조건] $G(s) = \dfrac{s+1}{(s-3)(s^3+4)}$

$1 + \dfrac{s+1}{(s-3)(s^3+4)} = 0$

$(s-3)(s^3+4) + s + 1 = 0$

$S^4 - 3S^3 + 5S - 11 = 0$ 계수에 $(-)$를 포함하고 있으므로 불안정 【정답】②

22. $s^3 + 3Ks^2 + (K+2)s + 4 = 0$인 특성 방정식을 갖는 제어계가 안정하기 위한 K의 조건은?

① $K < -2.528$

② $K > 0.528$

③ $-2.528 < K < 0.528$

④ $K = 1$

|정|답|및|해|설|

[제어계의 안정 조건] $s^3 + 3Ks^2 + (K+2)s + 4 = 0$

S^3	1	$K+2$
S^2	$3K$	4
S	$\dfrac{3K(K+2)-4}{3K}$	
S^0	4	

① $3K > 0 \;\rightarrow\; K > 0$

② $3K^2 + 6K - 4 > 0 \;\rightarrow\; K > 0.528,\; K < -2.58$

   K는 0보다 큰 범위에서 0.528보다 커야 한다.

∴ $K > 0.528 \;\rightarrow\;$ (K의 범위는 공통 범위를 정한다.)

【정답】②

23. 그림과 같은 폐루프 제어계의 안정도는?

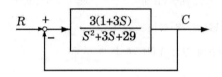

① 안정   ② 불안정

③ 임계 안정   ④ 조건부 안정

|정|답|및|해|설|

[제어계의 안정도]

$1 + \dfrac{3(1+3s)}{s^2 + 3s + 29} = 0$

$s^2 + 3s + 29 + 3 + 9s = s^2 + 12s + 32 = 0$

【정답】①

24. 지연 요소(dead time element)는 제어계의 안정도에 어떤 영향을 미치는가?

① 안정도에 관계없다.

② 안정도를 개선한다.

③ 안정도를 저하시킨다.

④ 상대적 안정도의 척도 역할을 한다.

|정|답|및|해|설|

[제어계의 안정 조건] 지연 요소는 안정도와 관계가 없다.

【정답】①

25. 다음 안정도 판별법 중 $G(s)H(s)$의 극점과 영점이 우반 평면에 있을 경우 판정 불가능한 방법은?

① 루드-후르비츠 판별법

② 보드 선도

③ 나이퀴스트 판별법

④ 근궤적법

|정|답|및|해|설|

[안정도 판별법] 보드 선도는 이득과 위상의 변화를 $-180°$ 축에서 비교해 보고 안정도를 알 수 있으므로 극점과 영점이 우반평면에 있는 경우에는 판정이 어렵다.

【정답】②

26. 자동 제어계에서 이득이 높으면?

① 응답이 빨라지고 안정하게 된다.

② 응답이 빨라지나 불안정하게 된다.

③ 주파수 대역이 넓어지고 안정하게 된다.

④ 출력 신호와 입력 신호가 같게 된다.

|정|답|및|해|설|

[안정도 판별법] 이득 K를 크게 할수록 오버슈트가 커지고 불안정해진다.

【정답】②

27. 자동 제어계에서 이득이 높을 때 나타나는 현상 중 옳지 않은 것은?

   ① 정상 오차가 감소

   ② 과도 응답이 크게 진동하거나 불안정

   ③ 상승 시간이 길어진다.

   ④ 정정 시간이 짧아진다.

|정|답|및|해|설|

[자동 제어계에서 이득] 이득을 높이면 응답 속도가 빨라지고 진동이 커져서 불안정해진다.

                             【정답】③

28. 계의 특성상 감쇠 계수가 크면 위상 여유도 크고 감쇠성이 강하여 (A)는 좋으나 (B)는 나쁘다. A, B를 올바르게 묶은 것은?

   ① 이득 이유, 안정도

   ② 오프셋, 안정도

   ③ 응답성, 이득 여유

   ④ 안정도, 응답성

|정|답|및|해|설|

[감쇠 계수] δ가 크면 비진동이므로 안전성은 좋으나 응답이 늦다.

                             【정답】④

29. 다음 나이퀴스트 선도 중에서 가장 안정한 것은?

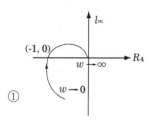

①

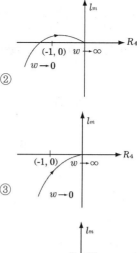

②

③

④

|정|답|및|해|설|

[나이퀴스트 선도] −1점을 가장 멀리 두고 있는 것이 가장 안정하다.   【정답】④

30. $GH(jw) = \dfrac{10}{(jw+1)(jw+T)}$ 에서 이득 여유를 20[dB]보다 크게 하기 위한 T의 범위는?

   ① $T > 0$ ② $T > 10$

   ③ $T < 0$ ④ $T > 100$

|정|답|및|해|설|

[이득 이유] $g = 20\log \left| \dfrac{1}{G(jw)} \right|$

$w = 0$에서 $GH(0) = \dfrac{10}{T}$ 이므로

$g = 20\log \left| \dfrac{1}{G(jw)} \right| = 20\log \dfrac{T}{10} > 20$

$$\rightarrow (\log \frac{T}{10} = 1 \rightarrow \frac{T}{10} = 10)$$

$g = 20\log \left| \dfrac{1}{G(jw)} \right| = 20\log \dfrac{T}{10} > 20 \rightarrow \dfrac{T}{10} > 10 \rightarrow T > 100$

                             【정답】④

31. $G(jw)H(jw) = \dfrac{K}{(1+j2w)(1+jw)}$ 에 서 이득 여유를 20[dB]보다 크게 하기 위한 K의 범위는?

① $K = 0$　　　　② $K = 1$

③ $K = 10$　　　④ $K = \dfrac{1}{10}$

|정|답|및|해|설|

[이득 이유] $g = 20\log\left|\dfrac{1}{G(jw)}\right|$

$w = 0$에서 $|G(jw)H(jw)| = K$

$g = 20\log\dfrac{1}{K} = 20 \rightarrow \dfrac{1}{K} = 10 \rightarrow K = \dfrac{1}{10}$

$\rightarrow (\log\dfrac{1}{K} = 1 \rightarrow \dfrac{1}{K} = 10)$

【정답】④

32. $G(s)H(s)$가 다음과 같이 주어지는 계가 있다. 이득 여유가 40[dB]이면 이때의 K의 값은?

$$G(s)H(s) = \dfrac{K}{(s+1)(s-2)}$$

① $\dfrac{1}{20}$　　　　② $\dfrac{1}{30}$

③ $\dfrac{1}{40}$　　　　④ $\dfrac{1}{50}$

|정|답|및|해|설|

[이득 이유] $g = 20\log\left|\dfrac{1}{G(jw)}\right|$

이득 이유 $w = 0$에서 $|G(jw)H(jw)| = \dfrac{K}{2}$

$g = 20\log\dfrac{2}{K} = 40 \rightarrow \dfrac{2}{K} = 100 \rightarrow K = \dfrac{1}{50}$

$\rightarrow (\log\dfrac{2}{K} = 2 \rightarrow \dfrac{2}{K} = 100)$

【정답】④

33. 어떤 제어계의 보드 선도에 있어서 위상 여유 (phase margin)가 45[°]일 때 이 계통은?

① 안정하다.

② 불안정하다.

③ 조건부 안정하다.

④ 무조건 불안정하다.

|정|답|및|해|설|

[위상 여유] 위상 여유가 30° ~ 60°에서 제어계는 안정하다. 안정한 제어계는 위상 여유, 이득 여유가 모두 0보다 크다.　　　　【정답】①

34. 나이퀴스트 선도에서의 임계점 $(-1, j_0)$는 보드 선도에서 대응하는 이득 [dB]과 위상은?

① $1, 0°$　　　　② $1, 90°$

③ $0, 180°$　　　④ $1, 270°$

|정|답|및|해|설|

[나이퀴스트 선도] 임계점 $(-1, j_0)$은 $-180°$ 축과 0[dB]에 대응시킬 수 있다.　　　　【정답】③

35. 다음 전달 함수(개루우프 전달 함수)의 정적 이득(static gain)은?

$$GH(s) = \dfrac{K(s+3)}{(s+4)(s+6)}$$

① $\dfrac{12}{K}$　　　　② $\dfrac{K}{12}$

③ $\dfrac{8}{K}$　　　　④ $\dfrac{K}{8}$

|정|답|및|해|설|

$|GH(s)| = \dfrac{K(s+3)}{(s+4)(s+6)} = \dfrac{K}{8} \rightarrow (s = 0)$

【정답】④

36. 보드 선도에서 위상 선도가 −180[˚]축과 교차
하지 않을 경우에 옳은 것은?

① 폐회로계는 항상 안정하다.

② 폐회로계는 항상 불안정하다.

③ 폐회로계는 조건부 안정이다.

④ 폐회로계의 안정 여부는 알 수 없다.

|정|답|및|해|설|
[보드선도에서 위상 선도] 위상선 도가 180˚축과 교차하지
않는 경우 항상 안정하다.　　　　　　　【정답】①

37. 다음 사항 중에서 나이퀴스트의 안정 판정법
특징 중 부적당한 것은?

① 안정 여부를 직접 판단할 수 있다.

② 안정성을 판정하는 동시에 안정도를 지
시해 준다.

③ 계의 안정을 개선하는 방법에 대한 정보
를 제시해 준다.

④ 정상 상태에서의 오차를 알 수 있다.

|정|답|및|해|설|
[나이퀴스트의 안정 판정법] 나이퀴스트 안정도 판별법은
안정성을 판정하는 동시에 안정을 개선하는 방법에 대한 정
보를 제시해 준다. 오차를 구하려는 것이 아니다.
　　　　　　　　　　　　　　　　　【정답】④

38. 나이퀴스트 경로로 둘러 싸인 영역에 특성 방정
식의 근이 존재하지 않는 제어계는 어떤 특성
을 나타내는가?

① 불안정　　　　　② 안정

③ 임계안정　　　　④ 진동

|정|답|및|해|설|
[나이퀴스트 선도] 나이퀴스트 경로로 둘러싸인 영역에 극
점이 존재하지 않으면 안정하다.
　　　　　　　　　　　　　　　　　【정답】②

39. $G(jw) = \dfrac{1}{1+jwT}$ 에서　$\omega = 3[\text{rad/sec}]$,
$|G(jw)| = 0.01$ 일 때 시정수 T의 값은 약 얼
마인가?

① 25　　　　　　　② 33

③ 50　　　　　　　④ 75

|정|답|및|해|설|
[시정수]

$$|G(jw)| = \frac{1}{\sqrt{1+(wT)^2}} = \frac{1}{\sqrt{1+9T^2}} = 0.01$$

$$\sqrt{1+9T^2} = 100 \ \rightarrow \ T = 33$$

　　　　　　　　　　　　　　　　　【정답】②

40. 주파수 전달 함수 $G(jw) = \dfrac{1}{1+j5w}$ 로 주어
지는 계의 절점 주파수는?

① $5[\text{rad/sec}]$　　　② $2[\text{rad/sec}]$

③ $0.5[\text{rad/sec}]$　　④ $0.2[\text{rad/sec}]$

|정|답|및|해|설|
[절점 주파수] $\omega_0 = \dfrac{\alpha}{\beta}$

$1+j5w$에서 절점 주파수는 $w = \dfrac{1}{5} = 0.2[rad/sec]$

　　　　　　　　　　　　　　　　　【정답】④

41. 일반적으로 안정한 제어계의 이득 교점 주파수 w_1과 위상 교점 주파수 $w\pi$와의 관계는?

① $w_1 = w\pi$ 　　② $w_1 > w\pi$

③ $w_1 < w\pi$ 　　④ 관계없다

|정|답|및|해|설|

안정하려면 위상 교점 주파수가 이득 교점 주파수보다 커야 한다.

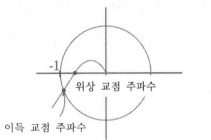

위상 교점 주파수

이득 교점 주파수

【정답】③

42. 특성 방정식 $P(s)$가 다음과 같이 주어지는 계가 있다. 이 계가 안정되기 위해서는 K와 T 사이에는 어떤 관계가 있는가? (단, K와 T는 정의 실수이다.)

$$P(s) = 2s^3 + 3s^2 + (1 + 5KT)s + 5K = 0$$

① $K > T$ 　　② $15KT > 10K$

③ $3 + 15KT > 10K$ 　　④ $3 - 15KT > 10K$

|정|답|및|해|설|

[계의 안정 조건]

특성 방정식 $P(s) = 2s^3 + 3s^2 + (1 + 5KT)s + 5K = 0$

에서 필요 조건은 $(1 + 5KT) > 0$, $5K > 0$

충분 조건은, 후루비츠 행렬식 > 0

$D_1 = \begin{vmatrix} 3 & 5K \\ 2 & (1+5KT) \end{vmatrix} = 3(1 + 5KT) - 10K > 0$

∴ $3 + 15KT > 10K$

【정답】③

43. 제어계의 특성 개선을 위한 것이 아닌 것은?

① 제어 정도(편차)를 높이기 위하여 보상용 증폭기를 사용한다.

② 응답 특성(속응성)을 개선하기 위하여 진상 보상기를 사용한다.

③ 저주파 영역의 이득만을 증가시키기 위하여 지상 보상기를 사용한다.

④ 속도 편차 정수를 감소시키기 위하여 지상 보상기를 사용한다.

|정|답|및|해|설|

[지상 보상기] 지상 보상기(적분기)는 정상 특성을 개선하고 편차를 감소시킨다.　　　　　　　　　　　　【정답】①

44. $G(s)H(s) = \dfrac{K_1}{(T_1 s + 1)(T_2 s + 1)}$ 의 개루프 전달 함수에 대한 Nyquist 안정도 판별의 설명 중 옳은 설명은?

① K_1, T_1 및 T_2의 값에 관계없이 안정

② K_1, T_1 및 T_2의 모든 양의 값에 대하여 안정

③ K_1에 대하여 조건부 안정

④ T_1 및 T_2의 값에 대하여 조건부 안정

|정|답|및|해|설|

[나이퀴스트 안정도 판별법] $(T_1 s + 1)(T_2 s + 1)$의 결과가 계수의 부호가 모두 양의 값일 경우 안정한 계가 된다.

【정답】②

45. 2차 제어계 $G(s)H(s)$의 나이퀴스트 선도 특징이 아닌 것은?

① 부의 실축과 교차하지 않는다.

② 이득 여유는 ∞이다.

③ 교차량 차량 $|GH| = 0$이다.

④ 불안정한 제어계이다.

[나이퀴스트 안정도 판별법]
2차 제어계 $G(s)H(s)$는 모두 안정한 제어계이다.
【정답】④

46. 보드 선도에서 이득 여유는 어떻게 구하는가?

① 크기 선도에서 0~20[dB] 사이에 있는 크기 선도의 길이이다.

② 위상 선도가 $0°$ 축과 교차되는 점에 대응되는 [dB]값의 크기이다.

③ 위상 선도가 $-180°$ 축과 교차하는 점에 대응되는 이득의 크기[dB]값이다.

④ 크기 선도에서 $-20~20$[dB] 사이에 있는 크기[dB]값이다.

[보드 선도에서 이득 여유] 이득 여유란 위상 선도가 $-180°$ 선을 끊는 점의 이득의 부호를 바꾼 g_m이 이득 여유이다.
【정답】③

47. 다음 중 옳지 않은 것은?

① 나이퀴스트 선도에 극이 부가되면 안정성은 감소한다.

② 일반적으로 계에 영점이 부가되면 계는 안정화된다.

③ $G(s)$에 e^{-jwT}를 곱함으로써 나이퀴스트 선도는 반시계 방향으로 $wT[rad]$만큼 회전시킨다.

④ 부의 실수를 갖는 n계의 유한극이 부가되면 나이퀴스트 선도는 시계 방향으로 $(n+1)\pi/2$만큼 회전한다.

[나이퀴스트 선도] $G(s)$에 e^{-jwT}를 곱함으로써 나이퀴스트 선도는 $G(s)$의 선도를 시계 방향으로 $wT[rad]$만큼 회전시킨다.
【정답】③

48. s평면의 우반면에 3개의 극점이 있고, 2개의 영점이 있다. 이때 다음과 같은 설명 중 어느 나이퀴스트 선도일 때 시스템이 안정한가?

① $(-1, j0)$점을 반시계 방향으로 1번 감쌌다.

② $(-1, j0)$점을 시계 방향으로 1번 감쌌다.

③ $(-1, j0)$점을 반시계 방향으로 5번 감쌌다.

④ $(-1, j0)$점을 시계 방향으로 5번 감쌌다.

[나이퀴스트 선도] $N = z - p$
z : s평면의 우반 평면상에 존재하는 영점의 수
p : s평면의 우반 평면상에 존재하는 극의 개수
N : GH평면상의 $(-1, j0)$ 점을 $G(s)H(s)$ 선도가 원점 둘레를 오른쪽으로 일주하는 회전수라고 하면, $N = z - p$의 관계가 성립한다. 즉, $N = 2 - 3 = -1$이므로 -1회, 다시 말하면 왼쪽으로 1회 일주하여야 안정하게 된다.
【정답】①

49. 주파수 응답에 의한 위치 제어계의 설계에서 계통의 안정도 척도와 관계가 적은 것은 어느 것인가?

① 공진치 ② 고유 주파수

③ 위상 여유 ④ 이득 여유

주파수 응답에서 안정도의 척도는 공진치, 위상 여유, 이득 여유가 된다. 즉, 고유 주파수는 안정도와는 무관하다.
【정답】②

50. 다음 중 보상법에 대한 설명 중 맞는 것은?

① 위치 제어계의 종속 보상법 중 진상 요소의 주된 사용 목적은 속응성을 개선하는 것이다.

② 위치 제어계의 이득 조정은 속응성의 개선을 목적으로 한다.

③ 제어 정도의 개선에는 진상 요소에 의한 종속 보상법이 사용된다.

④ 이득 정수를 크게 하면 안정성도 개선된다.

|정|답|및|해|설|
[진상 보상기] 속응성 개선, 위상 여유 증가
【정답】 ①

51. 보상기에서 원래 시스템에 극점을 첨가하면 일어나는 현상은?

① 시스템의 안정도가 감소된다.

② 시스템의 과도 응답 시간이 짧아진다.

③ 근궤적을 s-평면의 왼쪽으로 옮겨 준다.

④ 안정도와는 무관하다.

|정|답|및|해|설|
극점을 첨가하면 시스템의 안정도는 감소하는 현상이 생긴다.
【정답】 ①

52. 특성 방정식 $P(s)$가 다음과 같이 주어지는 계가 있다. 이 계가 안정되기 위해서는 K와 T 사이에는 어떤 관계가 있는가? (단, K와 T는 정의 실수이다.)

$$P(s) = 2s^3 + 3s^2 + (1+5KT)s + 5K = 0$$

① $K > T$

② $15KT > 10K$

③ $3 + 15KT > 10K$

④ $3 - 15KT > 10K$

|정|답|및|해|설|
특정 방정식 $P(s) = 2s^3 + 3s^2 + (1+5KT)s + 5K = 0$
에서 필요 조건은 $(1+5KT) > 0$ → $5K > 0$
충분 조건은, 후루비츠 행렬식 > 0

$$D_1 = \begin{vmatrix} 3 & 5K \\ 2 & (1+5KT) \end{vmatrix} = 3(1+5KT) - 10K > 0$$

∴ $3 + 15KT > 10K$

【정답】 ③

제어계의 근궤적

01 근궤적의 특징

(1) 근궤적의 정의

s평면상에서 개루푸 전달 함수의 이득 상수 K를 0에서 ∞까지 변화 시킬 때 특성 방정식의 근이 그리는 궤적

① 전달함수 $\dfrac{C(s)}{R(s)} = \dfrac{G(s)}{1 + G(s)H(s)}$

② $G(s)H(s) = K\dfrac{(s+Z_1)(s+Z_2)(s+Z_3)\,...\,(s+Z_n)}{(s+P_1)(s+P_2)(s+P_3)\,...\,(s+P_n)} = K\dfrac{N(s)}{D(s)}$

③ 특성 방정식 $1 + G(s)H(s) = 0$ → $1 + K\dfrac{N(s)}{D(s)} = 0$

④ $\dfrac{C(s)}{R(s)} = \dfrac{G(s)}{1 + K\dfrac{N(s)}{D(s)}} = \dfrac{G(s)D(s)}{D(s) + KN(s)}$

그러므로 특성 방정식 $D(s) + KN(s) = 0$

(2) 근궤적의 성질

① 근궤적의 출발점($K=0$) : $G(s)H(s)$의 극점으로부터 출발

② 근궤적의 종착점($K=\infty$) : $G(s)H(s)$의 영점에서 끝난다.

③ 근궤적의 개수 : 영점(z)과 극점(p)의 개수 중 큰 것과 일치한다.

④ 근궤적의 대칭성 : 실수축 (특성방정식의 근 : 실근, 공액복소근)

핵심기출 【기사】 19/3
근궤적에 관한 설명으로 틀린 것은?

① 근궤적은 실수축에 대하여 상하 대칭으로 나타난다.

② 근궤적의 출발점은 극점이고 근궤적의 도착점은 영점에서 끝남

③ 근궤적의 가지 수는 극점의 수와 영점의 수 중에서 큰 수와 같다.

④ 근궤적이 s평면의 우반면에 위치하는 K의 범위는 시스템이 안정하기 위한 조건이다.

정답 및 해설 [근궤적의 정의] s평면상에서 개루푸 전달 함수의 이득 상수 K를 0에서 ∞까지 변화 시킬 때 특성 방정식의 근이 그리는 궤적 　　　　　　　　　　　　　　　　　　　　　　　　【정답】④

근궤적 관련 공식

(1) 근궤적의 점근선 각도

점근선 각도 $\alpha_k = \dfrac{(2K+1)\pi}{P-Z}$ $\rightarrow (K=0,\ 1,\ 2,...)$

(2) 근궤적의 점근선 교차점

① 점근선의 실수축 상에서만 교차하고 그 수는 $n = P-Z$

② 교차점 $\delta = \dfrac{\sum P - \sum Z}{P-Z}$

여기서, P : 영점의 개수, Z : 극점의 개수, $\sum P$: 극점의 합계, $\sum Z$: 영점의 합계

K : 이득 상수

핵심기출 【기사】 05/3 11/3 19/1

$G(s)H(s) = \dfrac{K(s-1)}{s(s+1)(s-4)}$ 에서 점근선의 교차점을 구하면?

① -1　　　　　② 0　　　　　③ 1　　　　　④ 2

정답 및 해설 [점근선과 실수축의 교차점] $\dfrac{\sum P - \sum Z}{P-Z} = \dfrac{극점의 합 - 영점의 합}{극점의 개수 - 영점의 개수}$

P(극점의 개수)=3개(0, -1, 4) → (극점 : 분모가 0이 되는 S값)

Z(영점의 개수)=1개(1) → (영점 : 분자가 0이 되는 S값)

$\dfrac{\sum P - \sum Z}{P-Z} = \dfrac{(0-1+4)-(1)}{3-1} = 1$　　　　【정답】③

---

(3) 근궤적의 범위

극점과 영점의 총수가 홀수일 때 홀수 구간에만 존재한다.

※근궤적의 존재 범위

$G(s)H(s) = \dfrac{K}{s(s+4)(s+5)}$

[근궤적의 범위]

(4) 근궤적의 허축과 교차점

루스법에 의한 임계 안정 조건

핵심기출 【기사】 10/3

개루프 전달함수 $G(s)H(s) = \dfrac{K(S+1)}{S(S+2)}$ 일 경우, 실수축상의 근궤적 범위는?

① 원점과 (-2)사이

② 원점에서 점(-1)사이와 (-2)에서 $(-\infty)$사이

③ (-2)와 $(+\infty)$사이

④ 원점에서 $(+2)$사이

정답 및 해설 [근궤적의 범위] 근궤적의 범위는 극점과 영점이 실수축에 위치한 경우 홀수 구간이 된다.

극점 -2, 0 영점 -1

즉, 근궤적 구간은 $0 \sim -1$, $-2 \sim -\infty$의 영역이다.

【정답】②

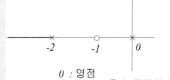

0 : 영점
X : 극점   홀수 구간만 존재

(5) 근궤적의 이탈점 (분지점)

① 근궤적 이탈점의 정의

·근궤적이 실수축에서 이탈되어 나아가기 시작하는 점이다.

·극점을 기준으로 좌측의 홀수 구간에 존재한다.

② 근궤적 이탈점의 산출 방법

·개루프 전달함수를 이득상수 K에 대해 정리한 후 s에 대하여 미분하여 0을 만족하는 근을 구한다.

·위에서 구한 근 중에서 실제 근궤적 범위 내에 들어가는 근이 이탈점이다.

$\dfrac{dK}{ds} = 0$ → (특성 방정식) 다중근

핵심기출 【기사】 12/3 13/2

개루프 전달함수 $G(s)H(s) = \dfrac{K}{s(s+3)^2}$ 의 이탈점에 해당되는 것은?

① -2.5 ② -2 ③ -1 ④ -0.5

정답 및 해설 [이탈점] $\dfrac{dK}{ds} = 0$

$G(s)H(s) = \dfrac{K}{s(s+3)^2}$ → $1 + G(s)H(s) = 1 + \dfrac{K}{s(s+3)^2} = 0$

$s(s+3)^2 + K = 0$ → $K = -s(s+3)^2 = -s^3 - 6s^2 - 9s$ → s에 관하여 미분하면

$\dfrac{dK}{ds} = -3s^2 - 12s - 9 = -3(s^2 + 4s + 3) = 0$ → $s^2 + 4s + 3 = 0$ → $s = -1, -3$

따라서 이탈점은 $a = -1$, $b = -3$이다.

【정답】③

01 근궤적의 출발점 및 도착점과 관계되는 $G(s)H(s)$의 요소는 (①)과 (②) 이다.

02 특성 방정식이 실수 계수를 갖는 S의 유리 함수일 때 근궤적은 ( ) 축에 대하여 대칭이다.

03 근궤적이란 s평면에서 개루프 전달함수 절대값이 ( )인 점들의 집합이다.

04 다음 중 $G(s)H(s) = \dfrac{K(s+2)}{s(s+1)(s+3)}$ 일 때 근궤적의 수는 ( )개 이다.

05 근궤적의 수는 극점의 수와 영점의 개수 중에 ( ) 것과 일치한다.

06 개루프 전달 함수 $G(s)\,H(s) = \dfrac{K}{s(s+1)(s+2)}$ 일 경우, 실수 축상의 근궤적 범위는 원점에서 점 −1 사이와 −2에서 ( ) 사이이다. 단, $K > 0$이다.

07 근궤적이 실수축에서 이탈되어 나아가기 시작하는 점으로 극점을 기준으로 좌측의 홀수 구간에 존재하는 점을 근궤적 ( )이라 한다.

08 근궤적의 범위는 극점과 영점의 총수가 홀수일 때 ( ) 구간에만 존재한다.

정답 | (1) ① 영점, ② 극점 | (2) 실수 | (3) 1
| (4) 3 | (5) 큰 | (6) $-\infty$
| (7) 이탈점 | (8) 홀수

1. 시간 영역에서의 제어계를 해석, 설계하는 데 유용한 방법은?

① 나이퀴스트 판정법

② 니콜스 선도법

③ 보우드 선도법

④ 근궤적법

|정|답|및|해|설|

[근궤적법] 시간 영역에서 시간이 흐르는 가운데 극점의 변화를 해석하는 것은 근궤적법이다.

【정답】④

2. 근궤적에 관하여 다음 중 옳지 않은 것은?

① 근궤적이 허수축을 끊은 K의 값은 일정하지 않다(확실하지 않다).

② 점근선은 실수축에서만 교차한다.

③ 근궤적은 실수축에 관하여 대칭이다.

④ 근궤적의 개수는 극점 또는 영점의 수와 같다.

|정|답|및|해|설|

[근궤적의 개수] 근궤적의 개수는 극점 또는 영점의 수 중에 큰 것과 일치한다.

【정답】④

3. 근궤적의 성질 중 옳지 않은 것은?

① 근궤적은 실수축에 관해 대칭이다.

② 근궤적은 개루프 전달 함수의 극으로부터 출발한다.

③ 근궤적의 가지수는 특성 방정식의 차수와 같다.

④ 점근선은 실수축과 허수축 사이에서 교차한다.

|정|답|및|해|설|

[근궤적의 성질] 근궤적과 점근선은 실수축 대칭이다.

【정답】④

4. 근궤적은 무엇에 대하여 대칭인가?

① 원점　　　　　　② 허수축

③ 실수축　　　　　④ 대칭성이 없다.

|정|답|및|해|설|

[근궤적의 성질] 근궤적과 점근선은 실수측에 대하여 대칭이다.

【정답】③

5. 다음 (　)안에 알맞은 말은?

근궤적은 $G(s)H(s)$의 (　)에서 출발하여 (　)에서 종착한다.

① 영점, 극점　　　② 극점, 영점

③ 분지점, 극점　　④ 극점, 분지점

|정|답|및|해|설|

[근궤적의 성질] 근궤적은 극점에서 출발하여 영점에서 종착한다.

【정답】②

6. $G(s)H(s) = \dfrac{K(s+1)}{s(s+2)(s+3)}$ 에서 근궤적의 수는?

① 1   ② 2

③ 3   ④ 4

7. 개루우프 전달 함수 $G(s)H(s)$가 다음과 같은 계의 실수축상의 근궤적은 어느 범위인가?

$$G(s)H(s) = \dfrac{K}{s(s+4)(s+5)}$$

① 0과 −4 사이의 실수축상

② −4와 −5사이의 실수축상

③ −5과 −8 사이의 실수축상

④ 0과 −4, −5와 −∞사이의 실수축상

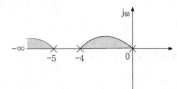
8. $G(s)H(s) = \dfrac{K}{s^2(s+2)^2}$ 에서 근궤적의 수는?

① 4   ② 2

③ 1   ④ 0

9. 폐루프프 전달 함수 $G(s)H(s)$가 다음과 같이 주어지는 부 궤환계에서 근궤적 점근선의 실수축과의 교차점은?

$$G(s)H(s) = \dfrac{K}{s(s+4)(s+5)}$$

① −3   ② −2

③ −1   ④ 0

10. 전달 함수가

$$G(s)H(s) = \dfrac{K(s+1)}{s(s+4)(s^2+2s+2)}$$ 로 주어질 때 특성방정식 $1 + G(s)H(s) = 0$의 점근선의 각도와 교차점을 구하여라.

① $\sigma_0 = -\dfrac{5}{3}$, $\beta_0 = 60°$, $180°$, $300°$

② $\sigma_0 = -\dfrac{7}{3}$, $\beta_0 = 60°$, $180°$, $300°$

③ $\sigma_0 = -\dfrac{5}{3}$, $\beta_0 = 45°$, $180°$, $315°$

④ $\sigma_0 = -\dfrac{7}{3}$, $\beta_0 = 45°$, $180°$, $315°$

[교차점] $\dfrac{\sum P - \sum Z}{P - Z}$

P(극점)이 4개, 영점이 한 개

교차점 $P - Z = 3$ 이므로

각도 $\alpha_k = \dfrac{(2K+1)\pi}{P-Z}$ →($K = 0,\ 1,\ 2,...$)이므로

$\alpha_0 = \dfrac{(2+1)\pi}{3} = 60$

$\alpha_1 = \dfrac{(2+1)\pi}{3} = 180$

$\alpha_2 = \dfrac{(4+1)\pi}{3} = 300$

교차점은 $\dfrac{\sum P - \sum Z}{P-Z}$ 이므로

$\dfrac{\sum P - \sum Z}{P-Z} = \dfrac{0 + (-4) + (-1-j) + (-1+j) - (-1)}{4-1} = -\dfrac{5}{3}$

【정답】①

11. 근궤적이란 s 평면에서 개루프 전달함수 절대값이 어떤 점들의 집합인가?

① 0   ② −1

③ ∞   ④ 1

[근궤적] 특성 방정식 $1 + G = 0$의 궤적이므로 $|G| = 1$

【정답】④

12. 특성 방정식 $s(s+4)(s^2+3s+3) + K(s+2) = 0$의 $-\infty < K < 0$의 근궤적의 점근선이 실수축과 이루는 각은 각각 몇 도인가?

① $0°,\ 120°,\ 240°$

② $45°,\ 135°,\ 225°$

③ $60°,\ 180°,\ 300°$

④ $90°,\ 180°,\ 270°$

[점근선의 각도] $\alpha_K = \dfrac{(2K+1)\pi}{p-z}$ → ($K = 0,\ 1,\ 2,...$)

$K = 0$일 때 $\alpha_0 = \dfrac{\pi}{4-1} = 60°$

$K = 1$일 때 $\alpha_1 = \dfrac{3\pi}{3} = 180°$

$K = 2$일 때 $\alpha_2 = \dfrac{5\pi}{3} = 300°$ 【정답】③

13. 근궤적이 s 평면의 jw축과 교차할 때 폐루프의 제어계는?

① 안정하다.   ② 불안정하다.

③ 임계 상태이다.   ④ 알 수 없다.

근궤적이 허수축(jw)과 교차할 때는 특성근의 실수부 크기가 0일 때와 같다.

특성근의 실수부가 0이면 임계 안정(임계 상태)이다.

【정답】③

14. 폐루프 전달 함수 $G(s)$가 $\dfrac{8}{(s+2)^3}$ 일 때 근궤적의 허수축과의 교점이 64이면 이득 여유는 몇 [dB]인가?

① 8   ② 18

③ 20   ④ 64

[이득 여유] $GM = \dfrac{\text{허수축과의 교차점에서 } K\text{의 값}}{K\text{의 설계값}}$

$G(s)$의 이득 정수 K의 설계값은 8

근궤적으로부터 허수축 교차점에서의 K값은 64

$GM = \dfrac{64}{8} = 8$이다. [dB]로 표시한 이득 여유는

$\therefore GM = 20\log 8 = 18[dB]$

【정답】②

15. s평면에 그려질 근궤적의 일부가 허수축을 통과할 때 이 2차 계통의 감쇠 인자는 얼마인가?

① 0

② 0.2

③ 0.5

④ 1.0

|정|답|및|해|설|

[감쇠 인자] 허수축에서는 인자(δ)가 없다. 즉, $\delta = 0$
또는 2차계의 특성 방정식 $s^2 + 2\delta w_n s + w_n^2 = 0$에서 근을 구하면, $s_1, s_2 = -\delta w_n \pm j w_n \sqrt{1-\delta^2} = -\sigma \pm jw$이 된다.
$\delta = 0$(무제동)의 경우에 $s_1, s_2 = \pm j w_n$이므로
감쇠 인자 $\sigma \pm \delta w_n$이 0일 때 허수축을 통과한다.

【정답】①

16. 특성 방정식 $(s+1)(s+2) + K(s+3) = 0$의 완전 근궤적의 이탈점은 각각 얼마인가?

① $s = -1.5$, $s = -3.5$인 점

② $s = -1.6$, $s = -2.6$인 점

③ $s = -3 + \sqrt{2}$, $s = -3 - 2\sqrt{2}$인 점

④ $s = -3 + \sqrt{2}$, $s = -3 - \sqrt{2}$인 점

|정|답|및|해|설|

[근궤적의 이탈점] $\dfrac{dK}{d\sigma} = 0$

$(s+1)(s+2) + K(s+3) = 0$

$K = -\dfrac{(s+1)(s+2)}{s+3} = -\dfrac{s^2 + 3s + 2}{s+3} = 0$

$K(\sigma) = -\dfrac{\sigma^2 + 3\sigma + 2}{\sigma + 3} = 0$

$\dfrac{dK(\sigma)}{d\sigma} = \dfrac{(2\sigma+3)(\sigma+3) - (\sigma^2+3\sigma+2)}{(\sigma+3)^2} = 0$

$\sigma^2 + 6\sigma + 7 = 0$의 근은 $\sigma = -3 \pm \sqrt{2}$

【정답】④

17. 개루프 전달 함수가 $G(s)H(s) = \dfrac{K}{s(s+1)(s+3)(s+4)}$, $K > 0$일 때 근궤적에 관한 설명 중 맞지 않는 것은?

① 근궤적의 가지수는 4이다.

② 점근선의 각도는 $\pm 45°$, $\pm 135°$이다.

③ 이탈점은 -0.424, -2이다.

④ 근궤적이 허수축과 만날 때 K=26이다.

|정|답|및|해|설|

근궤적의 실축상의 이탈점 α_b는

$\dfrac{1}{0-\alpha_b} + \dfrac{1}{-1-\alpha_b} + \dfrac{1}{-3-\alpha_b} + \dfrac{1}{-4-\alpha_b} = 0$

이 방정식을 간단히 하면

$2\alpha_b^3 + 12\alpha_b^3 + 19\alpha_b + 6 = 0$가 된다.

나머지 정리를 이용하여 위 방정식을 풀면 $\alpha_b = -0.42$ 또는 -3.5가 된다.

【정답】③

07

상태 방정식 및 z변환

01 제어계의 상태 방정식

(1) 상태 방정식의 정의

제어 장치의 동작 상태를 미분 방정식을 이용하여 벡터 행렬로 표현한 것이다.

고차 미분 방정식을 1차 미분 방정식으로 표현한 것이다.

(2) 상태 변수

입력단에는 입력 변수의 집합을, 그리고 출력단에는 출력 변수의 집합을 나타낸다.

계통의 과거, 현재, 미래 동작을 표현한 것으로 계통의 초기 상태($t = t_o$)를 알고, $t \geqq 0$에 대한 입력이

주어지면 상태 변수 x_1, x_2, x_3, $\cdots x_n$을 통하여 계통의 미래 동작을 알 수 있는 벡터 행렬

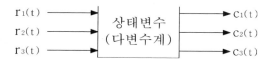

① 선형 시 불변 시스템의 동적 방정식 $\dfrac{dx(t)}{dt} = Ax(t) + Br(t)$

② 출력식 : $c(t) = Dx(t)$

③ 특성 방정식 : $|sI - A| = 0$

　여기서, A, B, D, E : 계수 행렬, $c(t)$: 출력 벡터, $x(t)$: 상태 벡터, $r(t)$: 입력 벡터

(3) 제어 시스템의 미분 방정식 및 상태 방정식

① 2차 제어 시스템

2차 제어 시스템이란 상태 방정식이 2차 미분 방정식으로 표현되는 제어계를 말한다.

㉮ 상태 방정식 : $\dfrac{d^2 y(t)}{dt^2} + a\dfrac{dy(t)}{dt} + by(t) = c\tau(t)$

㉯ 벡터 행렬 : $[A] = \begin{bmatrix} 0 & 1 \\ -b & -a \end{bmatrix}$, $[B] = \begin{bmatrix} 0 \\ c \end{bmatrix}$

② 3차 제어 시스템

3차 제어 시스템이란 상태 방정식이 3차 미분 방정식으로 표현되는 제어계를 말한다.

㉮ 상태 방정식 : $\dfrac{d^3y(t)}{dt^3} + a\dfrac{d^2y(t)}{dt^2} + b\dfrac{dy(t)}{dt} + cby(t) = d\tau(t)$

㉯ 벡터 행렬 : $[A] = \begin{bmatrix} 0 & 1 & 0 \\ 0 & 0 & 1 \\ -c & -b & -a \end{bmatrix}$, $[B] = \begin{bmatrix} 0 \\ 0 \\ d \end{bmatrix}$

핵심기출 【기사】 18/1

방정식 $\dfrac{d^3c(t)}{dt^3} + 5\dfrac{d^3c(t)}{dt^3} + \dfrac{dc(t)}{dt} + 2c(t) = r(t)$으로 표시되는 제어계가 있다. 이 계를 상태 방정식 $\dot{x} = Ax(t) + Bu(t)$로 나타내면 계수 행렬 A는?

① $\begin{bmatrix} 0 & 1 & 0 \\ 0 & 0 & 1 \\ -2 & -1 & -5 \end{bmatrix}$　　② $\begin{bmatrix} 0 & 1 & 0 \\ 1 & 0 & 0 \\ 5 & 1 & 2 \end{bmatrix}$

③ $\begin{bmatrix} 0 & 0 & 1 \\ 1 & 0 & 0 \\ 0 & 5 & 2 \end{bmatrix}$　　④ $\begin{bmatrix} 0 & 1 & 0 \\ 0 & 0 & 1 \\ -2 & -1 & 0 \end{bmatrix}$

정답 및 해설 [상태 방정식의 계수 행렬] 3차 방정식에서 벡터 [A]의 1행 및 2행 요소는 항상 일정하다.

즉, $[A] = \begin{bmatrix} 0 & 1 & 0 \\ 0 & 0 & 1 \\ -c & -b & -a \end{bmatrix}$

3행의 요소 $-c \rightarrow -2$, $-b \rightarrow -1$, $-a \rightarrow -5$로 변경 된다.

$\therefore [A] = \begin{bmatrix} 0 & 1 & 1 \\ 0 & 0 & 1 \\ -2 & -1 & -5 \end{bmatrix}$　　　【정답】①

---

02 상태 천이 행렬

(1) 상태 천이 행렬

입력 $r(t) = 0$이고, 초기 조건 만이 주어졌을 때 초기 시간 이후에 나타나는 계통의 시간적 변화 상태 (천이 과정)를 나타내는 행렬식

일반식 $\phi(t) = \mathcal{L}^{-1}[(sI - A)^{-1}]$

여기서, $[I]$: 단위 행렬$\left(\begin{bmatrix} 1 & 0 \\ 0 & 1 \end{bmatrix}\right)$, [A] : 벡터 행렬

(2) 천이 행렬의 특성

① $\varnothing(t) = e^{At} = I + At + \dfrac{1}{2!}A^2t^2 + \dfrac{1}{3!}A^3t^3 \cdots\cdots$ ② $\varnothing(0) = I$ → (I : 단위 행렬)

③ $\varnothing^{-1}(t) = \varnothing(-t) = e^{-At}$ ④ $\varnothing(t_2 - t_0) = \varnothing(t_2 - t_1)\varnothing(t_1 - t_0)$

⑤ $[\varnothing(t)]^k = \varnothing(kt)$ → (k : 정수)

(3) 천이 행렬 계산 방법

① $[sI - A]$ 행렬을 계산한다.

② $[sI - A]$의 역행렬 $[sI - A]^{-1}$을 계산한다.

③ 역 라플라스 변환을 이용하여 시간 함수로 표현된 천이 행렬을 계산한다.

$$\phi(t) = \mathcal{L}^{-1}[(sI - A)^{-1}]$$

핵심기출 【기사】 04/1 05/3

$\begin{bmatrix} X_1 \\ X_2 \end{bmatrix} = \begin{vmatrix} 0 & 1 \\ -2 & -3 \end{vmatrix}\begin{bmatrix} X_1 \\ X_2 \end{bmatrix}$로 표현되는 시스템의 상태 천이 행렬(state-transition matrix) $\varnothing(t)$를 구하시오.

① $\begin{bmatrix} -2e^{-t} + 2e^{-2t} & e^{-t} + 2e^{-2t} \\ 2e^{-t} - e^{-2t} & e^{-t} - e^{-2t} \end{bmatrix}$ ② $\begin{bmatrix} 2e^t + e^{2t} & -e^{-t} - e^{-2t} \\ 2e^t - 2e^{2t} & e^{-t} - 2e^{-2t} \end{bmatrix}$

③ $\begin{bmatrix} -2e^{-t} + e^{2t} & -e^{-t} - e^{-2t} \\ -2e^{-t} - 2e^{-2t} & -e^{-t} - 2e^{-2t} \end{bmatrix}$ ④ $\begin{bmatrix} 2e^{-t} - e^{-2t} & e^{-t} - e^{-2t} \\ -2e^{-t} + 2e^{-2t} & -e^{-t} + 2e^{-2t} \end{bmatrix}$

정답 및 해설 [천이 행렬] $\varnothing(t) = \mathcal{L}^{-1}[(sI - A)^{-1}]$

① $|sI - A| = \begin{bmatrix} s & 0 \\ 0 & s \end{bmatrix} - \begin{bmatrix} 0 & 1 \\ -2 & -3 \end{bmatrix} = \begin{bmatrix} s & -1 \\ 2 & s+3 \end{bmatrix}$

② $|sI - A|^{-1} = \dfrac{1}{\begin{vmatrix} s & -1 \\ 2 & s+3 \end{vmatrix}}\begin{bmatrix} s+3 & 1 \\ -2 & s \end{bmatrix} = \dfrac{1}{s^2 + 3s + 2}\begin{bmatrix} s+3 & 1 \\ -2 & s \end{bmatrix} = \begin{bmatrix} \dfrac{s+3}{(s+1)(s+2)} & \dfrac{1}{(s+1)(s+2)} \\ \dfrac{-2}{(s+1)(s+2)} & \dfrac{s}{(s+1)(s+2)} \end{bmatrix}$

③ 천이 행렬 $\therefore \varnothing(t) = \mathcal{L}^{-1}[sI - A]^{-1} = \begin{bmatrix} 2e^{-t} - e^{-2t} & e^{-t} - e^{-2t} \\ -2e^{-t} + 2e^{-2t} & -e^{-t} + 2e^{-2t} \end{bmatrix}$

【정답】 ④

---

03   선형 시스템의 가제어성과 가관측성 조건

(1) 가제어성과 가관측성 조건

상태 방정식과 출력 방정식이

$\dot{x}(t) = Ax(t) + Bu(t) \rightarrow$ ($A : n \times n$, $B : n \times r$)

$y(t) = Cx(t) + D_u(t) \rightarrow$ ($C : m \times n$, $D : m \times r$)로 표시할 때

(2) 가제어가 가능하도록 하는 필요 충분 조건

① $Q = [B, \ AB, \ A^2B, \ldots\ldots, A^{n-1} \ B]$ $\rightarrow (Q : n \times nr$ 행렬$)$

행렬이 계수(rank) n을 가져야 한다.

② $[B \ AB]$ 행렬을 계산한다.

㉮ $[B \ AB]$ 행렬의 크기(행렬식)가 0이 아니면 가제어성 제어 장치이다.

㉯ $[B \ AB]$ 행렬의 크기(행렬식)가 0이면 제어 불가능한 제어 장치이다.

(3) 가관측이 가능하도록 하는 필요 충분 조건

① $P = [C', \ A'C, \ A'^2C'^2, \ldots\ldots, A'^{n-1} \ C']$ $\rightarrow (P : n \times mn$행렬$)$

행렬이 계수(rank) n을 가져야 한다.

여기서, $'$: 전치 행렬을 의미

② $\begin{bmatrix} C \\ CA \end{bmatrix}$ 행렬을 계산한다.

㉮ $\begin{bmatrix} C \\ CA \end{bmatrix}$ 행렬의 크기(행렬식)가 0이 아니면 가관측성 제어 장치이다.

㉯ $\begin{bmatrix} C \\ CA \end{bmatrix}$ 행렬의 크기(행렬식)가 0이면 관측 불가능한 제어 장치이다.

핵심기출 【기사】 05/2 08/2

상태 방정식 $\dfrac{d}{dt} x(t) = Ax(t) + Bu(t)$, 출력 방정식 $y(t) = Cx(t)$에서

$A = \begin{bmatrix} -1 & 2 & 3 \\ 0 & -4 & 0 \\ 0 & 1 & -5 \end{bmatrix}$, $B = \begin{bmatrix} 0 \\ 0 \\ 1 \end{bmatrix}$, $C = [1 \ 0 \ 0]$일 때, 아래 설명 중 맞는 것은?

① 이 시스템은 가제어하고(controllable), 가관측하다(observable).

② 이 시스템은 가제어하나(controllable), 가관측하지 않다(unobservable).

③ 이 시스템은 가제어하지 않으나(controllable), 가관측하다(observable).

④ 이 시스템은 가제어하지 않고(uncontrollable), 가관측하지 않다(observable).

정답 및 해설 [가관측성] $A = \begin{bmatrix} -1 & 2 & 3 \\ 0 & -4 & 0 \\ 0 & 1 & -5 \end{bmatrix}$, $B = \begin{bmatrix} 0 \\ 0 \\ 1 \end{bmatrix}$, $C = [1 \ 0 \ 0]$,

$A^2 = \begin{bmatrix} -1 & 2 & 3 \\ 0 & -4 & 0 \\ 0 & 1 & -5 \end{bmatrix}\begin{bmatrix} -1 & 2 & 3 \\ 0 & -4 & 0 \\ 0 & 1 & -5 \end{bmatrix} = \begin{bmatrix} 1 & -7 & -18 \\ 0 & 16 & 0 \\ 0 & -9 & 25 \end{bmatrix}$

· $[B \ AB \ A^2B] = \begin{bmatrix} 0 & 3 & -18 \\ 0 & 0 & 0 \\ 1 & -5 & 25 \end{bmatrix}$ → 0이므로 가제어 성립 안됨

· $\begin{bmatrix} C \\ CA \\ CA^2 \end{bmatrix} = \begin{bmatrix} 1 & 0 & 0 \\ -1 & 2 & 3 \\ 1 & -7 & -18 \end{bmatrix}$ 에서 행렬식 -15, 즉 0이 아니므로 가관측 성립

【정답】③

04 z 변환

(1) z 변환의 정의

라플라스 변환은 연속 시스템인 선형 상미분 방정식을 해석하는데 이용

불연속 시스템을 나타내는 차분 방정식이나 이산시스템인 경우에는 z변환 이용

① $z[f(k)] = \displaystyle\sum_{K=0}^{\infty} f(k)z^{-k} \quad \rightarrow (k = 0, 1, 2, ...)$

② $z[u(t)] = 1 = z^{-1} + z^{-2} + ... = \dfrac{1}{1 - z^{-1}} = \dfrac{z}{z-1}$

③ $z[e^{-at}] = 1 + e^{-a}z - 1 + e^{-2a}z^{-2} + ... = \dfrac{1}{1 - e^{-a}z^{-1}} = \dfrac{z}{z - e^{-a}}$

$$\rightarrow t = kT \; : \; \dfrac{z}{z - e^{-aT}} \quad \rightarrow (k = 0, 1, 2 \cdots)$$

(2) z 변환과 $\mathcal{L}$ 변환의 관계

① $f^*(t) = \displaystyle\sum_{k=0}^{\infty} f(kT)\delta(t - kT)$

② $F^*(s) = \mathcal{L}[f^*(t)] = \displaystyle\sum_{k=0}^{\infty} F(kT)e^{-kTs}$

③ $z = e^{Ts} \rightarrow s = \dfrac{1}{T}\ln z \quad \rightarrow (T : 샘플링\ 시간)$

(3) s평면과 z평면의 관계

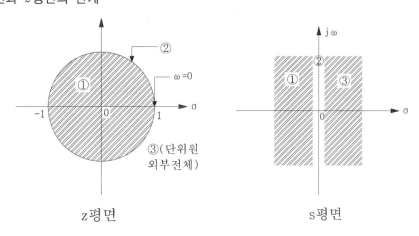

z평면   s평면

· s평면의 좌반면은 z평면의 단위(unit)원 내부이다.

· s평면의 우반면은 z평면의 단위(unit)원 외부이다.

· s평면의 허수축은 z평면의 단위(unit)원 원주상이다.

(4) z평면상에서 제어계의 안정도 판정 방법

z 평면상의 안정도 판정은 반지름의 크기가 1인 단위원을 기준으로 하여 다음과 같이 안정도 여부를 결정한다.

① 안정 조건 : 단위원 내부에 극점이 모두 존재할 것　　　→ (z평면 ①)

② 임계 상태 : 단위원에 접하여 극점이 존재하는 경우　　　→ (z평면 ②)

③ 불안정 조건 : 단위원 외부에 극점이 하나라도 존재할 것　→ (z평면 ③)

핵심기출 【기사】05/1 07/2 08/1 12/2 12/3

샘플러의 주기를 T 라 할 때 s 평면상의 모든 점은 식 $z = e^{st}$ 에 의하여 z 평면상에 사상된다. s 평면의 좌반 평면상의 모든 점은 z 평면상 단위원의 어느 부분으로 사상되는가?

① 내 점　　　　　　　　　　　② 외 점

③ 원주상의 점　　　　　　　　④ z평면 전체

정답 및 해설 [s평면과 z 변환의 안정 조건]
① s평면의 허수축은 z평면의 원점을 중심으로 한 단위원에 사상
② s평면의 우반 평면은 이 단위원의 외부에 사상
③ s평면의 좌반 평면의 모든 점이 단위원의 내부에 사상　　　　　　【정답】①

---

(5) 주요 z 변환표

<table>
<tr><td colspan="3" align="center">$\lim_{t \to 0} e(t) = \lim_{s \to \infty} E(z)$</td></tr>
<tr><th>시간 함수 $f(t)$</th><th>라플라스 변환 $F(s)$</th><th>z 변환 $F(z)$</th></tr>
<tr><td>임펄스 함수 : $\delta(t)$</td><td>1</td><td>1</td></tr>
<tr><td>단위 계단 함수 : $u(t)$</td><td>$\dfrac{1}{s}$</td><td>$\dfrac{z}{z-1}$</td></tr>
<tr><td>속도 함수 : t</td><td>$\dfrac{1}{s^2}$</td><td>$\dfrac{Tz}{(z-1)^2}$</td></tr>
<tr><td>지수 함수 : e^{-at}</td><td>$\dfrac{1}{s+a}$</td><td>$\dfrac{z}{z-e^{-at}}$</td></tr>
</table>

【기사】 08/1 10/1 15/1 15/2

다음 중 $f(t) = e^{-at}$의 z 변환은?

① $\dfrac{1}{z - e^{-at}}$ ② $\dfrac{1}{z + e^{-at}}$

③ $\dfrac{z}{z - e^{-at}}$ ④ $\dfrac{z}{z + e^{-at}}$

정답 및 해설 [z 변환] $f(t) = e^{-at} \rightarrow z$ 변환 : $\dfrac{z}{z - e^{-at}}$

$\rightarrow s$ 변환 : $\dfrac{1}{s + a}$

【정답】③

---

(6) z 변환의 중요 정리

① 시간 추이 정리 : $z[f(kT - nT)] = F(z)z^{-n}$

② 복소 추이 정리 : $z[f(kT)e^{\pm akT}] = F(ze^{\pm aT})$

③ 초기값 정리 : $\lim\limits_{t \to 0} f(t) = \lim\limits_{s \to \infty} sF(s) = \lim\limits_{z \to \infty} F(z)$

④ 최종값 정리 : $\lim\limits_{t \to \infty} f(t) = \lim\limits_{s \to 0} sF(s) = \lim\limits_{z \to 1} (1 - z^{-1})F(z)$

【기사】 09/2

다음 중 z변환에서 최종치 정리를 나타낸 것은?

① $x(0) = \lim\limits_{z \to \infty} X(z)$ ② $x(0) = \lim\limits_{z \to 0} X(z)$

③ $x(\infty) = \lim\limits_{z \to 1} (1 - z)X(z)$ ④ $x(\infty) = \lim\limits_{z \to 1} (1 - z^{-1})X(z)$

정답 및 해설 [z 변환의 최종치]

항목	초기값 정의	최종값 정리
z변환	$e(0) = \lim\limits_{z \to \infty} F(z)$	$e(\infty) = \lim\limits_{z \to 1} \left(1 - \dfrac{1}{z}\right) F(z)$
라플라스 변환	$e(0) = \lim\limits_{s \to \infty} sF(s)$	$e(\infty) = \lim\limits_{s \to 0} sF(s)$

【정답】④

05 이산치계의 전달 함수

(1) 이산치계의 전달 함수

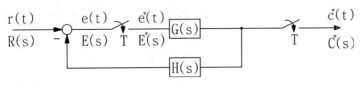

$$\frac{C(z)}{R(z)} = \frac{G(z)}{1 + G(z)H(z)}$$

① 종속 요소를 갖는 경우

샘플러에 의해 분리된 두 시스템 z 변환은 두 시스템의 z 변환 곱과 같다.

② 차분 방정식의 경우

초기 조건을 0으로 하고 양변을 z 변환하여 구한다.

핵심기출 【기사】 16/1

그림과 같은 이산치계의 z변환 전달함수 $\dfrac{C(z)}{R(z)}$ 를 구하면? (단, $Z\left[\dfrac{1}{s+a}\right] = \dfrac{z}{z-e^{-aT}}$ 임)

$$t(t) \xrightarrow{\quad T\quad} \boxed{\frac{1}{S+1}} \xrightarrow{\quad T \quad} \boxed{\frac{2}{S+2}} \xrightarrow{\quad} c(t)$$

① $\dfrac{2z}{z-e^{-T}} - \dfrac{2z}{z-e^{-2T}}$ ② $\dfrac{2z^2}{(z-e^{-T})(z-e^{-2T})}$

③ $\dfrac{2z}{z-e^{-2T}} - \dfrac{2z}{z-e^{-T}}$ ④ $\dfrac{2z}{(z-e^{-T})(z-e^{-2T})}$

정답 및 해설 [이산치계의 전달 함수] $C(z) = G_1(z)G_2(z)R(z)$

$\therefore G(z) = \dfrac{C(z)}{R(z)} = G_1(z)G_2(z) = z\left[\dfrac{1}{s+1}\right]z\left[\dfrac{2}{s+2}\right] = \dfrac{2z^2}{(z-e^{-T})(z-e^{-2T})}$

【정답】②

단원 핵심 체크

01 시스템의 과거, 현재, 그리고 미래 조건을 나타내는 척도로 이용되는 것을 (   )변수라고 한다.

02 상태 방정식 $x(t) = Ax(t) + Br(t)$인 제어계의 특성 방정식 $|sI - A| = ($ $)$ 이다.

03 상태 방정식은 (   )과 상태 변수의 관계로 표현된다.

04 $t = 0$에서 상태 천이 행렬 $\varnothing(t) = e^{At}$의 값은 (   ) 이다.

05 n차 선형 시불변 시스템의 상태 방정식을 $\frac{d}{dt}X(t) = AX(t) + Br(t)$로 표시될 때, 상태 천이 행렬 $\varnothing(t)$는 시스템의 (   ) 상태 응답을 나타낸다.

06 라플라스 변환은 연속 시스템인 선형 상미분 방정식을 해석하는데 이용, 불연속 시스템을 나타내는 차분 방정식이나 이산 시스템인 경우에는 (   )을 이용한다.

07 s평면과 z평면의 관계에서 s평면의 좌반면은 z평면의 단위(unit)원의 (   ) 이다.

08 z 평면상에서 제어계의 안정도 판정 방법으로 단위원에 접하여 극점이 존재하는 경우는 (   ) 상태 이다.

09 단위 계단 함수 $u(t)$를 z변환 함수 $F(z) = ($ $)$ 이다.

10 시간 함수와 s 평면, z 평면에서 최종값 정리는 $\lim\limits_{t \to \infty} f(t) = \lim\limits_{s \to 0} sF(s) = \lim\limits_{z \to 1} ($)이다.

11 시간 함수와 s 평면, z 평면에서 초기값 정리는 $\lim\limits_{t \to 0} f(t) = \lim\limits_{s \to \infty} sF(s) = \lim\limits_{z \to \infty} ($)이다.

정답		
(1) 상태	(2) 0	(3) 입력
(4) I	(5) 과도	(6) z 변환
(7) 내부	(8) 임계	(9) $\dfrac{z}{z-1}$
(10) $\left(1 - \dfrac{1}{z}\right)F(z)$	(11) $F(z)$	

136 ● 전기기사 / 전기공사기사 / 전기직 공사·공단·공무원 대비 제어공학

적중 예상문제

1. 천이 행렬(transition matrix)에 관한 서술 중 옳지 않은 것은? (단, $\dot{x} = Ax + Bu$ 이다.)

① $\varnothing(t) = e^{At}$

② $\varnothing(t) = \mathcal{L}^{-1}[sI - A]$

③ 천이 행렬은 기본 행렬이라고도 한다.

④ $\varnothing(t) = [sI - A]^{-1}$

|정|답|및|해|설|

[천이 행렬] $\varnothing(t) = \mathcal{L}^{-1}[sI - A]^{-1}$

【정답】②

2. 상태 방정식 $\dot{x} = Ax(t) + Bu(t)$로 표시되는 계의 특성 방정식의 근은?

① $|sI - A| = 0$　　② $|sI - B| = 0$

③ $|sI - A| = I$　　④ $|sI - B| = 1$

|정|답|및|해|설|

[특성 방정식] $|sI - A| = 0$

【정답】①

3. $A = \begin{bmatrix} 0 & 1 \\ -3 & -2 \end{bmatrix}$, $B = \begin{bmatrix} 4 \\ 5 \end{bmatrix}$인 상태 방정식

$\dfrac{dx}{dt} = Ax + Br$에서 제어계의 특성 방정식은?

① $s^2 + 4s + 3 = 0$

② $s^2 + 3s + 2 = 0$

③ $s^2 + 3s + 4 = 0$

④ $s^2 + 2s + 3 = 0$

|정|답|및|해|설|

[특성 방정식] $SI - A = 0$

$[sI - A] = s\begin{bmatrix} 1 & 0 \\ 0 & 1 \end{bmatrix} - \begin{bmatrix} 0 & 1 \\ -3 & -2 \end{bmatrix} = \begin{bmatrix} s & 0 \\ 0 & s \end{bmatrix} - \begin{bmatrix} 0 & 1 \\ -3 & -2 \end{bmatrix}$

$= \begin{bmatrix} s & -1 \\ 3 & s+2 \end{bmatrix} = 0$

$|sI - A| = s(s+2) - (-1) \cdot 3 = s^2 + 2s + 3 = 0$

【정답】④

4. 상태 방정식 $\dot{x} = Ax(t)$의 해는 어느 것인가? (단, $x(0)$는 초기 상태 벡터이다.)

① $e^{At}x(0)$　　　② $e^{-At}x(0)$

③ $Ae^{At}x(0)$　　　④ $Ae^{-At}x(0)$

|정|답|및|해|설|

[상태 방정식]

$\dfrac{dx(t)}{dt} = Ax(t) \rightarrow$ 라플라스 변환 $\rightarrow sX(s) - x(0) = Ax(s)$

$X(s) = (sI - A) = x(0)$

$X(s) = (sI - A)^{-1}x(0) \rightarrow$ 역변환 시킨다.

$x(t) = \mathcal{L}^{-1}(sI - A)^{-1}x(0) = \varnothing(t)x(0) = e^{AT}x(0)$

【정답】①

5. 상태 방정식 $\dot{X} = AX + BU$로 표시되는 계의 특성 방정식의 근은? (단, $A = \begin{bmatrix} 0 & 1 \\ -2 & -2 \end{bmatrix}$,

$B = \begin{bmatrix} 1 \\ 0 \end{bmatrix}$임.)

① $1 \pm j2$　　　② $-1 \pm j2$

③ $1 \pm j$　　　④ $-1 \pm j$

[특성 방정식] $[sI-A]=0$

$\begin{bmatrix} s & 0 \\ 0 & s \end{bmatrix} - \begin{bmatrix} 0 & 1 \\ -2 & -2 \end{bmatrix} = \begin{bmatrix} s & -1 \\ 2 & s+2 \end{bmatrix} \rightarrow s^2+2s+2=0$

$s=-1\pm\sqrt{1-2} = -1\pm\sqrt{-1} = -1\pm j$

【정답】④

[고유값] 특성 방정식의 근

$|sI-A|=0$

$|sI-A| = \begin{bmatrix} s & 0 \\ 0 & s \end{bmatrix} - \begin{bmatrix} 2 & 2 \\ 0.5 & 2 \end{bmatrix} = \begin{bmatrix} s-2 & -2 \\ -0.5 & s-2 \end{bmatrix}$

$(s-2)^2 - 1 = s^2 - 4s + 3 = (s-3)(s-1)$

【정답】③

6. 다음과 같은 상태 방정식으로 표현되는 제어계에 대한 아래의 서술 중 바르지 못한 것은?

$$\dot{x} = \begin{bmatrix} 0 & 1 \\ -2 & -3 \end{bmatrix} x + \begin{bmatrix} 1 & 1 \\ 0 & -2 \end{bmatrix} w$$

① 이 제어계는 2차 제어계이다.

② 이 제어계는 부족 제동(underdamped)된 상태에 있다.

③ X는 (2×1)의 계위(階位)를 갖는다.

④ $(s+1)(s+2)=0$이 특성 방정식이다.

[특성 방정식] $[sI-A]=0$

$\begin{bmatrix} s & 0 \\ 0 & s \end{bmatrix} - \begin{bmatrix} 0 & 1 \\ -2 & -3 \end{bmatrix} = \begin{bmatrix} s & -1 \\ 2 & s+3 \end{bmatrix} \rightarrow s^2+3s+2=0$

$s^2+3s+2=0 \rightarrow$ 2차 제어

$w_n = \sqrt{2}, \quad 2\delta w_n = 3$

$\delta = \dfrac{3}{2\sqrt{2}} > 1 \rightarrow$ 과제동

【정답】②

8. 선형 시불변계가 다음의 동태 방정식 (Dynamic Equation)으로 쓰여 질 때 전달 함수 $G(s)$는?

(단, $(sI-A)$는 정착 (Nonsingular)이다.)

$$\dfrac{dx(t)}{dt} = Ax(t) + Br(t)$$
$$c(t) = Dx(t) + Er(t)$$
$$x(t) = n \times 1 \text{ state vector}$$
$$r(t) = p \times 1 \text{ input vector}$$
$$c(t) = q \times 1 \text{ output vector}$$

① $G(s) = (sI-A)^{-1}B + E$

② $G(s) = D(sI-A)^{-1}B + E$

③ $G(s) = D(sI-A)^{-1}B$

④ $G(s) = D(sI-A)^{-1}B$

$\dfrac{dx(t)}{dt} = Ax(t) + Br(t) \rightarrow$ 라플라스 변환

$\xrightarrow{L} SX(s) = AX(s) + BR(s)$

$(sI-A)X(s) = BR(s) \rightarrow X(s) = (sI-A)^{-1} \cdot BR(s)$

$C(t) = Dx(t) + Er(t) \rightarrow C(s) = Dx(s) + ER(s)$

$C(s) = D(sI-A)^{-1} \cdot BR(s) + ER(s)$

$\qquad = \{D(sI-A)^{-1} \cdot B + E(s)\}$

$G(s) = \dfrac{C(s)}{R(s)} = D \cdot (sI-A)^{-1} \cdot B + E$

【정답】②

7. $A = \begin{bmatrix} 2 & 2 \\ 0.5 & 2 \end{bmatrix}$의 고유값(eigen value)은?

① 2, 2   ② 2, 3

③ 1, 3   ④ 2, 1

9. 다음 상태 방정식으로 표시되는 제어계의 천이 행렬 $\varnothing(t)$는?

$$\dot{x} = \begin{bmatrix} 0 & 1 \\ 0 & 0 \end{bmatrix} x + \begin{bmatrix} 0 \\ 1 \end{bmatrix} u$$

① $\begin{bmatrix} 0 & t \\ 1 & 1 \end{bmatrix}$ ② $\begin{bmatrix} 1 & 1 \\ 0 & t \end{bmatrix}$

③ $\begin{bmatrix} 1 & t \\ 0 & 1 \end{bmatrix}$ ④ $\begin{bmatrix} 0 & t \\ 1 & 0 \end{bmatrix}$

|정|답|및|해|설|
[천이 행렬]
① $sI - A = \begin{bmatrix} s & 0 \\ 0 & s \end{bmatrix} - \begin{bmatrix} 0 & 1 \\ 0 & 0 \end{bmatrix} = \begin{bmatrix} s & -1 \\ 0 & s \end{bmatrix}$

② $[sI-A]^{-1} = \begin{bmatrix} s & -1 \\ 0 & s \end{bmatrix}^{-1} = \frac{1}{s^2} \begin{bmatrix} s & 1 \\ 0 & s \end{bmatrix}$

$= \begin{bmatrix} \dfrac{1}{s} & \dfrac{1}{s^2} \\ 0 & \dfrac{1}{s} \end{bmatrix} \rightarrow$ 역변환

③ $\varnothing(t) = \mathcal{L}^{-1}[sI-A]^{-1} = \begin{bmatrix} 1 & t \\ 0 & 1 \end{bmatrix}$

【정답】③

10. 계수 행렬 (또는 동반 행렬) A과 다음과 같이 주어지는 제어계가 있다. 천이 행렬(transition matrix)을 구하면?

$$A = \begin{bmatrix} 0 & 1 \\ -1 & -2 \end{bmatrix}$$

① $\begin{bmatrix} (t+1)e^{-t} & te^{-t} \\ -te^{-t} & (-t+1)e^{-t} \end{bmatrix}$

② $\begin{bmatrix} (t+1)e^{t} & te^{t} \\ -te^{-t} & (t+1)e^{t} \end{bmatrix}$

③ $\begin{bmatrix} (t+1)e^{-t} & te^{-t} \\ te^{-t} & (t+1)e^{-t} \end{bmatrix}$

④ $\begin{bmatrix} (t+1)e^{-t} & 0 \\ 0 & (-t+1)e^{-t} \end{bmatrix}$

|정|답|및|해|설|
[천이 행렬]
① $sI - A = \begin{bmatrix} s & 0 \\ 0 & s \end{bmatrix} - \begin{bmatrix} 0 & 1 \\ -1 & -2 \end{bmatrix} = \begin{bmatrix} s & -1 \\ 1 & s+2 \end{bmatrix}$

② $[sI-A]^{-1} = \frac{1}{s(s+2)} \begin{bmatrix} s+2 & 1 \\ -1 & s \end{bmatrix}$

$= \begin{bmatrix} \dfrac{s+2}{(s+1)^2} & \dfrac{1}{(s+1)^2} \\ \dfrac{-1}{(s+1)^2} & \dfrac{s}{(s+1)^2} \end{bmatrix} \rightarrow$ 역변환

③ $\varnothing(t) = \mathcal{L}^{-1}[sI-A]^{-1} = \begin{vmatrix} (t+1)e^{-t} & te^{-t} \\ -te^{-t} & (-t+1)e^{-t} \end{vmatrix}$

【정답】①

11. 다음 계통의 상태 방정식을 유도하면?

$$\frac{dx^3 x}{dt^3} = 5\frac{dx^2 x}{dt^2} + 10\frac{dx^x}{dt^+} 5x = 2u$$
(단, 상태변수를 $x_1 = x$, $x_2 = \dot{x}$
$x_3 = \ddot{x}$로 높았다.)

① $\begin{bmatrix} \dot{x_1} \\ \dot{x_2} \\ \dot{x_3} \end{bmatrix} = \begin{bmatrix} 0 & 1 & 0 \\ 0 & 0 & 1 \\ -5 & -10 & -5 \end{bmatrix} \begin{bmatrix} x_1 \\ x_2 \\ x_3 \end{bmatrix} + \begin{bmatrix} 0 \\ 0 \\ 2 \end{bmatrix} u$

② $\begin{bmatrix} \dot{x_1} \\ \dot{x_2} \\ \dot{x_3} \end{bmatrix} = \begin{bmatrix} 0 & 1 & 0 \\ 0 & 0 & 1 \\ -5 & -10 & -5 \end{bmatrix} \begin{bmatrix} x_1 \\ x_2 \\ x_3 \end{bmatrix} + \begin{bmatrix} 0 \\ 2 \\ 0 \end{bmatrix} u$

③ $\begin{bmatrix} \dot{x_1} \\ \dot{x_2} \\ \dot{x_3} \end{bmatrix} = \begin{bmatrix} -5 & 0 & 0 \\ -10 & 1 & 0 \\ -5 & 0 & 1 \end{bmatrix} \begin{bmatrix} x_1 \\ x_2 \\ x_3 \end{bmatrix} + \begin{bmatrix} 2 \\ 0 \\ 0 \end{bmatrix} u$

④ $\begin{bmatrix} \dot{x_1} \\ \dot{x_2} \\ \dot{x_3} \end{bmatrix} = \begin{bmatrix} -5 & 0 & 1 \\ -10 & 1 & 0 \\ -5 & 0 & 0 \end{bmatrix} \begin{bmatrix} x_1 \\ x_2 \\ x_3 \end{bmatrix} + \begin{bmatrix} 0 \\ 2 \\ 0 \end{bmatrix} u$

|정|답|및|해|설|
[상태 방정식]
$\dot{X_1} = \dot{X} = \dot{X_2}$, $\dot{X_2} = \ddot{X} = X_3$

$\dot{X_3} = \dddot{X} = -5\frac{d^2 x}{dt^2} - 10\frac{dx}{dt} - 5x + 2u$

$= -5X_3 - 10X_2 - 5X_1 + 2u$

【정답】①

12. z 변환법을 사용한 샘플치 제어계가 안정하려면 $1 + GH(Z) = 0$의 근의 위치는?

① z 평면의 좌변면에 존재하여야 한다.

② z 평면의 우반면에 존재하여야 한다.

③ $|z| = 1$ 인 단위원 내에 존재하여야 한다.

④ $|z| = 1$ 인 단위원 밖에 존재하여야 한다.

[z 평면상에서 제어계의 안정도 판정 방법]

s평면의 음의 좌평면상 점, 즉 안정한 영역은 z 평면에서 단위원의 내부 영역에 사상된다.

【정답】③

[상태 천이 행렬]

① $[sI - A] = \begin{bmatrix} s & 0 \\ 0 & s \end{bmatrix} - \begin{bmatrix} 0 & 1 \\ -5 & -2 \end{bmatrix} = \begin{vmatrix} s & -1 \\ 5 & s+2 \end{vmatrix}$

② $[sI-A]^{-1} = \dfrac{1}{s(s+2)+5}\begin{bmatrix} s+2 & 1 \\ -5 & s \end{bmatrix}$

$= \begin{bmatrix} \dfrac{s+2}{(s+1)^2+4} & \dfrac{1}{(s+1)^2+4} \\ \dfrac{-5}{(s+1)^2+4} & \dfrac{s}{(s+1)^2+4} \end{bmatrix} \rightarrow$역변환

③ $\varnothing(t) = \mathcal{L}^{-1}[sI-A]^{-1}$

$= \begin{vmatrix} e^{-t}(\cos 2t + \frac{1}{2}\sin 2t) & \frac{1}{2}e^{-t}\sin 2t \\ -\frac{5}{2}e^{-t}\sin 2t & e^{-t}(\cos 2t - \frac{1}{2}\sin 2t) \end{vmatrix}$

【정답】①

13. $A = \begin{bmatrix} 0 & 1 \\ -5 & -2 \end{bmatrix}$, $B = \begin{bmatrix} 0 \\ 1 \end{bmatrix}$인 상태 방정식 $\dfrac{dx}{dt} = Ax + Br$ 에서 상태 천이 행렬 $\varnothing(t)$ 는?

①

$\begin{bmatrix} e^{-t}(\cos 2t + \frac{1}{2}\sin 2t) & \frac{1}{2}e^{-t}\sin 2t \\ -\frac{5}{2}e^{-t}\sin 2t & e^{-t}(\cos 2t - \frac{1}{2}\sin 2t) \end{bmatrix}$

②

$\begin{bmatrix} e^{-t}(\cos 2t - \frac{1}{2}sin 2t) & \frac{1}{2}e^{-t}\sin 2t \\ -\frac{5}{2}e^{-t}\sin 2t & e^{-t}(\cos 2t + \frac{1}{2}sin 2t) \end{bmatrix}$

③

$\begin{bmatrix} e^{-t}(\cos 2t + \frac{1}{2}\sin 2t) & -\frac{5}{2}e^{-t}\sin 2t \\ \frac{1}{2}e^{-t}\sin 2t & e^{-t}(\cos 2t - \frac{1}{2}\sin 2t) \end{bmatrix}$

④

$\begin{bmatrix} e^{-t}(\cos 2t - \frac{1}{2}\sin 2t) & -\frac{5}{2}e^{-t}\sin 2t \\ \frac{1}{2}e^{-t}\sin 2t & e^{-t}(\cos 2t + \frac{1}{2}\sin 2t) \end{bmatrix}$

14. T를 샘플 주기라고 할 때 z변환은 라플라스 변환 함수의 s 대신 다음의 어느 것을 대입하여야 하는가?

① $\dfrac{1}{T}\ln\dfrac{1}{Z}$ 　　② $\dfrac{1}{T}\ln Z$

③ $T\ln Z$ 　　④ $T\ln\dfrac{1}{Z}$

[z변환] $e^{TS} = z \rightarrow TS = \ln z \rightarrow s = \dfrac{1}{T}\ln z$

【정답】②

15. 다음 방정식으로 표시되는 제어계가 있다. 이 계를 상태 방정식 $\dot{x} = Ax + Bu$ 로 나타내면 계수 행렬 A는 어떻게 되는가?

$$\frac{d^3c(t)}{dt^3} = 5\frac{d^2c(t)}{dt^2} + \frac{dc(t)}{dt} + 2c(t) = r(t)$$

① $\begin{bmatrix} 0 & 1 & 0 \\ 0 & 0 & 1 \\ -2 & -1 & -5 \end{bmatrix}$

② $\begin{bmatrix} 0 & 0 & 1 \\ 1 & 0 & 0 \\ 5 & 1 & 2 \end{bmatrix}$

③ $\begin{bmatrix} 0 & 0 & 1 \\ 1 & 0 & 0 \\ 0 & 5 & 2 \end{bmatrix}$

④ $\begin{bmatrix} 0 & 1 & 0 \\ 1 & 0 & 0 \\ -2 & -1 & 0 \end{bmatrix}$

|정|답|및|해|설|

$\dfrac{d^3 c(t)}{dt^3} = -2c(t) - \dfrac{dc(t)}{dt} - 5\dfrac{d^2 c(t)}{dt^2} + r(t)$

$\begin{vmatrix} \dfrac{dc(t)}{dt} \\ \dfrac{d^2 c(t)}{dt^2} \\ \dfrac{d^3 c(t)}{dt^3} \end{vmatrix} = \begin{vmatrix} 0 & 1 & 0 \\ 0 & 0 & 1 \\ -2 & -1 & -5 \end{vmatrix} \begin{vmatrix} c \\ \dfrac{dc(t)}{dt} \\ \dfrac{d^2 c(t)}{dt^2} \end{vmatrix} + \begin{vmatrix} 0 \\ 0 \\ 1 \end{vmatrix} r(t)$

【정답】①

16. s평면의 우반면은 z평면의 어느 부분으로 사상(寫像) 되는가?

① z 평면의 좌반면

② z 평면의 원점에 중심을 둔 단위원 내부

③ z 평면의 중점을 둔 단위원 외부

④ z 평면의 우반면

|정|답|및|해|설|

[s평면과 z평면의 관계] s평면의 우방면도 불안정 영역으로서 z평면의 단위원 외부로 사상된다.

【정답】③

17. z평면의 원점에 중심을 둔 단위 원주상에 사상되는 것은 z평면의 어느 성분인가?

① 양의 반평면

② 음의 반평면

③ 실수축

④ 허수축

|정|답|및|해|설|

[s평면과 z평면의 관계] 단위 원주당 원둘레이다. S평면의 허수 축이 대응될 수 있고 안정과 불안정의 경계, 즉 임계 상태이다.

【정답】④

18. 다음의 상태 방정식에 대한 서술 중 바르지 못한 것은? (단, P, B는 상수 행렬임.)

$$\dot{x}(t) = Px(t) + Bu(t)$$

① 이 제어계의 영상태 응답 $x(t)$는 $x(t) = \varnothing(t)x(0_+)$ 이다.

② 이 제어계의 영입력 응답 $x(t)$는 $x(t) = \varnothing(t)x(0_+)$ 이다.

③ 이 제어계의 영입력 응답 $x(t)$는 $x(t) = e^{pt}x(0_+)$ 이다.

④ 이 제어계의 영상태 응답 $x(t)$는 $x(t) = \displaystyle\int_0^t (t-\tilde{i})Bu(\tilde{i})d\tilde{i}$ 이 다 . (단 $t \geq 0$)

|정|답|및|해|설|

[상태 방정식] 영 입력 응답 $x(t) = \varnothing(t)x(0)_+$

영 상태 응답 $x(t) = \displaystyle\int_0^t \varnothing(t-\bar{i})Bu(\bar{i})di$

상태 방정식 $\dot{x} = Ax$ 이 방정식의 해는 입력벡터가 0일 때의 상태 변수의 천이 관계를 표시한다.

x_0를 계의 영입력해라고 한다.

$$x_0(t) = e^{At}x(0) = \varnothing(t)x(0)$$

$$\varnothing(t) = e^{At} = I + At + \frac{s}{2}A^2t^2 + \cdots\cdots\cdots$$

계통의 초기화가 모두 0인 값일 때 상태 방정식은

$$\dot{x} = Bu(t) \quad x_i(t) = \int_0^t \varnothing(t-i)Bu(i) \cdot di (t \geq 0)$$

$x_i(t)$는 $x(i) = 0$인 계통의 상태, 즉 영상태를 말한다.

【정답】①

$$= \frac{1}{1-e^{-TS}} \text{에서 } e^{TS} = z \text{로 하면}$$

$$= \frac{z}{1-z^{-1}} = \frac{z}{z-1}$$

【정답】③

19. $c(s) = R(s)\cdot G(s)$의 z변환 $C(z)$는 어느 것인가?

① $R(z)G(z)$ 　　② $R(z) + G(z)$

③ $\dfrac{R(z)}{G(z)}$ 　　④ $R(z) - G(z)$

|정|답|및|해|설|

[이산치 상태 미분방정식]　$C(z) = R(z)G(z)$

【정답】①

20. 단위 계단 함수의 라플라스 변환과 z 변환 함수는?

① $\dfrac{1}{s}, \ \dfrac{1}{z}$ 　　② $s, \ \dfrac{z}{1-z}$

③ $\dfrac{1}{s}, \ \dfrac{z}{z-1}$ 　　④ $s, \ \dfrac{1}{z+1}$

|정|답|및|해|설|

$$u(t) = \frac{1}{s}, \quad z(t) = \frac{z}{z-1}$$

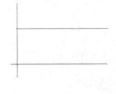

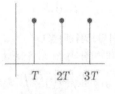

$$u(t) \to \frac{1}{s} \qquad\qquad \delta(t)$$

$$\delta(t) + \delta(t-T) + \delta(t-2T) + \cdots\cdots$$

$$= 1 + e^{-TS} + e^{2TS} + \cdots\cdots$$

21. 신호 $x(t)$가 다음과 같을 때의 z의 변환 함수는 어느 것인가? 단. 신호 $x(t)$는 $x(t) = 0, \ t < 0, \ x(t) = e^{-at}, \ t \geq 0$ 이며 이상 샘플러의 샘플 주기는 $T[s]$이다.

① $\dfrac{(1-e^{-aT})z}{(z-1)(z-e^{-aT})}$ 　　② $\dfrac{z}{(z-1)}$

③ $\dfrac{z}{z-e^{-aT}}$ 　　④ $\dfrac{Tz}{(z-1)^2}$

|정|답|및|해|설|

$x(t) = e^{-at}$이면　$z(t) = \dfrac{z}{z-e^{-at}}$

【정답】③

22. $e(t)$의 초기값은 $e(t)$의 z변환을 $E(z)$라 했을 때 다음 어느 방법으로 얻어지는가?

① $\lim\limits_{z\to 0} zE(s)$ 　　② $\lim\limits_{z\to 0} zE(z)$

③ $\lim\limits_{z\to\infty} zE(z)$ 　　④ $\lim\limits_{z\to\infty} E(z)$

|정|답|및|해|설|

[초기값 정리]

s함수에서 초기값　$\lim\limits_{s\to\infty} sE(s)$

z함수에서 초기값　$\lim\limits_{z\to\infty} E(z)$

【정답】④

23. 다음 차분 방정식으로 표시되는 불연속계 (discrete data system)가 있다. 이 계의 전달 함수는?

$$C(K+2) + 5C(K+1) + 3C(K) = r(K+1) + 2r(K)$$

① $\dfrac{C(z)}{R(z)} = (z+2)(z^2 + 5z + 3)$

② $\dfrac{C(z)}{R(z)} = \dfrac{(z^2 + 5z + 3)}{z+2}$

③ $\dfrac{C(z)}{R(z)} = \dfrac{(z+2)}{(z^2 + 5z + 3)}$

④ $\dfrac{C(z)}{R(z)} = \dfrac{(z^2 + 5z + 3)}{z}$

|정|답|및|해|설|

※연속계 : 라플라스 s변환, 불연속계 : z변환

$\dfrac{d^2}{dt^2} = s^2$ 대신 $K+2$

$\dfrac{d}{dt} = s$ 대신 $K+1$을 대입해서 생각하면 된다.

$C(K+2) + 5C(K+1) + 3C(K) \rightarrow \dfrac{d^2(t)}{dt^2} + 5\dfrac{dc(t)}{dt} + 3c(t)$

$= s^2 c(s) + 5sc(s) + 3c(s)$

$\therefore \dfrac{C(s)}{R(s)} = \dfrac{s+2}{s^2 + 5s + 3} \rightarrow \dfrac{C(z)}{R(z)} = \dfrac{z+2}{z^2 + 5z + 3}$

【정답】③

24. 다음 그림의 전달 함수 $\dfrac{Y(z)}{R(z)}$ 는 다음 어느 것인가?

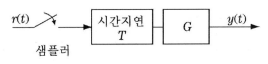

① $G(z)Tz^{-1}$ 　　② $G(z)Tz$

③ $G(z)z^{-1}$ 　　④ $G(z)z$

|정|답|및|해|설|

시간 지연 $e^{-TS} = z^{-1}$ $\rightarrow$ $\dfrac{Y(z)}{R(z)} = G(z)z^{-1}$

【정답】③

25. 그림과 같은 이산치계의 z변환 전달함수 $\dfrac{C(z)}{R(z)}$ 를 구하면?

$\left(\text{단, } Z\left[\dfrac{1}{s+a}\right] = \dfrac{Z}{Z - e^{-a}} \text{ 이다.}\right)$

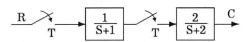

① $\dfrac{2Z}{Z - e^{-1}} - \dfrac{2Z}{Z - e^{-2T}}$

② $\dfrac{2Z}{Z - e^{-2T}} - \dfrac{2Z}{Z - e^{-T}}$

③ $\dfrac{2Z^2}{(Z - e^{-T}) - (Z - e^{-2T})}$

④ $\dfrac{2Z}{(Z - e^{-T}) - (Z - e^{-2T})}$

|정|답|및|해|설|

$Z\left[\dfrac{1}{s+a}\right] = \dfrac{Z}{Z - e^{-aT}}$

$G(z) = \left[\dfrac{Z}{Z - e^{-T}}\right]\left[\dfrac{2Z}{Z - e^{-2T}}\right]$

$= \dfrac{2Z^2}{(Z - e^{-T})(Z - e^{-2T})}$

【정답】③

시퀀스 제어

01 논리 회로

(1) 시퀀스 제어의 정의

시퀀스 제어란 미리 정해 놓은 순서 또는 일정한 논리에 의하여 정해진 순서에 따라 제어의 각 단계를 순서적으로 진행하는 제어로서 산업 현장에서 많이 활용되고 있다.

(2) AND Gate (논리곱 회로, 직렬 회로)

2기의 입력 A와 B 모두가 1일 때만 출력이 1이 되는 회로

회로의 출력 $X = A \cdot B$

논리 회로	유접점 회로	무접점 회로	진리표		
			A	B	M
			0	0	0
$M = A \cdot B$			0	1	0
			1	0	0
			1	1	1

(3) OR Gate (논리합 회로, 병렬 회로)

2개의 입력 A와 B중 하나의 입력이라도 1이면 출력이 1 되는 회로

OR 회로의 출력 $X = A + B$

논리 회로	유접점 회로	무접점 회로	진리표		
			A	B	M
			0	0	0
$M = A + B$			0	1	1
			1	0	1
			1	1	1

(4) NOT Gate (논리부정)

입력이 1일 때 출력이 0, 입력이 0일 때 출력이 1이 되는 회로

NOT 회로의 출력 $X = \overline{A}$

논리 회로	유접점 회로	무접점 회로	진리표
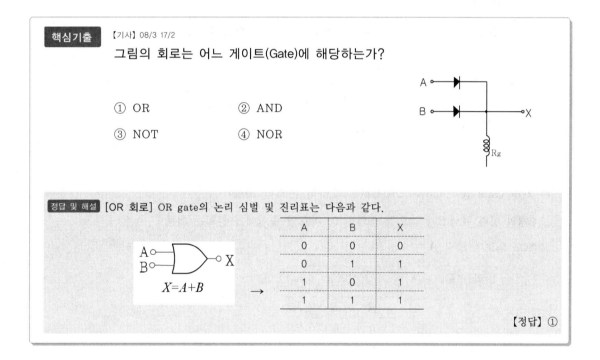			

A	M
0	1
1	0

핵심기출 【기사】 08/3 17/2

그림의 회로는 어느 게이트(Gate)에 해당하는가?

① OR   ② AND

③ NOT   ④ NOR

정답 및 해설 [OR 회로] OR gate의 논리 심벌 및 진리표는 다음과 같다.

$X = A + B$

A	B	X
0	0	0
0	1	1
1	0	1
1	1	1

【정답】 ①

(5) NAND Gate (AND Gate + NOT Gate)

· AND Gate + NOT Gate

· 2개의 입력 A와B중 하나의 입력이라도 0이면 출력이 0이 되는 회로

· NAND 회로의 출력 $X = \overline{A \cdot B}$

논리 회로	유접점 회로	무접점 회로	진리표		
$M = \overline{A \cdot B}$			A	B	M
			0	0	1
			0	1	1
			1	0	1
			1	1	0

(6) NOR Gate (OR Gate + NOT Gate)

OR Gate + NOT Gate

2개의 입력 A와 B중 하나의 입력이라도 1이면 출력이 0이 되는 회로

NOR 회로의 출력 $X = \overline{A + B}$

논리 회로	유접점 회로	무접점 회로	진리표		
$M = \overline{A + B}$			A	B	M
			0	0	1
			0	1	0
			1	0	0
			1	1	0

(7) XOR Gate (exclusive-OR Gate, 배타적 논리합 회로)

2개의 입력 A와 B가 같으면 출력이 0, 다르면 출력이 1이 되는 회로

XOR 회로의 출력 $X = A \oplus B$

논리 회로	진리표		
$M = \overline{A} \cdot B + A \cdot \overline{B}$ $= A \oplus B$	A	B	M
	0	0	0
	0	1	1
	1	0	1
	1	1	0

(8) 한시 회로

입력을 인가했을 때보다 일정한 시간만큼 뒤져서 출력 신호가 변화하는 회로로 다음과 같은 종류가 있다.

① 한시 동작 회로 : 입력 신호가 0에서 변화할 때만 출력 신호의 변화가 뒤지는 회로

② 한시 복귀 회로 : 입력 신호가 1에서 0로 변화할 때만 출력 신호의 변화가 뒤지는 회로

③ 뒤진 회로 : 신호의 변화가 있을 때마다 출력 신호가 뒤지는 회로

(9) 순시 회로

입력을 인가했을 때 바로 출력 신호가 변화하는 회로

① 순시 동작회로 : 입력신호가 주어지면 바로 동작하는 회로

② 순시 복귀회로 : 입력신호가 차단된 후에는 바로 출력이 소멸되는 회로

핵심기출 【기사】 14/1 18/1

다음과 같은 진리표를 갖는 회로의 종류는?

입력		출력
A	B	C
0	0	0
0	1	1
1	0	1
1	1	0

① AND   ② NAND

③ NOR   ④ EX-OR

정답 및 해설 [Ex-OR 배타적 논리합] $C = \overline{A}B + A\overline{B} = A \oplus B$ 【정답】④

---

02 논리 대수 및 드모르간의 정리

(1) 논리 대수

법칙	정리
T1 (교환의 법칙)	・$A + B = B + A$ ・$A \cdot B = B \cdot A$
T2 (결합의 법칙)	・$(A + B) + C = A + (B + C)$ ・$(A \cdot B) \cdot C = A \cdot (B \cdot C)$
T3 (분배의 법칙)	・$A \cdot (B + C) = A \cdot B + A \cdot C$ ・$A + (B \cdot C) = (A + B) \cdot (A + C)$
T4 (동일의 법칙)	・$A + A = A$ ・$A \cdot A = A$

법칙	정리	
T5 (부정의 법칙)	$\cdot(A)=\overline{A}$	$\cdot(\overline{A})=A$
T6 (흡수의 법칙)	$\cdot A+A\cdot B=A$	$\cdot A\cdot(A+B)=A$
T7 (공리)	$\cdot 0+A=A$ $\cdot 1+A=1$	$\cdot 1\cdot A=A$ $\cdot 0\cdot A=0$

(2) 드모르간의 정리

① $X=\overline{A\cdot B}=\overline{A}+\overline{B}$

② $X=\overline{A+B}=\overline{A}\cdot\overline{B}$

핵심기출 【기사】 17/1

드모르간의 정리를 나타낸 식은?

① $\overline{A+B}=A\cdot B$

② $\overline{A+B}=\overline{A}+\overline{B}$

③ $\overline{A\cdot B}=\overline{A}\cdot\overline{B}$

④ $\overline{A+B}=\overline{A}\cdot\overline{B}$

정답 및 해설 [드모르간의 정리] $\overline{A\cdot B}=\overline{A}+\overline{B}$

$\overline{A+B}=\overline{A}\cdot\overline{B}$

【정답】④

---

03 제어기기

(1) 변환 요소의 종류

변환량	변환 요소
압력 → 변위	벨로우즈, 다이어프램, 스프링
변위 → 압력	노즐 플래퍼, 유압 분사관, 스프링
변위 → 임피던스	가변저항기, 용량형 변환기, 가변 저항 스프링
변위 → 전압	포텐션 미터, 차동 변압기, 전위차계
전압 → 변위	전자석, 전자코일
온도 → 임피던스	측온 저항(열선, 더미스터, 백금, 니켈)
온도 → 전압	열전대(백금-백금 로듐, 철-콘스탄탄)

(2) 서보모터

① 원칙적으로 정·역이 가능하여야 한다.
② 저속이며 거침없는 운전이 가능하여야 한다.
③ 기계적 응답이 우수하여 속응성이 좋아야 한다.
④ 급감속, 급가속이 용이한 것이어야 한다.
⑤ 시정수가 작아야 하며, 기동토크가 커야 한다.

(3) 서미스터

① 감열저항체 소자로서 온도 상승에 따라 저항이 감소하는 특성을 가진다.
② 구성은 니켈, 망간, 코발트 등의 산화물을 혼합한 것
③ 주로 온도 보상용으로 사용된다.

(4) 제너 다이오드

① 정전압 소자로 만든 PN 접합 다이오드
② 정전압 다이오드라고 하며 전압의 범위는 약 3[V]~150[V] 정도까지 다양한 종류가 있다.
③ 전압의 안전을 위해 사용한다.

(5) 터널 다이오드

증폭작용, 발진작용, 개폐작용

(6) 실리콘 정류 제어소자

① PNPN 구조
② 게이트 전류에 의하여 방전 개시 전압을 제어할 수 있다.
③ 특성 곡선에 부저항 부분이 있다.

01 2기의 입력 A와 B 모두가 1일 때만 출력이 1이 되는 회로는 (　　　　　　) gate이다.

02 그림과 같은 논리 회로는 (　　　　　) 회로이다.

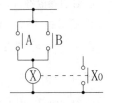

03 다음 진리표의 논리소지는 (　　　　　)이다.

입력		출력
A	B	C
0	0	1
0	1	0
1	0	0
1	1	0

04 다음의 논리 회로를 간단히 하면 $X =$ (　　　　　)이다.

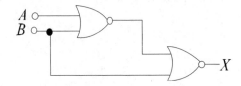

05 2개의 입력 A와 B가 같으면 출력이 0, 다르면 출력이 1이 되는 회로를 (　　　　　) 회로라고 하고 출력 $X = \overline{A} \cdot B + A \cdot \overline{B} = A \oplus B$ 식으로 표현한다.

06 타이머에서 입력 신호가 주어지면 바로 동작하고, 입력 신호가 차단된 후에는 일정 시간이 지난 후에 출력이 소멸되는 동작 형태는 (　　　　　) 회로이다.

07 (　　　　　) 회로는 AND 회로에 NOT 회로를 접속한 AND-NOT 회로로서 논리식은 $X = \overline{A \cdot B}$가 된다.

08 드모르간의 정리에 의해 $X = \overline{A \cdot B} = ($　　　　　$)$가 된다.

09 온도를 전압으로 변환시키는 요소는 (　　　　　) 이다.

10 논리식 $A \cdot \overline{A} = ($　　　　　$)$ 이다.

정답   (1) AND   (2) OR   (3) NOR

        (4) $A\overline{B}$ (5) 베타적 논리합   (6) 순시 동작 한시 복귀

        (7) NAND   (8) $\overline{A} + \overline{B}$ (9) 열전대

        (10) 0

1. 시퀀스 제어에 관한 설명 중 옳지 않은 것은?

① 조합 논리 회로로 사용된다.

② 기계적 계전기로 사용된다.

③ 전체 계통에 연결된 스위치가 일시에 동 작할 수도 있다.

④ 시간 지연 요소로 사용된다.

|정|답|및|해|설|
[시퀀스 제어] 전체 계통에 연결된 스위치가 일시에 동작할 수는 없다. 제어 구성 설계에 따라 <u>동작 순서가 있다.</u>

【정답】③

2. 오늘날 시퀀스(Sequence) 제어는 대부분 반도체 논리 소자를 사용한 무접점식 시퀀스 제어를 사용하고 있는데, 이를 종류별로 나눌 때 옳지 않은 것은?

① 조건 제어   ② 순서 제어

③ 시한 제어   ④ 직선 제어

|정|답|및|해|설|
[시퀀스 제어] 시퀀스 제어는 보통 순서 제어와 조합 회로로 나눌 수 있으며 순서 제어는 일반적으로 시간 지연을 갖고 그 지연이 적극적인 역할을 하는 논리 회로이다. <u>조건 제어와 시한 제어가 포함된다.</u>
조합 회로는 시간 지연이 없거나 무시할 수 있을 때 그 출력 신호가 현재 입력 신호의 값만으로 결정된 논리 회로이다.

【정답】④

3. 시퀀스 제어에 있어서 기억과 판단 기구 및 검출기를 가진 제어 방식은?

① 시한 제어

② 순서 프로그램 제어

③ 조건 제어

④ 피드백 제어

|정|답|및|해|설|
[피드백 제어] 피드백 제어는 입력과 출력을 비교하고 판단하는 제어 방식이다.

【정답】④

4. 그림과 같은 브리지 정류기는 어느 점에 교류 입력을 연결하여야 하는가?

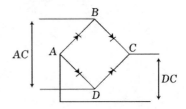

① $A - B$ 점   ② $A - C$ 점

③ $B - C$ 점   ④ $B - D$ 점

|정|답|및|해|설|
[브리지 정류기] $B - D$ 점에 교류 입력, $A - C$ 점에 직류를 연결한다.

【정답】④

5. 논리 회로의 종류에서 설명이 잘못된 것은?

① AND 회로 : 입력 신호 A, B, C의 값이 모두 1일 때에만 출력 신호의 값이 1이 되는 회로로 논리식은 A·B·C로 표시한다.

② OR 회로 : 입력 신호 A, B, C중 어느 한 값이 1이면 출력 신호의 값이 1이 되는 회로로 논리식은 A+B+C+=Z로 표시한다.

③ NOT 회로 : 입력 신호 A와 출력 신호 Z가 서로 반대로 되는 회로로, 논리식은 $\overline{A}=Z$로 표시한다.

④ NOR 회로 : AND 회로의 부정 회로로, 논리식은 A+B=Z로 표시한다.

|정|답|및|해|설|
[논리 회로] NOR 회로는 OR 회로의 부정 회로이다.
$\overline{A+B}=Z$
【정답】④

6. 다음 논리식 중 옳지 않은 것은?

① $A+A=A$ ② $A \cdot A=A$

③ $A+\overline{A}=1$ ④ $A \cdot \overline{A}=1$

|정|답|및|해|설|
[논리 회로]

$A \cdot \overline{A}=0$ → ├─○ ○──○ ○─┤
                            A $\overline{A}$

$A=1$이면 $\overline{A}=0$이므로 신호가 항상 전달되지 않는다.
【정답】④

7. 논리식 $A \cdot (A+B)$를 간단히 하면?

① A ② B

③ C ④ D

|정|답|및|해|설|
[논리식] $A \cdot (A+B) = A \cdot A + A \cdot B = A + A \cdot B$
$\qquad\qquad = A(1+B) = A \rightarrow (\because 1+B=1)$
【정답】①

8. 다음의 부울 대수 계산에서 옳지 않은 것은?

① $\overline{A \cdot B} = \overline{A} + \overline{B}$

② $\overline{A+B} = \overline{A} \cdot \overline{B}$

③ $A + A = A$

④ $A + A\overline{B} = 1$

|정|답|및|해|설|
[부울 대수] $A + A\overline{B} = A(1+\overline{B}) = A \rightarrow (\because 1+\overline{B}=1)$
【정답】④

9. 그림과 같은 계전기 접점 회로의 논리식은?

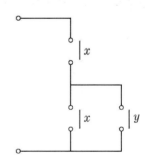

① $x \cdot (x-y)$ ② $x+x \cdot y$

③ $x+(x+y)$ ④ $x \cdot (x+y)$

|정|답|및|해|설|
[논리식] 직렬(AND)은 곱하기로 병렬(OR)은 합으로 한다.
$X(X+Y) = X$
【정답】④

10. 다음 논리식 중 다른 값을 나타내는 논리식은?

① $XY + X\overline{Y}$

② $(X+Y)(X+\overline{Y})$

③ $X(X+Y)$

④ $X(\overline{X}+Y)$

|정|답|및|해|설|

[논리식]

① $XY + X\overline{Y} = X(Y+\overline{Y}) = X \quad \rightarrow (\because Y+\overline{Y}=1)$

② $(X+Y)\cdot(X+\overline{Y}) = XX + X\overline{Y} + XY + \overline{Y}Y$

$\qquad\qquad\qquad = X(1+\overline{Y}+Y) = X$

$\qquad\qquad\qquad \rightarrow (\because XX = X, \ \overline{Y}Y = 0, \ 1+\overline{Y}+Y = 1)$

③ $X(X+Y) = XX + XY$

$\qquad\qquad = X(1+Y) = X \quad \rightarrow (\because XX = X, \ 1+Y = 1)$

④ $X(\overline{X}+Y) = X\overline{X} + XY$ 【정답】④

11. 그림과 같은 계전기 접점 회로의 논리식은?

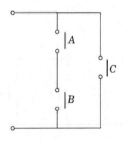

① $A + B + C$ 　　② $(A+B)C$

③ $A \cdot B + C$ 　　④ $A \cdot B \cdot C$

|정|답|및|해|설|

[논리식] 직렬 부분 $A \cdot B$(AND) 이고 병렬(OR)는 합이 되므로 $A \cdot B + C$ 【정답】③

12. 다음 계전기 접점 회로의 논리식은?

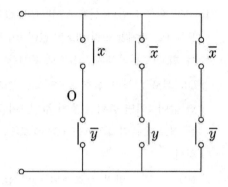

① $(x \cdot \overline{y}) + (\overline{x} \cdot y) + (\overline{x} \cdot \overline{y})$

② $(x \cdot \overline{y}) + (\overline{x} \cdot y) + (\overline{x \cdot y})$

③ $(x + \overline{y}) \cdot (\overline{x} \cdot y) \cdot (\overline{x} \cdot \overline{y})$

④ $(x + \overline{y}) \cdot (\overline{x} + y) \cdot (\overline{x + y})$

|정|답|및|해|설|

[논리식] 직렬 $A \cdot B$, 병렬 $A+B$이므로

$z = x\overline{y} + \overline{x}y + \overline{x}\,\overline{y}$ 【정답】①

13. 다음 논리계의 출력 y는?

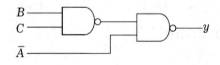

① $y = A + B \cdot C$

② $y = B + A \cdot C$

③ $y = \overline{A} + B \cdot C$

④ $y = B + \overline{A} \cdot B$

|정|답|및|해|설|

[논리식]

$y = \overline{\overline{B \cdot C} \cdot \overline{A}} = \overline{\overline{B \cdot C} + \overline{A}} = B \cdot C + A$

【정답】①

14. 그림과 같은 논리 회로에서 출력 f 의 값은?

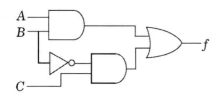

① A

② $\overline{A}BC$

③ $AB+\overline{B}C$

④ $(A+B)C$

15. 다음 논리 회로의 출력 X_0는?

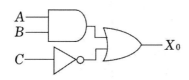

① $A \cdot B + \overline{C}$

② $(A+B)\overline{C}$

③ $A+B+\overline{C}$

④ $AB\overline{C}$

16. 그림과 등기인 게이트는?

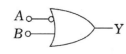

①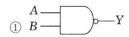

②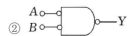

③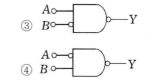

④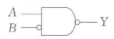

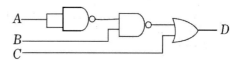
17. 그림의 논리 회로에 대한 논리식은?

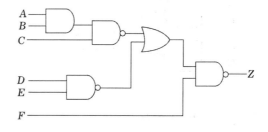

① $D=(\overline{A}+B)+C$

② $D=(A+\overline{B})+C$

③ $D=(\overline{A}+\overline{B})+C$

④ $D=(A+B)+\overline{C}$

18. 그림과 같은 회로의 출력 Z를 구하면?

① $\overline{A} + \overline{B} + \overline{C} + D + \overline{E} + F$

② $A + B + C + D + E + \overline{F}$

③ $\overline{ABC}\overline{DE}+F$

④ $ABCDE+\overline{F}$

[논리식] $Z=\overline{\overline{(ABC+\overline{DE})}\cdot\overline{F}}=\overline{\overline{(ABC+\overline{DE})}}+\overline{F}$

$\qquad = \overline{\overline{ABC}}\ \overline{\overline{DF}}+\overline{F}=ABCDE+\overline{F}$

【정답】④

19. 다음 논리 회로의 출력은?

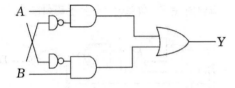

① $Y=A\overline{B}+\overline{A}B$ ② $Y=\overline{A}B+\overline{A}B$

③ $Y=A\overline{B}+\overline{A}B$ ④ $Y=\overline{A}+\overline{B}$

[논리식] 배타적 논리합 $Y=\overline{A}B+A\overline{B}=A\oplus B$ 서로 다른 입력일 때만 출력이 된다.　　　【정답】①

20. $A,\ B,\ C,\ D$를 논리 변수라 할 때 그림과 같은 게이트 회로의 출력은?

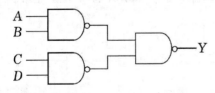

① $A\cdot B\cdot C\cdot D$

② $A+B+C+D$

③ $(A+B)\cdot(C+D)$

④ $A\cdot B+C\cdot D$

[논리식] $Y=\overline{\overline{AB\cdot CD}}\ \ =\overline{\overline{AB}}+\overline{\overline{CD}}=AB+CD$

【정답】④

21. 다음 그림은 반가산기(half-adder)의 심벌이다. 반가산기의 진리표 중 옳은 것은?

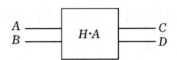

①

입력		출력	
A	B	C	D
0	0	0	0
0	1	0	0
1	0	0	1
1	1	1	0

②

입력		출력	
A	B	C	D
0	0	1	1
0	1	1	0
1	0	0	1
1	1	0	0

③

입력		출력	
A	B	C	D
0	0	0	1
0	1	1	0
1	0	0	1
1	1	1	1

④

입력		출력	
A	B	C	D
0	0	1	1
0	1	1	0
1	0	0	1
1	1	0	0

|정|답|및|해|설|
[진리표] C는 자리 올림수이고, D는 나머지이다.

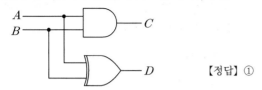

【정답】①

22. 8개 비트(bit)를 사용한 아날로그-디지털 변환기(Analog-to-Digital Converter)에 있어서 출력의 종류는 몇 가지나 되는가?

① 256   ② 128

③ 64   ④ 8

|정|답|및|해|설|
[아날로그-디지털 변환기] 1bit : 0, 1
8bit이므로 $2^8 = 256$

【정답】①

23. 어느 시퀀스 제어시스템의 내부 상태가 12가지로 바뀐다면 설계할 때 플립 플롭(flip-flop)은 최소한 몇 개가 필요한가?

① 3   ② 4

③ 6   ④ 12

|정|답|및|해|설|
[시퀀스 제어시]
$2^4 = 16$과 $2^3 = 8$ 사이에 있어야 하므로 4개가 있어야 한다.

【정답】②

24. 다음 카르노표(Karnaugh)를 간략히 하면?

	$\overline{C}\,\overline{D}$	$\overline{C}D$	CD	$C\overline{D}$
$\overline{A}\,\overline{B}$	0	0	0	0
$\overline{A}\,B$	1	0	0	1
$A\,B$	1	0	0	1
$A\,\overline{B}$	0	0	0	0

① $Y = B\overline{C}\,\overline{D} + BC\overline{D}$

② $Y = A\,\overline{D} + B\,\overline{D}$

③ $Y = A + \overline{A}\,B$

④ $Y = A + B\,\overline{C}\,D$

|정|답|및|해|설|
[카르노표]
$Y = \overline{A}BC\overline{D} + AB\overline{C}\overline{D} + \overline{A}B\overline{C}\overline{D} + ABC\overline{D}$ 를 간략화 하면

$Y = (\overline{A} + B)BC\overline{D} + (\overline{A} + A)BC\overline{D}$ → ($\overline{A} + A = 1$이므로)

   $= B\overline{C}\,\overline{D} + BC\overline{D}$

   $= B\overline{D}(\overline{C} + C)$ → ($\overline{C} + C = 1$이므로)

   $= B\overline{D}$

【정답】①

25. 그림의 게이트 회로명은?

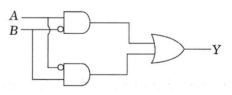

① EXCLUSIVE OR   ② AND

③ NOR   ④ NAND

|정|답|및|해|설|
[배타적 논리합(EX-OR)]   【정답】①

26. 다음 그림과 같은 논리(Logic)회로는?

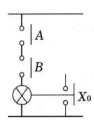

① OR 회로　　　② AND 회로

③ NOT 회로　　④ NOR 회로

|정|답|및|해|설|
[논리(Logic)회로] 직렬 회로이므로 AND → $X = A \cdot B$
【정답】②

27. 제어계에 가장 많이 이용되는 전자 요소는?

① 증폭기　　　② 변조기

③ 주파수 변환기　④ 가산기

|정|답|및|해|설|
제어계에서 가장 많이 이용되는 것은 증폭기(Amp)이다.
【정답】①

28. 제어계를 동작시키는 기준으로 직접 제어계에 가해지는 신호는?

① 피드백 제어　　② 동작 신호

③ 기준 입력 신호　④ 제어 편차 신호

|정|답|및|해|설|
직접 제어계에 가해지는 신호는 기준 입력 신호이다.
【정답】③

29. 제어기기의 대표적인 것을 들면 검출기, 변환기, 증폭기, 조작 기기를 들 수 있는데 서보 전동기는 어디에 속하는가?

① 검출기　　　　② 변환기

③ 조작기기　　　④ 증폭기

|정|답|및|해|설|
서보 전동기는 조작용 기기이다.
【정답】③

30. 서보 전동기의 특징을 열거한 것 중 옳지 않는 것은?

① 원칙적으로 정·역전이 가능해야 한다.

② 저속이며 거침없는 운전이 가능하여야 한다.

③ 직류용은 없고 교류용만 없다.

④ 급가속, 급감속이 용이한 것이라야 한다.

|정|답|및|해|설|
[서보 전동기] 서보 전동기는 DC, AC용이 있다. DC 전동기는 AC 전동기보다 기동 토크가 크다. 서보 전동기는 관성이 적고 제어가 쉽다.
【정답】③

31. 진동이 일어나는 장치의 진동을 억제시키는데 가장 효과적인 제어 동작은?

① ON-OFF 동작　② 비례 동작

③ 미분 동작　　　④ 적분 동작

|정|답|및|해|설|
진동을 억제시키려면 속도에 의한 보상을 하는 것이 효과적이다. 따라서 미분 동작이 유효하다.
【정답】③

32. PI 제어 동작은 프로세스 제어계의 정상 특성 개선에 흔히 쓰인다. 이것에 대응하는 보상 요소는?

① 지상 요소
② 진상 보상 요소
③ 지진상 요소
④ 동상 보상 요소

PI(비례 적분) 제어 동작. 적분 동작(I)는 지상 보상 요소이다.
【정답】①

33. SCR에 관한 설명으로 적당하지 않은 것은?

① PNPN 소자이다.
② 직류 교류 전력 제어용으로 사용된다.
③ 스위칭 소자이다.
④ 쌍방향성 사이리스터이다.

SCR은 단일 방향성 3단자 사이리스터이다.
【정답】④

34. 변위 → 전압 변환 장치는 어느 것인가?

① 벨로우즈
② 노즐플래퍼
③ 서미스터
④ 차동 변압기

변환량	변환요소
압력 → 변위	벨로우즈, 다이어프램, 스프링
변위 → 압력	노즐 플래퍼, 유압 분사관, 스프링
변위 → 임피던스	가변저항기, 용량형 변환기, 가변 저항 스프링
변위 → 전압	포텐셔 미터, 차동 변압기, 전위차계
전압 → 변위	전자석, 전자코일
온도 → 임피던스	측온 저항(열선, 더미스터, 백금, 니켈)
온도 → 전압	열전대(백금-백금 로듐, 철-콘스탄탄)

【정답】④

35. 변위 → 압력으로 변환시키는 장치는?

① 벨로우즈
② 가변 저항기
③ 다이어프램
④ 유압 분사관

[변환 장치] 변위 → 압력 : 노즐 플래퍼, 유압 분사관, 스프링
【정답】④

36. 전압 → 변위로 변환시키는 장치는?

① 전자석
② 광전관
③ 차동변압기
④ GM관

[변환 장치] 전압 → 변위 : 전자석, 전자코일
【정답】①

37. 전자 회로에서 온도 보상용으로 많이 사용되고 있는 소자는?

① 저항
② 코일
③ 콘덴서
④ 더미스터

[변환 장치] 온도 → 임피던스 : 측온 저항 (열선, 더미스터, 백금, 니켈)
【정답】④

38. 적분 시간이 3분, 비례가모가 5인 PI조절계의 전달 함수는?

① $5 + 3s$
② $5 + \dfrac{1}{3s}$
③ $\dfrac{3s}{15s + 5}$
④ $\dfrac{15s + 5}{3s}$

[전달 함수] $Y = Z(t) + T_d \dfrac{\partial z(t)}{dt} + \dfrac{1}{T_1} \int Z(t) dt$

$Y = 5\left(1 + \dfrac{1}{3s}\right) = 5\left(\dfrac{3s+1}{3s}\right) = \dfrac{15s+5}{3s}$

【정답】④

39. 더미스터는 온도가 증가할 때 저항은?

① 감소한다.   ② 증가한다.

③ 임의로 변화한다.   ④ 변화가 없다.

|정|답|및|해|설|

반도체 소자는 NPT 성질을 가지므로 온도가 증가하면 저항은 감소한다. 　　　　　　　　　【정답】①

40. 다음 중 DIAC(diode AC semi conductor switch)의 V-I 특성 곡선은 어느 것인가?

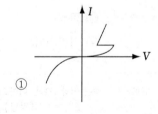

①

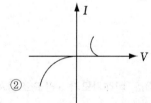

②

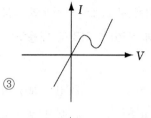

③

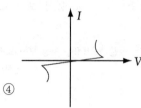

④

|정|답|및|해|설|

DIAC은 쌍방향의 대칭적인 특성곡선을 가진다.

【정답】④

41 AC 서보 전동기의 설명 중 옳지 않은 것은?

① AC 서보 전동기는 그다지 큰 회전력이 요구되지 않는 계에 사용되는 전동기이다.

② 이 전동기에는 기준 권선과 제어 권선의 두 고정자 권선이 있으며, $90°$ 위상차가 있는 2상 전압을 인가하여 회전 자계를 만든다.

③ 고정자의 기준 권선에는 정전압을 인가하며 제어 권선에는 제어용 전압을 인가한다.

④ 이 전동기는 속도 회전력 특성을 선형화하고 제어 전압을 입력으로 회전자의 회전각을 출력으로 보았을 때 이 전동기의 전달 함수는 미분 요소와 2차 요소의 직렬 결합으로 볼 수 있다.

|정|답|및|해|설|

AC 서보 전동기의 전달 함수는 적분 요소와 2차 요소의 직렬 결합으로 취급된다. 　　　　　　　【정답】④

전기기사 (회로이론 및 제어공학)
최근 5년간 기출문제

2020 전기기사 기출문제

 **(통합)**

61. 특성 방정식이 $s^3 + 2s^2 + Ks + 10 = 0$로 주어지는 제어계가 안정하기 위한 K의 값은? [04/1]

① $K > 0$ ② $K > 5$

③ $K < 0$ ④ $0 < K < 5$

|정|답|및|해|설|

[루드의 표]

S^3	1	K	0
S^2	2	2	0
S^1	$A = \dfrac{2K-10}{2}$	0	0
S^0	$\dfrac{10A}{A} = 10$		

제1열의 부호 변화가 없으므로

$-2K - 10 > 0 \rightarrow \therefore K > \dfrac{10}{2} = 5$ 【정답】②

62. 제어 시스템의 개루프 전달함수가 $G(s)H(s) = \dfrac{K(s+30)}{s^4 + s^3 + 2s^2 + s + 7}$로 주어질 때, 다음 중 K>0인 경우 근궤적의 점근선이 실수축과 이루는 각[°]은?

① $20[°]$ ② $60[°]$

③ $90[°]$ ④ $120[°]$

|정|답|및|해|설|

[점근선의 각도] $\alpha_k = \dfrac{2k+1}{p-Z} \times 180°$

여기서, p : 극점의 수, Z : 영점의 수, k : 임의의 양의 정수

① 극점의 수 : 4차 방정식이므로 근이 4개 존재하므로

$p = 4$

② 영점의 수 : 1차식이므로 근이 1개

$Z = 1$

$\alpha_k = \dfrac{2k+1}{p-Z} \times 180° = \dfrac{2k+1}{4-1} \times 180 = \dfrac{2k+1}{3} \times 180$

· $k = 0$일 때 : $\alpha_0 = 60[°]$

· $k = 1$일 때 : $\alpha_1 = 180[°]$

· $k = 2$일 때 : $\alpha_2 = 300[°]$ 【정답】②

63. z 변환된 함수 $F(z) = \dfrac{3z}{(z-e^{-3T})}$에 대응되는 라플라스 변환 함수는?

① $\dfrac{1}{(s+3)}$ ② $\dfrac{3}{(s-3)}$

③ $\dfrac{1}{(s-3)}$ ④ $\dfrac{3}{(s+3)}$

|정|답|및|해|설|

[라플라스 함수]

$F(z) = \dfrac{3z}{(z-e^{-3t})} = 3\dfrac{Z}{Z-e^{-3t}}$

$f(t) = 3e^{-3t}$

$F(s) = 3\dfrac{1}{s+3} = \dfrac{3}{s+3}$ 【정답】④

64. 그림과 같은 제어 시스템의 전달함수 $\dfrac{C(s)}{R(s)}$는?

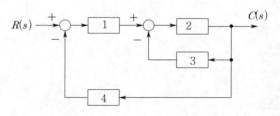

① $\dfrac{1}{15}$ ② $\dfrac{2}{15}$

③ $\dfrac{3}{15}$ ④ $\dfrac{4}{15}$

|정|답|및|해|설|

[블럭선도에 대한 전달함수] $G(s) = \dfrac{\sum \text{전향경로 이득}}{1 - \sum \text{루프 이득}}$

$G(s) = \dfrac{\sum \text{전향경로 이득}}{1 - \sum \text{루프 이득}} = \dfrac{1 \times 2}{1 - (-2 \times 3) - (-1 \times 2 \times 4)} = \dfrac{2}{15}$

【정답】②

---

65. 전달함수가 $G_C(s) = \dfrac{2s+5}{7s}$ 인 제어기가 있다. 이 제어기는 어떤 제어기인가?

① 비례 미분 제어기

② 적분 제어기

③ 비례 적분 제어기

④ 비례 적분 미분 제어기

|정|답|및|해|설|

[제어기]

$G_C(s) = \dfrac{2s+5}{7s} = \dfrac{2}{7} + \dfrac{5}{7s}$

· s가 없으면 비례 요소

· s가 분모에 한 개만 있으면 적분 요소

【정답】③

---

66. 단위 피드백 제어계에서 전달함수 $G(s)$가 다음과 같이 주어지는 계의 단위 계단 입력에 대한 정상상태 편차는?

$$G(s) = \frac{5}{s(s+1)(s+2)}$$

① 0   ② 1   ③ 2   ④ 3

|정|답|및|해|설|

[정상 위치 편차] $e_{ssp} = \dfrac{1}{1+K_p}$ $\rightarrow (K_p : \text{위치편차 상수})$

※단위 계단 입력일 경우에는 정상 위치 편차를 구한다.

$K_p = \lim_{s=0} G(s) = \infty$

$e_{ssp} = \dfrac{1}{1+K_p} = \dfrac{1}{1+\infty} = 0$

【정답】①

---

67. 그림과 같은 논리회로에서 출력 F의 값은?

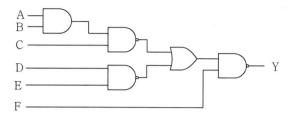

① $ABCDE + \overline{F}$

② $\overline{A}\,\overline{B}\,\overline{C}\,\overline{D}\,\overline{E} + F$

③ $\overline{A} + \overline{B} + \overline{C} + \overline{D} + \overline{E} + F$

④ $A + B + C + D + E + \overline{F}$

|정|답|및|해|설|

논리 기호	논리식
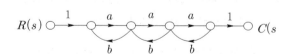 A,B → X	$X = AB$
$\overline{B}$,C → X	$X = \overline{B}C$
A,B → X (OR)	$X = A+B$
AB, $\overline{B}C$ → F	$F = AB + \overline{B}C$
A → X	$X = \overline{A}$
B → X	$X = \overline{B}$

$Y = \overline{(\overline{ABC + \overline{DE}}) \cdot F} = \overline{\overline{ABC} + \overline{\overline{DE}}} + \overline{F} = ABCDE + \overline{F}$

【정답】①

---

68. 그림의 신호 흐름 선도에서 전달함수 $\dfrac{C(s)}{R(s)}$ 는?

$R(s) \circ \xrightarrow{1} \bullet \xrightarrow{a} \bullet \xrightarrow{a} \bullet \xrightarrow{a} \bullet \xrightarrow{1} \circ C(s)$ (b 귀환)

① $\dfrac{a^3}{(1-ab)}$

② $\dfrac{a^3}{(1-3ab+a^2b^2)}$

③ $\dfrac{a^3}{1-3ab}$

④ $\dfrac{a^3}{1-3ab+2a^2b^2}$

|정|답|및|해|설|

[전달함수] $G(s) = \dfrac{\sum G_k \triangle_k}{\triangle}$

$\triangle = 1 - (L_{m1} - L_{m2} + ...)$

$G(s) = \dfrac{\sum G_k \triangle_k}{\triangle} = \dfrac{1 \times a \times a \times a \times 1}{1 - (ab + ab + ab - ab \times ab)}$

$= \dfrac{a^3}{1 - 3ab + a^2 b^2}$

【정답】②

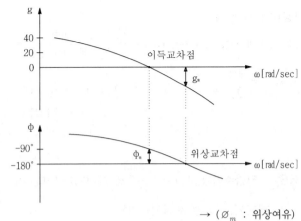

→ ($\varnothing_m$: 위상여유)

【정답】④

69. 다음과 같은 미분방정식으로 표현되는 제어 시스템의 시스템 행렬 A는?

$$\dfrac{d^2 c(t)}{dt^2} + 5 \dfrac{dc(t)}{dt} + 3c(t) = r(t)$$

① $\begin{bmatrix} -5 & -3 \\ 0 & 1 \end{bmatrix}$ ② $\begin{bmatrix} -3 & -5 \\ 0 & 1 \end{bmatrix}$

③ $\begin{bmatrix} 0 & 1 \\ -3 & -5 \end{bmatrix}$ ④ $\begin{bmatrix} 0 & 1 \\ -5 & -3 \end{bmatrix}$

|정|답|및|해|설|

[시스템 계수행렬]

$\dfrac{d^2 c(t)}{dt^2} + 5 \dfrac{dc(t)}{dt} + 3c(t) = r(t)$

→ $\ddot{c}(t) + 5\dot{c}(t) + 3c(t) = r(t)$ → (도트수는 미분 횟수)

계수행렬 $A = \begin{bmatrix} 0 & 1 \\ -3 & -5 \end{bmatrix}$, $B = \begin{bmatrix} 0 \\ 1 \end{bmatrix}$ 【정답】③

70. 안정한 제어 시스템의 보드 선도에서 이득 여유에 대한 정보를 얻을 수 있는 것은? [19/2 05/3]

① 위상곡선 0°에서 이득과 0dB의 사이
② 위상곡선 180°에서 이득과 0dB의 사이
③ 위상곡선 -90°에서 이득과 0dB의 사이
④ 위상곡선 -180°에서 이득과 0dB의 사이

|정|답|및|해|설|

[이득여유(gu)] 위상이 -180°에서 이득과 0dB의 사이

71. 3상전류가 $I_a = 10 + j3[A]$, $I_b = -5 - j2[A]$, $I_c = -3 + j4[A]$ 일 때 정상분 전류의 크기는 약 몇 [A] 인가?

① 5 ② 6.4 ③ 10.5 ④ 13.34

|정|답|및|해|설|

[정상분 전류]

· 영상분 $I_0 = \dfrac{1}{3}(I_a + I_b + I_c)$

· 정상분 $I_1 = \dfrac{1}{3}(I_a + aI_b + a^2 I_c)$

· 역상분 $I_2 = \dfrac{1}{3}(I_a + a^2 I_b + aI_c)$

$I_1 = \dfrac{1}{3}(10 + j3 + 1\angle 130° (-5 - j2) + 1\angle 240° (-3 + j4))$

$= 6.34 + j0.09 = \sqrt{6.34^2 + 0.09^2} \fallingdotseq 6.4$

【정답】②

72. 그림의 회로에서 영상 임피던스 Z_{01}이 6[Ω]일 때, 저항 R의 값은 몇 [Ω]인가?

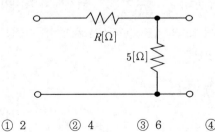

① 2 ② 4 ③ 6 ④ 9

|정|답|및|해|설|

[영상 임피던스] $Z_{01} = \sqrt{\dfrac{AB}{CD}}$, $Z_{02} = \sqrt{\dfrac{BD}{AC}}$

· $A = 1 + \dfrac{R}{5} = \dfrac{5+R}{5}$

· $B = R + 0 + \dfrac{R \times 0}{5} = R$

· $C = \dfrac{1}{5}$

· $D = 1 + \dfrac{0}{5} = 1$

$Z_{01} = \sqrt{\dfrac{\dfrac{5+R}{5} \times R}{\dfrac{1}{5} \times 1}} = \sqrt{R^2 + 5R} = 6[\Omega]$

$R^2 + 5R = 36 \rightarrow R^2 + 5R - 36 = 0 \rightarrow$ 근은 $-4, 9$
따라서 $(R-4)(R+9) = 0 \rightarrow R = 4[\Omega]$

※ 저항은 $-$값이 없으므로 -9는 버린다.

【정답】②

73. Y결선의 평형 3상 회로에서 선간전압 V_{ab}와 상전압 V_{an}의 관계로 옳은 것은? (단, $V_{bn} = V_{an}e^{-j(2\pi/3)}$, $V_{cn} = V_{bn}e^{-j(2\pi/3)}$)

① $V_{ab} = \dfrac{1}{\sqrt{3}}e^{j(\pi/6)}V_{an}$

② $V_{ab} = \sqrt{3}\,e^{j(\pi/6)}V_{an}$

③ $V_{ab} = \dfrac{1}{\sqrt{3}}e^{-j(\pi/6)}V_{an}$

④ $V_{ab} = \sqrt{3}\,e^{-j(\pi/6)}V_{an}$

|정|답|및|해|설|

[평형 3상 회로]
$V_{ab} = V_{an} - V_{bn} = V_{an} + (-V_{bn})$

$= V_{an}\cos30 \times 2 \angle 30° = V_{an} \times \dfrac{\sqrt{3}}{2} \times 2 \angle \dfrac{\pi}{6}$

$= \sqrt{3}\,e^{j\frac{\pi}{6}}V_{an}[V]$

【정답】②

74. $f(t) = t^2 e^{-at}$를 라플라스 변환하면?

① $\dfrac{2}{(s+a)^2}$

② $\dfrac{3}{(s+a)^2}$

③ $\dfrac{2}{(s+a)^3}$

④ $\dfrac{3}{(s+a)^3}$

|정|답|및|해|설|

[라플라스 변환] $f(t) = t^2 e^{-at}$

$F(s) = \dfrac{2!}{S^{2+1}}\bigg|_{s=s+a} = \dfrac{2 \times 1}{(s+a)^3} = \dfrac{2}{(s+a)^3}$

【정답】③

75. 선로의 단위 길이당의 분포 인덕턴스를 L, 저항을 r, 정전용량을 C, 누설 콘덕턴스를 각각 g 라 할 때 전파 정수는 어떻게 표현되는가? [13/2 06/3]

① $\dfrac{\sqrt{(r+jwL)}}{(g+jwC)}$

② $\sqrt{(r+j\omega L)(g+j\omega C)}$

③ $\sqrt{\dfrac{(r+jwL)}{(g+jwC)}}$

④ $\sqrt{\dfrac{(g+jwC)}{(r+jwH)}}$

|정|답|및|해|설|

[전파정수] 전파정수 $r = \sqrt{ZY}$
$Z = r + jwL$, $Y = g + jwC$
전파정수 $r = \sqrt{ZY} = \sqrt{(r+jwL)(g+jwC)} = \alpha + j\beta$
α는 감쇠정수이고 β는 위상정수이다.

【정답】②

76. 회로에서 0.5[Ω] 양단 전압 V은 약 몇 [V]인가?

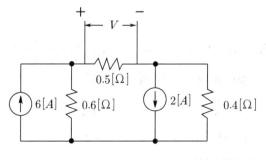

① 0.6

② 0.93

③ 1.47

④ 1.5

|정|답|및|해|설|

[전압] 등가로 변환한 후 계산한다.

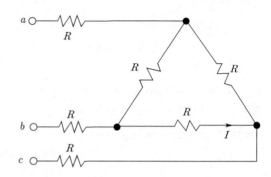

$$I = \frac{V}{R} = \frac{3.6 + 0.8}{0.6 + 0.5 + 0.4} = \frac{4.4}{1.5}[A]$$

$$V = IR = \frac{4.4}{1.5} \times 0.5 = 1.47[V]$$ 【정답】③

77. $R - L - C$ 직렬 회로의 파라미터가 $R^2 = \dfrac{4L}{C}$ 의 관계를 가진다면, 이 회로에 직류 전압을 인가하는 경우 과도 응답 특성은?

① 무제동 ② 과제동

③ 부족 제동 ④ 임계 제동

|정|답|및|해|설|

[과도 응답 특성]

① $R > 2\sqrt{\dfrac{L}{C}}$: 비진동 (과제동)

② $R < 2\sqrt{\dfrac{L}{C}}$: 진동 (부족 제동)

③ $R = 2\sqrt{\dfrac{L}{C}}$: 임계 (임계 제동)

따라서 $R = 2\sqrt{\dfrac{L}{C}} \rightarrow R^2 = 4\dfrac{L}{C}$ 【정답】④

78. $v(t) = 3 + 5\sqrt{2}\sin wt + 10\sqrt{2}\sin\left(3wt - \dfrac{\pi}{3}\right)[V]$ 의 실효값 크기는 약 몇 [V]인가?

① 9.6 ② 10.6

③ 11.6 ④ 12.6

|정|답|및|해|설|

[실효값] $V = \sqrt{V_0^2 + V_1^2 + V_3^2}[V]$

$V_0 = 3,\quad V_1 = 5,\quad V_3 = 10$

$$V = \sqrt{V_0^2 + V_1^2 + V_3^2} = \sqrt{3^2 + 5^2 + 10^2} = 11.6[V]$$

【정답】③

79. 그림과 같이 결선된 회로의 단자 (a, b, c)에 선간전압이 V[V]인 평형 3상 전압을 인가할 때 상전류 $I[A]$의 크기는?

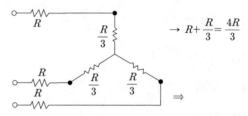

① $\dfrac{V}{4R}$ ② $\dfrac{3V}{4R}$

③ $\dfrac{\sqrt{3}\,V}{4R}$ ④ $\dfrac{V}{4\sqrt{3}\,R}$

|정|답|및|해|설|

[델타(△) 결선의 상전류]

△ → Y변환 (저항이 같은 경우 $\dfrac{1}{3}$로 감소)

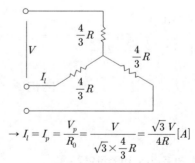

$$\rightarrow R + \frac{R}{3} = \frac{4R}{3}$$

$$\rightarrow I_l = I_p = \frac{V_p}{R_0} = \frac{V}{\sqrt{3} \times \frac{4}{3}R} = \frac{\sqrt{3}\,V}{4R}[A]$$

따라서 상전류 $I = \dfrac{I_l}{\sqrt{3}} = \dfrac{1}{\sqrt{3}} \times \dfrac{\sqrt{3}\,V}{4R} = \dfrac{V}{4R}$

【정답】①

80. $8+j6[\Omega]$인 임피던스에 $13+j20[V]$의 전압을 인가할 때 복소 전력은 약 몇 [VA]인가?

① $12.7+j34.1$ ② $12.7+j55.5$

③ $45.5+j34.1$ ④ $45.5+j55.5$

|정|답|및|해|설|

[복소전력(피상전력)] $P_a = \overline{V}I = V\overline{I}[VA]$

전류 $I = \dfrac{V}{Z} = \dfrac{13+j20}{8+j6} = 2.24+j0.82$

$P_a = \overline{V}I = (13+j20)(2.24-j0.82) = 45.5+j34.1$

【정답】③

3회

61. 주어진 시간함수 $f(t) = \sin\omega t$의 z변환은?

① $\dfrac{z\sin\omega T}{z^2+2z\cos\omega T+1}$ ② $\dfrac{z\sin\omega T}{z^2-2z\cos\omega T+1}$

③ $\dfrac{z\sin\omega T}{z^2-2z\sin\omega T+1}$ ④ $\dfrac{z\cos\omega T}{z^2-2z\sin\omega T+1}$

|정|답|및|해|설|

[z변환] $f(t) = \sin\omega t \;\rightarrow\; F(z) = \dfrac{z\sin\omega T}{z^2-2z\cos\omega T+1}$

【정답】②

62. 그림과 같은 신호흐름선도에서 $C(s)/R(s)$의 값은?

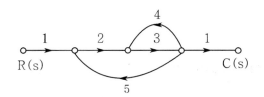

① $-\dfrac{1}{11}$ ② $-\dfrac{3}{11}$

③ $-\dfrac{6}{41}$ ④ $-\dfrac{8}{11}$

|정|답|및|해|설|

[전달함수] $G(s) = \dfrac{\sum 전향\ 경로\ 이득}{1-\sum 루프이득}$

전향경로 이득 : 1 2 3 1, 루프이득 : 2 3 5, 3 4

$G(s) = \dfrac{\sum 전향\ 경로\ 이득}{1-\sum 루프이득} = \dfrac{1\times2\times3\times1}{1-2\times3\times5-3\times4} = -\dfrac{6}{41}$

【정답】③

63. 다음 논리식 $[(AB+A\overline{B})+AB]+\overline{A}B$를 간단히 하면? [09/2]

① $A+B$ ② $\overline{A}+B$

③ $A+\overline{B}$ ④ $A+A\cdot B$

|정|답|및|해|설|

[논리식] $[(AB+A\overline{B})+AB]+\overline{A}B = (AB+A\overline{B})+(AB+\overline{A}B)$

$= A(B+\overline{B})+B(A+\overline{A})$

$= A+B$

※부울대수

・$A\cdot\overline{A}=0$ ・$A+\overline{A}=1$ ・$A+1=1$

・$A\cdot1=A$ ・$A\cdot0=0$ ・$A+0=A$

・$A\cdot A=A$ ・$A+A=A$

【정답】①

64. 그림과 같은 피트백 제어 시스템에서 입력이 단위 계단함수일 때 정상 상태 오차 상수인 위치 상수(K_p)는?

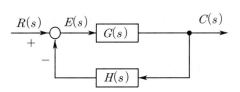

① $K_p = \lim\limits_{a\to0} G(s)H(s)$

② $K_p = \lim\limits_{a\to0} \dfrac{G(s)}{H(s)}$

③ $K_p = \lim\limits_{a\to\infty} G(s)H(s)$

④ $K_p = \lim\limits_{a\to\infty} \dfrac{G(s)}{H(s)}$

[정상상태 오차] $e_{ssp} = \dfrac{1}{1+\lim\limits_{s\to 0}G(s)H(s)}$

단위계단함수 $r(t) = u(t)$

위치상수 $K_p = \lim\limits_{s\to 0}G(s)H(s)$ 【정답】①

65. 특성 방정식이 $s^4 + 2s^3 + s^2 + 4s + 2 = 0$일 때 이 계의 후르비쯔 방법으로 안정도를 판별하면?

[05/1]

① 불안정 　　　② 안정

③ 임계 안정 　　④ 조건부 안정

|정|답|및|해|설|

[루드의 표]

$F(s) = a_0 s^4 + a_1 s^3 + a_2 s^2 + a_3 s^1 + a_4 = 0$에서

S^4	1	1
S^3	2	4
S^2	$\dfrac{2-4}{2}=-1$	
S^1		0
S^0		

+, +, −로 부호가 바뀌므로 불안정하다.

【정답】①

66. 특성방정식의 모든 근이 s평면(복소평면)의 $j\omega$축 (허수축)에 있으면 이 제어 시스템의 안정도는 어떠한가?

① 임계 안정 　　② 안정하다

③ 불안정 　　　④ 조건부안정

|정|답|및|해|설|

[특성방정식의 근의 위치에 따른 안정도]

① 제어계의 안정조건 : 특성방정식
　의 근이 모두 s 평면 좌반부에
　존재하여야 한다.

② 불안정 상태 : 특성방정식의 근이
　모두 s 평면 우반부에 존재하
　여야 한다.

③ 임계 안정 : 특성근이 허수축

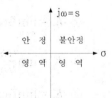

【정답】①

67. 그림과 같은 회로에서 입력전압 $v_1(t)$에 대한 출력 전압 $v_2(t)$의 전달함수 $G(s)$는?

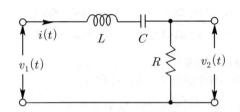

① $\dfrac{RCs}{LCs^2 + RCs + 1}$ 　② $\dfrac{RCs}{LCs^2 - RCs - 1}$

③ $\dfrac{C_s}{LCs^2 + RCs + 1}$ 　④ $\dfrac{Cs}{LCs^2 - RCs - 1}$

|정|답|및|해|설|

[전달함수(직렬)] $G(s) = \dfrac{출력임피던스}{입력임피던스}$

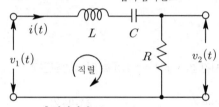

$G(s) = \dfrac{출력임피던스}{입력임피던스} = \dfrac{R}{LS + \dfrac{1}{Cs} + R}$ → $\left(\dfrac{Cs}{Cs}\right.$ 를 곱해준다.$\left.\right)$

$= \dfrac{R}{Ls + \dfrac{1}{Cs} + R} \times \dfrac{Cs}{Cs} = \dfrac{RCs}{LCs^2 + RCs + 1}$

【정답】①

68. 어떤 제어 시스템의 개루프 이득이 $G(s)H(s) = \dfrac{K(s+2)}{s(s+1)(s+3)(s+4)}$ 일 때 이 시스템이 가지는 근궤적의 가지(branch) 수는?

① 1 　　　　② 3

③ 4 　　　　④ 5

|정|답|및|해|설|

[근궤적의 수]

① 근궤적의 수(N)는 극점의 수(p)와 영점의 수(z)에서 큰 것을
　선택한다.

② 다항식의 최고차 항의 차수와 같다.

　→ s^4이므로 근궤적의 수는 4이다.

【정답】③

69. 제어 시스템의 상태 방정식이 $\dfrac{dx(t)}{dt} = Ax(t) + Bu(t)$, $A = \begin{bmatrix} 0 & 1 \\ -3 & 4 \end{bmatrix}$, $B = \begin{bmatrix} 1 \\ 1 \end{bmatrix}$일 때, 특성방정식을 구하면?

① $s^2 - 4s - 3 = 0$ 　② $s^2 - 4s + 3 = 0$

③ $s^2 + 4s + 3 = 0$ 　④ $s^2 + 4s - 3 = 0$

|정|답|및|해|설|

[특성 방정식] $|SI - A| = 0$

① $SI - A = S\begin{bmatrix} 1 & 0 \\ 0 & 1 \end{bmatrix} - \begin{bmatrix} 0 & 1 \\ -3 & 4 \end{bmatrix} = \begin{bmatrix} s & 0 \\ 0 & s \end{bmatrix} - \begin{bmatrix} 0 & 1 \\ -3 & 4 \end{bmatrix} = \begin{bmatrix} s & -1 \\ 3 & s-4 \end{bmatrix}$

② $|SI - A| = s^2 - 4s - (-3) = s^2 - 4s + 3 = 0$

【정답】②

70. 적분 시간 4[sec], 비례감도가 4인 비례적분 동작을 하는 제어계에 동작신호 $z(t) = 2t$를 주었을 때 이 시스템의 조작량은? (단, 조작량의 초기값은 0이다.)

[13/3]

① $t^2 + 8t$ 　② $t^2 + 4t$

③ $t^2 - 8t$ 　④ $t^2 - 4t$

|정|답|및|해|설|

[비례 적분 동작(PI)의 전달함수]

· $G(s) = \dfrac{X_0(s)}{X_i(s)} = K_p \left(z(t) + \dfrac{1}{T} \int z(t) \right)$

K_p : 비례감도, T : 적분 시간

$G(s) = 4 \left(2t + \dfrac{1}{4} \int 2t\, dt \right) = 8t + 2 \times \dfrac{1}{2} t^2 = t^2 + 8t$

【정답】①

71. 선간전압 100[V], 역률이 0.6인 평형 3상 부하에서 무효전력이 $Q = 10[kVar]$일 때, 선전류의 크기는 약 몇 [A]인가?

① 57.5 　② 72.2

③ 96.2 　④ 125

|정|답|및|해|설|

[3상 무효전력] $Q = \sqrt{3}\, V_l I_l \sin\theta [Var]$

선전류 $I_l = \dfrac{Q}{\sqrt{3}\, V_l \sin\theta} = \dfrac{10 \times 10^3}{\sqrt{3} \times 100 \times 0.8} = 72.2$

$\rightarrow (\cos\theta = 0.6, \ \sin\theta = 0.8)$

【정답】②

72. 그림과 같이 T형 4단자 회로망에서 4단자 정수 A와 C 값은? (단, $Z_1 = \dfrac{1}{Y_1}$, $Z_2 = \dfrac{1}{Y_2}$, $Z_3 = \dfrac{1}{Y_3}$)

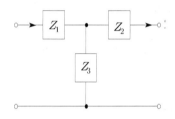

① $A = 1 + \dfrac{Y_3}{Y_1}$, $C = Y_2$

② $A = 1 + \dfrac{Y_3}{Y_1}$, $C = \dfrac{1}{Y_3}$

③ $A = 1 + \dfrac{Y_3}{Y_1}$, $C = Y_3$

④ $A = 1 + \dfrac{Y_1}{Y_3}$, $C = \left(1 + \dfrac{Y_1}{Y_3} \right) \dfrac{1}{Y_3} + \dfrac{1}{Y_2}$

|정|답|및|해|설|

[T형 4단자 회로망]

$A = 1 + \dfrac{Z_1}{Z_3} = 1 + \dfrac{\frac{1}{Y_1}}{\frac{1}{Y_3}} = 1 + \dfrac{Y_3}{Y_1}$

$C = \dfrac{1}{Z_3} = Y_3$

【정답】③

73. $t=0$에서 회로의 스위치를 닫을 때 $t=0^+$에서의 전류 $i(t)$는 어떻게 되는가? (단, 커패시터에 초기 전하는 없다.)

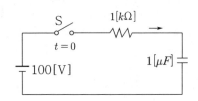

① 0.1 ② 0.2
③ 0.4 ④ 1.0

|정|답|및|해|설|

[$R-C$직렬 회로] $i(t) = \frac{E}{R}\left(e^{-\frac{1}{RC}t}\right)$

$i(t) = \frac{E}{R}\left(e^{-\frac{1}{RC}t}\right)\Big|_{t=0}$ → $i(0) = \frac{100}{1000} = 0.1[A]$

【정답】①

74. 그림의 회로에서 20[Ω]의 저항이 소비하는 전력은 몇 [W]인가?

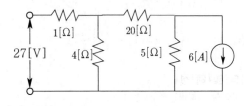

① 14 ② 27
③ 40 ④ 80

|정|답|및|해|설|

[전력] $P = I^2R[W]$

문제의 회로를 테브난의 등가회로로 고친다.

① $R_T = \frac{1\times4}{1+4} = 0.8$

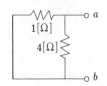

② $V_T = \frac{4}{1+4}\times27 = 21.6$ → (전압 분배의 법칙)

27[V] — 1[Ω] — 4[Ω] — V_T — a, b

③ 전류 $I = \frac{V}{R} = \frac{21.6+30}{0.8+20+5} = 2[A]$

0.8[Ω] a 5[Ω] c 20[Ω]
21.6[V] 30[V]
b d

∴ 전력 $P = I^2R = 2^2\times20 = 80[W]$ 【정답】④

75. $R-C$ 직렬 회로에서 직류 전압 $V[V]$가 인가되었을 때, 전류 $i(t)$에 대한 전압 방정식(KVL)이 $V = Ri + \frac{1}{c}\int i(t)dt[V]$이다. 전류 $i(t)$의 라플라스 변환인 $I(s)$는? (단, C에는 초기 전하가 없다.)

① $I(s) = \frac{V}{R}\frac{1}{s - \frac{1}{RC}}$

② $I(s) = \frac{C}{R}\frac{1}{s + \frac{1}{RC}}$

③ $I(s) = \frac{V}{R}\frac{1}{s + \frac{1}{RC}}$

④ $I(s) = \frac{R}{C}\frac{1}{s - \frac{1}{RC}}$

|정|답|및|해|설|

[라플라스 변환] $V = Ri + \frac{1}{c}\int i(t)dt[V]$

$Vu(t) \rightarrow V\frac{1}{s} = RI(s) + \frac{1}{C}\frac{1}{s}I(s) = I(s)(R + \frac{1}{Cs})$

$I(s) = V\frac{1}{s(R+\frac{1}{Cs})} = \frac{V}{Rs + \frac{1}{C}} = \frac{V}{Rs + \frac{1}{C}}\times\frac{\frac{1}{R}}{\frac{1}{R}} = \frac{V}{R}\frac{1}{s + \frac{1}{RC}}$

【정답】③

76. 어떤 회로의 유효전력이 300[W], 무효전력이 400[Var]이다. 이회로의 복소전력의 크기[VA]는?

① 350 ② 500

③ 600 ④ 700

|정|답|및|해|설|

[복소전력(피상전력)] $P_a = \sqrt{P^2 + P_r^2}\,[VA]$

$P_a = \sqrt{P^2 + P_r^2} = \sqrt{300^2 + 400^2} = 500\,[VA]$

※유효전력(P)=실수, 무효전력(P_r)=허수

【정답】②

77. 단위 길이 당 인덕턴스가 $L[H/m]$이고, 단위 길이 당 정전용량이 $C[F/m]$인 무손실 선로에서의 진행파 속도[m/s]는?

① $\sqrt{LC}$ ② $\dfrac{1}{\sqrt{LC}}$

③ $\sqrt{\dfrac{C}{L}}$ ④ $\sqrt{\dfrac{L}{C}}$

|정|답|및|해|설|

[무손실 선로의 진행파 속도]

$v = \dfrac{\omega}{\beta} = \dfrac{\omega}{\omega\sqrt{LC}} = \dfrac{1}{\sqrt{LC}} = \lambda f\,[m/s]$

【정답】②

78. 선간전압이 $V_{ab}[V]$인 3상 평형 전원에 대칭 부하 $R[\Omega]$이 그림과 같이 접속되어 있을 때, a, b 두 상 간에 접속된 전력계의 지시값이 $W[W]$라면 C상 전류의 크기[A]는?

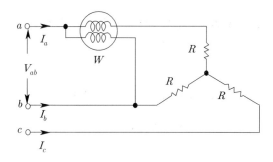

① $\dfrac{W}{3V_{ab}}$ ② $\dfrac{2W}{3V_{ab}}$

③ $\dfrac{2W}{\sqrt{3}\,V_{ab}}$ ④ $\dfrac{\sqrt{3}\,W}{V_{ab}}$

|정|답|및|해|설|

[1전력계법] $P = 2W = \sqrt{3}\,V_l I_l \cos\theta\,[W]$

$I_l = \dfrac{2W}{\sqrt{3}\,V_l \cos\theta} = \dfrac{2W}{\sqrt{3}\,V_{ab}}\,[A] \quad \rightarrow (R$만의 부하일 때 $\cos\theta = 1)$

【정답】③

79. $R = 4[\Omega]$, $wL = 3[\Omega]$의 직렬 회로에 $e = 100\sqrt{2}\sin wt + 50\sqrt{2}\sin 3wt\,[V]$를 가할 때 이 회로의 소비전력은 약 몇 [W]인가? [산 14/3]

① 1414 ② 1514

③ 1703 ④ 1903

|정|답|및|해|설|

[소비전력] $P = I^2 R = \left(\dfrac{E}{\sqrt{R^2 + X^2}}\right)^2 R = \dfrac{E^2 R}{R^2 + X^2}$

·기본파에 의한 전력 $P_1 = \dfrac{100^2 \times 4}{4^2 + 3^2} = 1600\,[W]$

·3고조파에 의한 전력 $P_3 = \dfrac{50^2 \times 4}{4^2 + (3 \times 3)^2} = 103\,[W]$

소비전력 $P = P_1 + P_3 = 1600 + 103 = 1703\,[W]$

【정답】③

80. 불평형 3상 전류가 다음과 같을 때 역상 전류 I_2는 약 몇 [A]인가? [산 17/1]

$$I_a = 15 + j2[A], \quad I_b = -20 - j14[A]$$
$$I_c = -3 + j10[A]$$

① $1.91 + j6.24$ ② $2.17 + j5.34$

③ $3.38 - j4.26$ ④ $4.27 - j3.68$

|정|답|및|해|설|

영상분 $I_0 = \frac{1}{3}(I_a + I_b + I_c)$

정상분 $I_1 = \frac{1}{3}(I_a + aI_b + a^2I_c)$

역상분 $I_2 = \frac{1}{3}(I_a + a^2I_b + aI_c)$

역상분 전류 $I_2 = \frac{1}{3}(I_a + a^2I_b + aI_c)$

$$= \frac{1}{3}\left(15 + j2 + \left(-\frac{1}{2} - j\frac{\sqrt{3}}{2}\right)(-20 - j14)\right.$$
$$\left. + \left(-\frac{1}{2} + j\frac{\sqrt{3}}{2}\right)(-3 + j10)\right)$$

$$= 1.91 + j6.24$$

【정답】①

61. 그림과 같은 블록선도의 제어시스템에서 속도 편차 상수 K_v는 얼마인가?

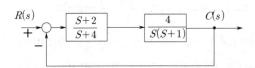

① 0 ② 0.5

③ 2 ④ ∞

|정|답|및|해|설|

[정상 속도 편차 상수] $K_v = \lim_{s \to 0} sG(s)$

$$GH = \frac{4(s+1)}{s(s+1)(s+4)} = G(s)$$

$$K_v = \frac{4(s+1)}{s(s+1)(s+4)}s = 2$$

【정답】③

62. 근궤적에 관한 설명으로 틀린 것은?

① 근궤적은 실수축을 기준으로 대칭이다.

② 점근선은 허수축 상에서 교차한다.

③ 근궤적의 가지 수는 특성방정식의 차수와 같다.

④ 근궤적은 개루프 전달함수의 극점으로부터 출발한다.

|정|답|및|해|설|

[근궤적] 근궤적이란 s평면상에서 개루푸 전달함수의 이득 상수를 0에서 ∞까지 변화 시킬 때 특성 방정식의 근이 그리는 궤적

[근궤적의 작도법]

· 근궤적은 $G(s)H(s)$의 극점으로부터 출발, 근궤적은 $G(s)H(s)$의 영점에서 끝난다.

· 근궤적의 개수는 영점과 극점의 개수 중 큰 것과 일치한다.

· 근궤적의 수 : 근궤적의 수(N)는 극점의 수(p)와 영점의 수(z)에서 z>p이면 N=z, z<p이면 N=p

· 근궤적의 대칭성 : 특성 방정식의 근이 실근 또는 공액 복소근을 가지므로 근궤적은 실수축에 대하여 대칭이다.

· 근궤적의 점근선 : 큰 s에 대하여 근궤적은 점근선을 가진다.

· 점근선의 교차점 : 점근선은 실수축 상에만 교차하고 그 수치는 n=p-z이다.

※근궤적이 s평면의 좌반면은 안정, 우반면은 불안정이다.

【정답】②

63. Routh-Hurwitz 안정도 판별법을 이용하여 특성 방정식이 $s^3 + 3s^2 + 3s + 1 + K = 0$으로 주어진 제어시스템이 안정하기 위한 K의 범위를 구하면?

① $-1 \le K < 8$

② $-1 < K \le 8$

③ $-1 < K < 8$

④ $K < -1$ 또는 $K > 8$

|정|답|및|해|설|

[특성 방정식]

$F(s) = s^3 + 3s^2 + 3s + K = 0$ 루드 표는

S^3	1	3
S^2	3	$1+K$
S^1	$\dfrac{9-(1+K)}{3}$	0
S^0	$1+K$	

제1열의 요소가 모두 양수가 되어야 하므로

· $A = \dfrac{8-K}{3} > 0 \ \rightarrow \ K < 8$

· $1+K > 0 \ \rightarrow \ K > -1$

그러므로 안정되기 위한 조건은 $-1 < K < 8$이다.

【정답】③

---

64. $e(t)$의 z변환을 $E(z)$라 했을 때, $e(t)$의 초기값은? [15/3]

① $\displaystyle\lim_{z\to 0} zE(z)$ ② $\displaystyle\lim_{z\to 0} E(z)$

③ $\displaystyle\lim_{z\to \infty} zE(z)$ ④ $\displaystyle\lim_{z\to \infty} E(z)$

|정|답|및|해|설|

[초기값] $e(0) = \displaystyle\lim_{z\to\infty} E(z)$

$e(t)$의 초기값은 $e(t)$의 Z 변환을 $E(z)$라 할 때 $\displaystyle\lim_{z\to\infty} E(z)$이다.

【정답】④

---

65. 그림의 신호 흐름 선도에서 $\dfrac{C(s)}{R(s)}$는?

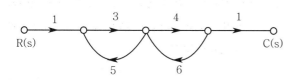

① $-\dfrac{2}{5}$ ② $-\dfrac{6}{19}$

③ $-\dfrac{12}{29}$ ④ $-\dfrac{12}{37}$

|정|답|및|해|설|

[전달함수] $G(s) = \dfrac{\sum 전향경로이득}{1 - \sum 루프이득}$

$G(s) = \dfrac{\sum 전향경로이득}{1 - \sum 루프이득} = \dfrac{1 \times 3 \times 4 \times 1}{1 - 3\times 5 - 4 \times 6} = \dfrac{12}{-38} = -\dfrac{6}{19}$

【정답】②

---

66. 전달 함수 $G(s) = \dfrac{10}{S^2 + 3S + 2}$으로 표시되는 제어 계통에서 직류 이득은 얼마인가? [08/2]

① 1   ② 2   ③ 3   ④ 5

|정|답|및|해|설|

[직류 이득] $G(0) = \displaystyle\lim_{s\to 0} G(s)$

직류에서는 $jw = 0$, 즉 $s = 0$이므로

$G(0) = \displaystyle\lim_{s\to 0} G(s) = \lim_{s\to 0} \dfrac{10}{s^2 + 3s + 2} = \dfrac{10}{2} = 5$

【정답】④

---

67. 전달 함수가 $\dfrac{C(s)}{R(s)} = \dfrac{25}{s^2 + 6s + 25}$ 인 2차 제어시스템의 감쇠 진동 주파수(ω_d)는 몇 [rad/sec]인가?

① 3   ② 4   ③ 5   ④ 6

|정|답|및|해|설|

[감쇠진동 각주파수] $\omega_d = \omega_n \sqrt{1 - \delta^2}$

2차 제어계의 전달함수 $G(s) = \dfrac{\omega_n^2}{s^2 + 2\delta\omega_n S + \omega_n^2}$ 에서

$\omega_n^2 = 25 \ \rightarrow \ \omega_n = 5$

$2\delta\omega_n = 6 \ \rightarrow \ 제동비 \ \delta = \dfrac{6}{2\times 5} = 0.6$

$\omega_d = \omega_n \sqrt{1 - \delta^2} = 5\sqrt{1 - 0.6^2} = 4 [rad/sec]$

【정답】②

68. 다음 논리식을 간단히 한 것은?

$$Y = \overline{A}BC\overline{D} + \overline{A}BCD + \overline{A}B\overline{C}\overline{D} + \overline{A}\overline{B}CD$$

① $Y = \overline{A}C$ ② $Y = A\overline{C}$

③ $Y = AB$ ④ $Y = BC$

|정|답|및|해|설|

[논리식] $Y = \overline{A}BC\overline{D} + \overline{A}BCD + \overline{A}B\overline{C}\overline{D} + \overline{A}\overline{B}CD$

$\quad = \overline{A}BC(\overline{D}+D) + \overline{A}\overline{B}C(\overline{D}+D)$

$\qquad\qquad\qquad\qquad\qquad \rightarrow (\overline{D}+D=1)$

$\quad = \overline{A}BC + \overline{A}\overline{B}C$

$\quad = \overline{A}C(B+\overline{B}) \qquad \rightarrow (B+\overline{B}=1)$

$\quad = \overline{A}C \qquad\qquad\qquad$ **【정답】①**

69. 폐루프 시스템에서 응답의 잔류편차 또는 정상 상태 오차를 제거하기 위한 제어 기법은?

① 비례 제어   ② 적분 제어

③ 미분 제어   ④ on-off 제어

|정|답|및|해|설|

[조절부의 동작에 의한 분류]

	종류	특 징
P	비례동작	·정상오차를 수반 ·잔류편차 발생
I	적분동작	잔류편차 제거
D	미분동작	오차가 커지는 것을 미리 방지
PI	비례적분동작	·잔류편차 제거 ·제어결과가 진동적으로 될 수 있다.
PD	비례미분동작	응답 속응성의 개선
PID	비례적분미분동작	·잔류편차 제거 ·정상 특성과 응답 속응성을 동시에 개선 ·오버슈트를 감소시킨다. ·정정시간 적게 하는 효과 ·연속 선형 제어

【정답】②

70. 시스템행렬 A가 다음과 같을 때 상태천이행렬을 구하면?

$$A = \begin{bmatrix} 0 & 1 \\ -2 & -3 \end{bmatrix}$$

① $\begin{bmatrix} 2e^{t} - e^{2t} & -e^{t} + e^{2t} \\ 2e^{t} - 2e^{2t} & -e^{t} - 2e^{2t} \end{bmatrix}$

② $\begin{bmatrix} 2e^{-t} - e^{-2t} & e^{t} - e^{-2t} \\ -2e^{-t} + 2e^{-2t} & -e^{-t} - 2e^{-2t} \end{bmatrix}$

③ $\begin{bmatrix} 2e^{-t} - e^{-2t} & -e^{-t} + e^{-2t} \\ 2e^{-t} - 2e^{-2t} & -e^{-t} - 2e^{-2t} \end{bmatrix}$

④ $\begin{bmatrix} 2e^{-t} - e^{-2t} & e^{-t} - e^{-2t} \\ -2e^{-t} + 2e^{-2t} & -e^{-t} + 2e^{-2t} \end{bmatrix}$

|정|답|및|해|설|

[상태천이행렬] $\varnothing(t) = \pounds^{-1}[sI-A]^{-1}$

· $[sI-A] = \begin{bmatrix} s & 0 \\ 0 & s \end{bmatrix} - \begin{bmatrix} 0 & 1 \\ -2 & -3 \end{bmatrix} = \begin{bmatrix} s & -1 \\ 2 & s+3 \end{bmatrix}$

· $\varnothing(s) = [sI-A]^{-1} = \dfrac{1}{\begin{vmatrix} s & -1 \\ 2s & s+3 \end{vmatrix}} \begin{bmatrix} s+3 & 1 \\ -2 & s \end{bmatrix}$

$\quad = \dfrac{1}{s^2 + 3s + 2} \begin{bmatrix} s+3 & 1 \\ -2 & s \end{bmatrix}$

$\quad = \begin{bmatrix} \dfrac{s+3}{(s+1)(s+2)} & \dfrac{1}{(s+1)(s+2)} \\ \dfrac{-2}{(s+1)(s+2)} & \dfrac{s}{(s+1)(s+2)} \end{bmatrix}$

· $\therefore \varnothing(t) = \pounds^{-1}[sI-A]^{-1}$

$\quad = \begin{bmatrix} 2e^{-t} - e^{-2t} & e^{-t} - e^{-2t} \\ -2e^{-t} + 2e^{-2t} & -e^{-t} + 2e^{-2t} \end{bmatrix}$

【정답】④

71. 대칭 3상 전압이 공급되는 3상 유도 전동기에서 각 계기의 지시는 다음과 같다. 유도 전동기의 역률은 역 얼마인가?

· 전력계(W_1) : 2.84[kW]

· 전력계(W_2) : 6.00[kW]

· 전압계[V] : 200[V]

· 전류계[A] : 30[A]

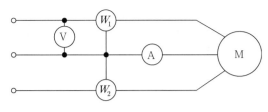

① 0.70   ② 0.75

③ 0.80   ④ 0.85

|정|답|및|해|설|

[2전력계법] 유효전력 $P = W_1 + W_2 = \sqrt{3}\, V_l I_l \cos\theta\,[W]$

역률 $\cos\theta = \dfrac{W_1 + W_2}{\sqrt{3}\, V_l I_l} = \dfrac{(2.84 + 6)\times 10^3}{\sqrt{3}\times 200 \times 30} = 0.85$

【정답】 ④

---

72. 불평형 3상 전류가 $I_a = 15 + j4[A]$, $I_b = -18 - j16[A]$, $I_c = 7 + j15[A]$ 일 때의 영상전류 $I_0[A]$는?

① $2.67 + j[A]$ ② $2.67 - j2[A]$

③ $4.67 + j[A]$ ④ $4.67 + j2[A]$

|정|답|및|해|설|

[영상전류] $I_0 = \dfrac{1}{3}(I_a + I_b + I_c)$

$I_0 = \dfrac{1}{3}[(25 + j4) + (-18 - j16) + (7 + j15)]$

$= \dfrac{1}{3}(14 + j3) = 4.67 + j$ 【정답】 ③

---

73. △결선으로 운전 중인 3상 변압기에서 하나의 변압기 고장에 의해 V결선으로 운전하는 경우, V결선으로 공급할 수 있는 전력은 고장 전 △결선으로 공급할 수 있는 전력에 비해 약 몇 [%]인가?

① 86.6   ② 75.0

③ 66.6   ④ 57.7

|정|답|및|해|설|

[출력비] 출력비$= \dfrac{\text{고장 후의 출력}}{\text{고장 전의 출력}}$

출력비$= \dfrac{\text{고장 후의 출력}}{\text{고장 전의 출력}} = \dfrac{\sqrt{3}\,P}{3P} = 0.577 = 57.7[\%]$

【정답】 ④

---

74. 분포정수회로에서 직렬임피던스를 Z, 병렬어드미턴스를 Y라 할 때, 선로의 특성임피던스 Z_0는?

[06/2 17/2]

① ZY ② $\sqrt{ZY}$

③ $\sqrt{\dfrac{Y}{Z}}$ ④ $\sqrt{\dfrac{Z}{Y}}$

|정|답|및|해|설|

[특성임피던스] $Z_0 = \sqrt{\dfrac{Z}{Y}} = \sqrt{\dfrac{R + j\omega L}{G + j\omega C}}$

【정답】 ④

---

75. 4단자정수 A, B, C, D 중에서 이득의 차원을 가진 정수는?

① A ② B

③ C ④ D

|정|답|및|해|설|

① A : 전압비   ② B : 임피던스

③ C : 어드미턴스   ④ D : 전류비

【정답】 ①

---

76. 그림과 같은 회로의 구동점 임피던스 Z_{ab}는?

[17/1]

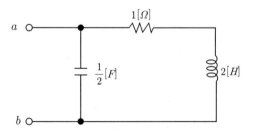

① $\dfrac{2(2s+1)}{2s^2 + s + 2}$ ② $\dfrac{2s+1}{2s^2 + s + 2}$

③ $\dfrac{2(2s-1)}{2s^2 + s + 2}$ ④ $\dfrac{2s^2 + s + 2}{2(2s+1)}$

|정|답|및|해|설|

[구동점 임피던스] 구동점 임피던스는 $j\omega$ 또는 s로 치환하여 나타낸다.

·$R \to Z_R(s) = R$ ·$L \to Z_L(s) = j\omega L = sL$

·$C \to Z_c(s) = \dfrac{1}{j\omega C} = \dfrac{1}{sC}$

$$Z_{ab}(s) = \frac{(1+2s)\cdot\dfrac{2}{s}}{1+2s+\dfrac{2}{s}} = \frac{2(2s+1)}{2s^2+s+2}$$ 【정답】①

---

77. 회로의 단자 a와 b 사이에 나타나는 전압 V_{ab}는 몇 [V]인가?

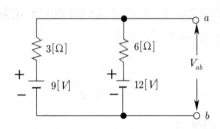

① 3   ② 9

③ 10   ④ 12

|정|답|및|해|설|

[밀만의 정리] $V_{ab} = \dfrac{합성전류}{합성어드미턴스}$

$$V_{ab} = \frac{합성전류}{합성어드미턴스} = \frac{\dfrac{9}{3}+\dfrac{12}{6}}{\dfrac{1}{3}+\dfrac{1}{6}} = 10[V]$$ 【정답】③

---

78. RL직렬회로에 순시치 전압 $e = 20 + 100\sin wt + 40\sin(3wt+60°) + 40\sin 5wt$ [V]인 전압을 가할 때 제5고조파 전류의 실효값은 몇 [A]인가? (단. R=4[Ω], $wL = 1[\Omega]$이다.)

① 4.4   ② 5.66

③ 6.25   ④ 8.0

|정|답|및|해|설|

[5고조파 전류] $I_5 = \dfrac{V_5}{Z_5}$

$$I_5 = \frac{V_5}{Z_5} = \frac{V_5}{\sqrt{R^2+(5wL)^2}} = \frac{\dfrac{40}{\sqrt{2}}}{\sqrt{4^2+(5\times 1)^2}} ≒ 4.4[A]$$

→ (5고조파 임피던스 $Z_5 = R + j5\omega L$)

【정답】①

---

79. 그림의 교류 브리지 회로가 평형이 되는 조건은?

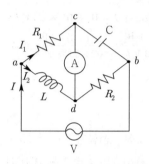

① $L = \dfrac{R_1 R_2}{C}$ ② $L = \dfrac{C}{R_1 R_2}$

③ $L = R_1 R_2 C$ ④ $L = \dfrac{R_2}{R_1}C$

|정|답|및|해|설|

[브리지 회로의 평형 조건] $Z_1 Z_3 = Z_2 Z_4$

$R_1 = Z_1$, $C = Z_2$, $R_2 = Z_3$, $L = Z_4$

$Z_2 = \dfrac{1}{j\omega C}[\Omega]$, $Z_4 = j\omega L[\Omega]$

$R_1 R_2 = \dfrac{1}{j\omega C}\times j\omega L = \dfrac{L}{C}$ → $L = R_1 R_2 C$

【정답】③

---

80. $f(t) = t^n$의 라플라스 변환 식은?

① $\dfrac{n}{s^n}$ ② $\dfrac{n+1}{s^{n+1}}$

③ $\dfrac{n!}{s^{n+1}}$ ④ $\dfrac{n+1}{s^{n!}}$

|정|답|및|해|설|

[n차 램프함수] $F(s) = \dfrac{n!}{S^{n+1}}$

【정답】③

1회

61. 다음의 신호선도를 메이슨의 공식을 이용하여 전달함수를 구하고자 한다. 이 신호도에서 루프(Loop)는 몇 개 인가? (기 05/1 12/3)

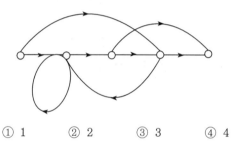

① 1 　② 2 　③ 3 　④ 4

|정|답|및|해|설|

[메이슨 공식] loop란 각각의 순방향 경로의 이득에 접촉하지 않는 이득 (되돌아가는 폐회로)

따라서 루프는 2개(①, ②)가 있다.

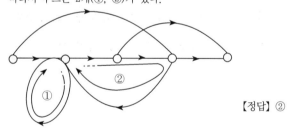

【정답】②

62. 다음 특성 방정식 중에서 안정된 시스템인 것은? (기 10/2)

① $s^4 + 3s^3 - s^2 + s + 10 = 0$

② $2s^3 + 3s^2 + 4s + 5 = 0$

③ $s^4 - 2s^3 - 3s^2 + 4s + 5 = 0$

④ $s^5 + s^3 + 2s^2 + 4s + 3 = 0$

|정|답|및|해|설|

[특성방정식의 안정 필요조건]

· 특성방정식 중에 부호 변화가 없어야 한다.

· 차수가 빠지면 불안정한 근을 갖는다.

①와 ③는 (+)와 (−)가 섞여 있으므로 불안정

④는 s^4항이 없으므로 불안정 　【정답】②

63. 타이머에서 입력신호가 주어지면 바로 동작하고, 입력 신호가 차단된 후에는 일정시간이 지난 후에 출력이 소멸되는 동작형태는?

① 한시동작 순시복귀

② 순시동작 순시복귀

③ 한시동작 한시복귀

④ 순시동작 한시복귀

|정|답|및|해|설|

[한시회로] 입력을 인가했을 때보다 일정한 시간만큼 뒤져서 출력신호가 변화하는 회로

[순시회로] 입력을 인가했을 때 바로 출력 신호가 변화하는 회로 　【정답】④

64. 단위 궤환 제어시스템의 전향경로 전달함수가 $G(s) = \dfrac{K}{s(s^2 + 5s + 4)}$ 일 때, 이 시스템이 안정하기 위한 K의 범위는?

① $K < -20$ 　② $-20 < K < 0$

③ $0 < K < 20$ 　④ $20 < K$

|정|답|및|해|설|

특성방정식 $= s(s^2 + 5s + 4) + K = 0$

$$= s^3 + 5s^2 + 4s + K = 0$$

루드표는

$$
\begin{array}{c|ccc}
S^3 & 1 & 4 & 0 \\
S^2 & 5 & K & 0 \\
S^1 & \dfrac{20-K}{5}=A & \dfrac{0-0}{5}=0 & \\
S^0 & \dfrac{AK}{A}=K & &
\end{array}
$$

안정하기 위해서는 제1열의 부호 변화가 없어야 안정하므로

$K > 0$ ....①

$A = \dfrac{20-K}{5} > 0 \rightarrow 20 > K$ ....②

$\therefore 0 < K < 20$

※전향경로 : 개루프전달함수 　　　　【정답】③

---

65. $R(z) = \dfrac{(1-e^{-aT})z}{(z-1)(z-e^{-aT})}$ 의 역변환은? _(기 11/2)

① $1 - e^{-aT}$ 　　　　② $1 + e^{-aT}$

③ te^{-aT} 　　　　　　④ te^{aT}

|정|답|및|해|설|

[역변환]

$$G(Z) = \frac{R(Z)}{Z} = \frac{(1-e^{-aT})}{(Z-1)(Z-e^{-aT})} = \frac{1}{Z-1} - \frac{1}{Z-e^{-at}}$$

$$R(Z) = \frac{Z}{Z-1} - \frac{Z}{Z-e^{-aT}}$$ 이므로

$r(t) = 1 - e^{-aT}$ 로 역변환 된다. 　　　　【정답】①

---

66. 시간영역에서 자동제어계를 해석할 때 기본 시험 입력에 보통 사용되지 않는 입력은?

① 정속도 입력　　　② 정현파 입력

③ 단위계단 입력　　④ 정가속도 입력

|정|답|및|해|설|

[시간 함수]

① 정속도 입력 : t^1

③ 단위계단 입력 : $u(t) = 1$

④ 정가속도 입력 : t^2

※정현파 입력은 $\sin\omega t$를 입력한 것으로 주파수응답에서 사용됨
　　　　　　　　　　　　　　　　　　【정답】②

---

67. $G(s)H(s) = \dfrac{K(s-1)}{s(s+1)(s-4)}$ 에서 점근선의 교차 점을 구하면?

① -1 　　　　　　② 0

③ 1 　　　　　　　④ 2

|정|답|및|해|설|

[점근선과 실수축의 교차점]

$$\frac{\sum P - \sum Z}{P - Z} = \frac{\text{극점의 합} - \text{영점의 합}}{\text{극점의 개수} - \text{영점의 개수}}$$

P(극점의 개수)=3개(0, -1, 4)

　　　　　　→ (극점 : 분모가 0이 되는 S값)

Z(영점의 개수)=1개(1)

　　　　　　→ (영점 : 분자가 0이 되는 S값)

$$\frac{\sum P - \sum Z}{P - Z} = \frac{(0-1+4)-(1)}{3-1} = 1$$

　　　　　　　　　　　　　　　　　【정답】③

---

68. n차 선형 시불변 시스템의 상태방정식을 $\dfrac{d}{dt}X(t) = AX(t) + Br(t)$로 표시될 때, 상태천이행 렬 $\varnothing(t)(n \times n$행렬)에 관하여 틀린 것은

① $\phi(t) = e^{At}$

② $\dfrac{d\varnothing(t)}{dt} = A \cdot \varnothing(t)$

③ $\varnothing(t) = \mathcal{L}^{-1}[(sI-A)^{-1}]$

④ $\varnothing(t)$는 시스템의 정상상태응답을 나타낸다.

|정|답|및|해|설|

[상태천이행렬의 일반식] $\phi(t) = \mathcal{L}^{-1}[(sI-A)^{-1}] = e^{At}$

$$\frac{d\varnothing(t)}{dt} = e^{At} \times A$$

$$= A\varnothing(t)$$

※④ $\varnothing(t)$는 시스템의 <u>과도상태응답</u>을 나타낸다.

　　　　　　　　　　　　　　　　　【정답】④

69. 다음의 신호 흐름 선도에서 C/R는?　(기 11/2)

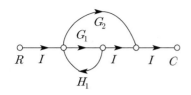

①　$\dfrac{G_1 + G_2}{1 - G_1 H_1}$　　　②　$\dfrac{G_1 G_2}{1 - G_1 H_1}$

③　$\dfrac{G_1 + G_2}{1 + G_1 H_1}$　　　④　$\dfrac{G_1 G_2}{1 + G_1 H_1}$

|정|답|및|해|설|

[메이슨의 식] $G(S) = \dfrac{\sum 전향경로이득}{1 - \sum 루프이득}$

→ (루프이득 : 피드백(되돌아가는 부분)

→ (전향경로이득 : 입력(R)에서 출력(C) 가는 길을 찾는 것)

$G(S) = \dfrac{(1 \times G_1 \times 1 \times 1) + (1 \times G_2 \times 1)}{1 - G_1 H_1} = \dfrac{G_1 + G_2}{1 - G_1 H_1}$

【정답】①

70. PD 조절기와 전달함수 $G(s) = 1.2 + 0.02s$의 영점은?

①　-60　　　②　-50

③　50　　　④　60

|정|답|및|해|설|

[영점] 종합전달함수 $G(s) = 0$인 s값을 찾아라.

여기서, Q : 전하, ϵ_0 : 진공중의 유전율, r : 거리

$G(s) = 1.2 + 0.02s = 0 \ \to \ 1.2 = -0.02s \ \therefore s = -60$

【정답】①

71. $e = 100\sqrt{2}\sin wt + 75\sqrt{2}\sin 3wt + 20\sqrt{2}\sin 5wt$

[V]인 전압을 RL 직렬회로에 가할 때 제3고조파 전류의 실효값은 몇 [A]인가? (단, R=4[Ω], $\omega L = 1$ [Ω]이다.)　(기 10/1 13/3 17/2)

①　15[A]　　　②　$15\sqrt{2}$[A]

③　20[A]　　　④　$20\sqrt{2}$[A]

|정|답|및|해|설|

[3고조파 전류] $I_3 = \dfrac{V_3}{Z_3} = \dfrac{V_3}{\sqrt{R^2 + (3\omega L)^2}}[A]$

→ (V_3 : 3고조파 실효전압)

→ ($Z_3 = R + j3\omega L$: 3고조파에 대한 임피던스)

$I_3 = \dfrac{V_3}{\sqrt{R^2 + (3\omega L)^2}} = \dfrac{75}{\sqrt{4^2 + 3^2}} = 15[A]$　　【정답】①

72. 전원과 부하가 다같이 △ 결선된 3상 평형회로가 있다. 전원전압이 200[V], 부하 임피던스가 $6 + j8[\Omega]$인 경우 선전류[A]는?　(산 04/2 05/1 07/2 08/3 10/3 14/1)

①　20　　　②　$\dfrac{20}{\sqrt{3}}$

③　$20\sqrt{3}$　　　④　$10\sqrt{3}$

|정|답|및|해|설|

[△결선의 선전류] $I_l = \sqrt{3}\,I_p, \ V_l = V_p$

문제에서 1상에 대한 임피던스가 주어졌으므로 상전류를 먼저 구한다.

상전류 $I_p = \dfrac{V_p}{Z} = \dfrac{200}{\sqrt{6^2 + 8^2}} = 20[A]$　→ (△결선시 $V_l = V_p$)

∴ 선전류 $I_l = \sqrt{3}\,I_p = 20\sqrt{3}[A]$

※ 전원전압은 선간전압이다.　　【정답】③

73. 분포정수 선로에서 무왜형 조건이 성립하면 어떻게 되는가?　(기 11/3)

①　감쇠량은 주파수에 비례한다.

②　전파속도가 최대로 된다.

③　감쇠량이 최소로 된다.

④　위상정수가 주파수에 관계없이 일정하다.

|정|답|및|해|설|

[무왜형 조건] $RC = LG \ \to \ $(감쇠정수 $\alpha = \sqrt{RG}$)

감쇠량 α가 최소가 된다.

α는 f와 무관하고, 위상정수 β는 주파수에 비례한다.

【정답】③

74. 그림과 같은 회로에서 V=10[V], R=10[Ω], L=1[H], C=10[μF], 그리고 $V_c(0)=0$일 때 스위치 K를 닫은 직 후 전류의 변화율 $\dfrac{di}{dt}(0^+)$의 값[A/sec]은?

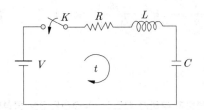

① 0   ② 1

③ 5   ④ 10

|정|답|및|해|설|

[LC회로] $V=L\dfrac{di(0)}{dt}[V]$에서

$\dfrac{di(0)}{dt}=\dfrac{V}{L}=\dfrac{10}{1}=10$

※ $t=0$은 초기상태를 말한다.   【정답】④

75. $F(s)=\dfrac{2s+15}{s^3+s^2+3s}$일 때 $f(t)$의 최종값은?

(기 15/2)

① 15   ② 5

③ 3   ④ 2

|정|답|및|해|설|

[최종값 정리] $\lim\limits_{t\to\infty}f(t)=\lim\limits_{s\to0}sF(s)$

$\lim\limits_{s\to0}sF(s)=\lim\limits_{s\to0}s\cdot\dfrac{2s+15}{s(s^2+s+3)}=\dfrac{15}{3}=5$

           【정답】②

76. 대칭 5상 교류 성형결선에서 선간전압과 상전압 간의 위상차는 몇 도인가?

(기 11/2)

① 27°   ② 36°

③ 54°   ④ 72°

|정|답|및|해|설|

[대칭 n상 교류에서의 Y(성형)결선]

선전류 $I_l=I_p$

선간전압 $V_l=2\sin\dfrac{\pi}{n}V_p$이고, 위상차 $\theta=\dfrac{\pi}{2}\left(1-\dfrac{2}{n}\right)$이므로

5상의 경우 위상차 $\theta=\dfrac{\pi}{2}\left(1-\dfrac{2}{5}\right)=54°$ 【정답】③

77. 그림과 같은 $V=V_m\sin\omega t\sin\omega t$의 전압을 반파정류 하였을 때의 실효값은 몇 [V]인가?

(산 04/3)

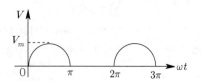

① $\sqrt{2}\,V_m$ ② $\dfrac{V_m}{\sqrt{2}}$

③ $\dfrac{V_m}{2}$ ④ $\dfrac{V_m}{2\sqrt{2}}$

|정|답|및|해|설|

[정현반파 정류의 실효값] $V=\dfrac{V_m}{\sqrt{2}}\times\dfrac{1}{\sqrt{2}}=\dfrac{V_m}{2}$

[각종 파형의 평균값, 실효값, 파형률, 파고율]

명칭	파형	평균값	실효값	파형률	파고율
정현파 (전파)		$\dfrac{2V_m}{\pi}$	$\dfrac{V_m}{\sqrt{2}}$	1.11	$\sqrt{2}$
정현파 (반파)		$\dfrac{V_m}{\pi}$	$\dfrac{V_m}{2}$	$\dfrac{\pi}{2}$	2
사각파 (전파)		V_m	V_m	1	1
사각파 (반파)		$\dfrac{V_m}{2}$	$\dfrac{V_m}{\sqrt{2}}$	$\sqrt{2}$	$\sqrt{2}$
삼각파		$\dfrac{V_m}{2}$	$\dfrac{V_m}{\sqrt{3}}$	$\dfrac{2}{\sqrt{3}}$	$\sqrt{3}$

           【정답】③

78. 회로망 출력단자 a–b에서 바라본 등가 임피던스는?
(단, $V_1 = 6[V]$, $V_2 = 3[V]$, $I_1 = 10[A]$, $R_1 = 15[\Omega]$, $R_2 = 10[\Omega]$, $L = 2[H]$, $jw = s$ 이다.) <small>(기 13/1)</small>

① $\dfrac{1}{s+3}$

② $s+15$

③ $\dfrac{3}{s+2}$

④ $2s+6$

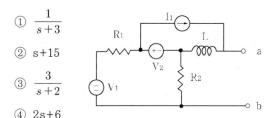

|정|답|및|해|설|

[테브닝의 임피던스 Z_T] 단자 a, b에서 전원을 모두 제거한(전압원은 단락, 전류원 개방) 상태에서 단자 a, b에서 본 합성 임피던스

$$Z_T = jw \cdot L + \frac{R_1 R_2}{R_1 + R_2} = 2s + \frac{15 \times 10}{15 + 10} = 2s + 6[\Omega]$$

【정답】④

79. 대칭 3상 전압이 a상 $V_a[V]$, b상 $V_b = a^2 V_a[V]$, c상 $V_c = a V_a[V]$일 때, a상을 기준으로 한 대칭분 전압 중 $V_1[V]$은 어떻게 표시되는가? <small>(기 08/2)</small>

① $\dfrac{1}{3} V_a$

② V_a

③ $a V_a$

④ $a^2 V_a$

|정|답|및|해|설|

대칭분을 각각 V_0, V_1, V_2라 하면

$V_0 = \dfrac{1}{3}(V_a + V_b + V_c) = \dfrac{1}{3}(V_a + a^2 V_a + a^3 V_a)$

$\quad = \dfrac{V_a}{3}(1 + a^2 + a) = 0$

$V_1 = \dfrac{1}{3}(V_a + a V_b + a^2 V_c) = \dfrac{1}{3}(V_a + a^3 V_a + a^3 V_a)$

$\quad = \dfrac{V_a}{3}(1 + a^3 + a^3) = V_a$

$V_2 = \dfrac{1}{3}(V_a + a^2 V_b + a V_c) = \dfrac{1}{3}(V_a + a^4 V_b + a^2 V_a)$

$\quad = \dfrac{V_a}{3}(1 + a^4 + a^2) = 0$

【정답】②

80. 다음과 같은 비정현파 기전력 및 전류에 의한 평균 전력을 구하면 몇 [W]인가? (단, 전압 및 전류의 순시식은 다음과 같다.)

$$e = 100 \sin wt - 50 \sin(3wt + 30°) + 20 \sin(5\omega t + 45°)[V]$$
$$I = 20 \sin wt + 10 \sin(3wt - 30°) + 5 \sin(5\omega t - 45°)[A]$$

① 825

② 875

③ 925

④ 1175

|정|답|및|해|설|

[비정현파 유효전력] $P = VI \cos\theta[W]$

유효전력은 1고조파+3고조파+5고조파의 전력을 합한다.

즉, $P = V_1 I_1 \cos\theta_1 + V_3 I_3 \cos\theta_3 + V_5 I_5 \cos\theta_5[W]$

$\qquad\qquad \rightarrow$ (전압과 전류는 실효값으로 한다.)

$P = V_1 I_1 \cos\theta_1 + V_3 I_3 \cos\theta_3 + V_5 I_5 \cos\theta_5$

$= (\dfrac{100}{\sqrt{2}} \times \dfrac{20}{\sqrt{2}} \cos 0°) + (-\dfrac{50}{\sqrt{2}} \times \dfrac{10}{\sqrt{2}} \cos(30 - (-30)))$

$\qquad\qquad + (\dfrac{20}{\sqrt{2}} \times \dfrac{5}{\sqrt{2}} \cos(45 - (-45)))$

$= \dfrac{1}{2}(2000 \cos 0 - 500 \cos 60 + 100 \cos 90) = 875[W]$

【정답】②

2회

61. 다음과 회로망에서 입력전압을 $V_1(t)$, 출력전압을 $V_2(t)$라 할 때, $\dfrac{V_2(s)}{V_1(s)}$에 대한 고유주파수 ω_n과 제동비 ζ의 값은? (단, R=100$[\Omega]$, $L = 2[H]$, $C = 20[\mu F]$이고, 모든 초기전하는 0이다.)

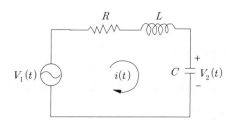

① $\omega_n = 50$, $\zeta = 0.5$

② $\omega_n = 50$, $\zeta = 0.7$

③ $\omega_n = 250$, $\zeta = 0.5$

④ $\omega_n = 250$, $\zeta = 0.7$

[무한 평면에 작용하는 힘(전기영상법 이용)]

전달함수 $G(s) = \dfrac{\text{출력임피던스}}{\text{입력임피던스}}$

$$= \dfrac{\dfrac{1}{Cs}}{R + Ls + \dfrac{1}{Cs}} = \dfrac{1}{LCs^2 + RCs + 1}$$

$$= \dfrac{\dfrac{1}{Cs}}{s^2 + \dfrac{R}{L}s + \dfrac{1}{LC}} \rightarrow (\dfrac{R}{L} = 2\zeta\omega_n, \ \dfrac{1}{LC} = \omega_n^2)$$

① $\omega_n^2 = \dfrac{1}{LC}$ 에서

$$\omega_n = \sqrt{\dfrac{1}{LC}} = \sqrt{\dfrac{1}{2 \times 200 \times 10^{-6}}} = 50$$

② $2\zeta\omega_n = \dfrac{R}{L}$ 에서

$$\zeta = \dfrac{R}{2\omega_n L} = \dfrac{100}{2 \times 50 \times 2} = 0.5$$

【정답】①

---

62. 다음 신호 흐름 선도에서 일반식은?

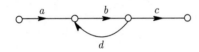

① $G = \dfrac{1 - bd}{abc}$ 　② $G = \dfrac{1 + bd}{abc}$

③ $G = \dfrac{abc}{1 + bd}$ 　④ $G = \dfrac{abc}{1 - bd}$

[신호 흐름 선도에 대한 전달함수] $G(s) = \dfrac{\sum \text{전향경로이득}}{1 - \sum \text{루프이득}}$

$G(s) = \dfrac{abc}{1 - bd}$

→ (루프이득 : 피드백, 전향경로이득 : 입력에서 출력 가는 길)

【정답】④

---

63. 폐루프 전달함수 $\dfrac{G(s)}{1 + G(s)H(s)}$ 의 극의 위치를

루프 전달함수 $G(s)H(s)$ 의 이득 상수 K의 함수로

나타내는 기법은?

(기 12/2)

① 근궤적법 　② 주파수 응답법

③ 보드 선도법 　④ Nyguist 판정법

[근궤적법] 근궤적법은 k가 0으로부터 ∞까지 변할 때 특성 방정식 $1 + G(s)H(s) = 0$의 각 k에 대응하는 근을 s면상에 접철하는 것이다. 【정답】①

---

64. 2차계 과도응답에 대한 특성 방정식의 근은 s_1,

$s_2 = -\zeta\omega_n \pm j\omega_n \sqrt{1 - \zeta^2}$ 이다. 감쇠비 ζ가 $0 < \zeta < 1$

사이에 존재할 때 나타나는 현상은?

① 과제동 　② 무제동

③ 부족제동 　④ 임계제동

[감쇠비(δ)]

① $\delta > 1$ (과제동) : 서로 다른 2개의 실근을 가지므로 비진동

② $\delta = 1$ (임계제동) : 중근(실근) 가지므로 진동에서 비진동으로 옮겨가는 임계상태

③ $0 < \delta < 1$ (부족제동) : 공액 복소수근을 가지므로 감쇠진동을 한다.

④ $\delta = 0$ (무제동) : 무한 진동

【정답】③

---

65. 다음 블록선도에서 특성방정식의 근은?

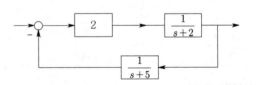

① $-2, \ -5$ 　② $2, \ 5$

③ $-3, \ -4$ 　④ $3, \ 4$

[특성 방정식 찾는 방법]

· → : 전향전달함수(G)

· ← : 피드백 전달함수(H)

개루프 전달함수 $GH = \dfrac{2}{(s+2)(s+5)}$ 에서

특성방정식 $(s+2)(s+5) + 2 = 0 \rightarrow s^2 + 7s + 12 = 0$

$(s+3)(s+4) = 0 \ \therefore s = -3, \ -4$

【정답】③

---

66. 다음 중 이진 값 신호가 아닌 것은?

① 디지털 신호

② 아날로그 신호

③ 스위치의 On-Off 신호

④ 반도체 소자의 동작, 부동작 상태

|정|답|및|해|설|
[이진 값] 0, 1로 표현되는 불연속계

【정답】②

67. 보드 선도에서 이득여유에 대한 정보를 얻을 수 있는 것은?

(기 05/3)

① 위상곡선 0°에서 이득과 0dB의 사이

② 위상곡선 180°에서 이득과 0dB의 사이

③ 위상곡선 -90°에서 이득과 0dB의 사이

④ 위상곡선 -180°에서 이득과 0dB의 사이

|정|답|및|해|설|
[이득여유(gu)] 위상이 -180°에서 이득과 0dB의 사이

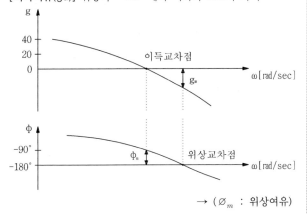

$\rightarrow (\varnothing_m : 위상여유)$

【정답】④

68. 다음 블록선도 변환이 틀린 것은?

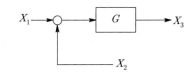

① ⇒

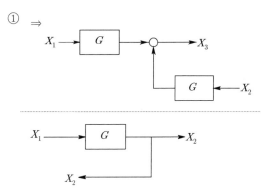

② ⇒

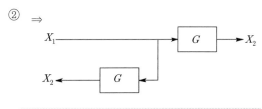

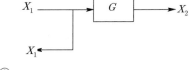

③ ⇒

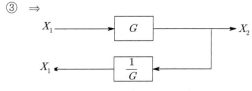

④ ⇒

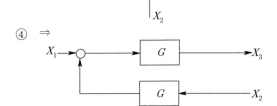

|정|답|및|해|설|
[블록선도 변환]

① $(X_1 + X_2)G = X_3$ ⇒ $(X_1 + X_2)G = X_3$

② $X_1 G = X_2$ ⇒ $X_2 = X_1 G$

③ $X_1 = X_1, \ X_2 = X_1 G$ ⇒ $X_1 = X_1, \ X_2 = X_1 G$

④ $X_1 G + X_2 = X_3$ ⇒ $(X_1 + X_2 G)G = X_3$

【정답】④

69. 그림의 시퀀스 회로에서 전자접촉기 X에 의한 A접점(Normal open contact)이 사용 목적은?

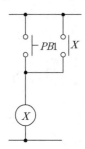

① 자기유지회로 　　　② 지연회로

③ 우선 선택회로 　　　④ 인터록(interlock)회로

[자기유지회로] 스위치를 놓았을 때도 계속해서 동작할 수 있도록 하는 회로 　　　　　　　　　　　　　　　　　【정답】①

70. 단위 궤환제어계의 개루프 전달함수가 $G(s) = \dfrac{K}{s(s+2)}$ 일 때, K가 $-\infty$로부터 $+\infty$까지 변하는 경우 특성방정식의 근에 대한 설명으로 틀린 것은?

① $-\infty < K < 0$에 대한 근은 모두 음의 실근이다.

② $0 < K < 1$에 대하여 2개의 근은 모두 음의 실근이다.

③ $K=0$에 대하여 $s_1=0$, $s_2=-2$의 근은 $G(s)$의 극점과 일치한다.

④ $1 < K < \infty$에 대하여 2개의 근은 모두 음의 실수부 중근이다.

개루프 전달함수에 대한 특성방정식 → $s(s+2)+K=0$

$s^2 + 2s + K = 0 \rightarrow s = \dfrac{-b \pm \sqrt{b^2-4ac}}{2a}$ 에서
$$= -1 \pm \sqrt{1-K}$$

④ $1 < K < \infty$에 대하여 2개의 근은 모두 공액 복수근이다.
　　　　　　　　　　　　　　　　　【정답】④

71. 길이에 따라 비례하는 저항 값을 가진 어떤 전열선에 $E_0[V]$의 전압을 인가하면 $P_0[W]$의 전력이 소비된다. 이 전열선을 잘라 원래 길이의 $\dfrac{2}{3}$로 만들고 $E[V]$의 전압을 가한다면 소비전력 $P[W]$는?

① $P = \dfrac{P_0}{2}\left(\dfrac{E}{E_0}\right)^2$ 　　② $P = \dfrac{3P_0}{2}\left(\dfrac{E}{E_0}\right)^2$

③ $P = \dfrac{2P_0}{3}\left(\dfrac{E}{E_0}\right)^2$ 　　④ $P = \dfrac{\sqrt{3}\,P_0}{2}\left(\dfrac{E}{E_0}\right)^2$

[소비전력] $P = \dfrac{E^2}{R}[W]$

도선에서의 저항 $R = \rho\dfrac{l}{S}$에서 저항 R과 길이 l은 비례한다.

$P_0 = \dfrac{E^2}{\frac{2}{3}R} = \dfrac{3}{2}\dfrac{E^2}{\frac{E_0^2}{P_0}} = \dfrac{3P_0}{2}\left(\dfrac{E}{E_0}\right)^2[W]$ 　　【정답】②

72. 다음과 같은 회로에서 4단자정수 A, B, C, D의 값은 어떻게 되는가?

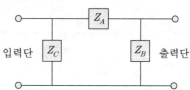

① $A = 1+\dfrac{Z_A}{Z_B}$, $B = Z_A$, $C = \dfrac{1}{Z_A}$, $D = 1+\dfrac{Z_B}{Z_A}$

② $A = 1+\dfrac{Z_A}{Z_B}$, $B = Z_A$, $C = \dfrac{1}{Z_B}$, $D = 1+\dfrac{Z_A}{Z_B}$

③ $A = 1+\dfrac{Z_A}{Z_B}$, $B = Z_A$, $C = \dfrac{Z_A+Z_B+Z_C}{Z_BZ_C}$
　　$D = \dfrac{1}{Z_BZ_C}$

④ $A = 1+\dfrac{Z_A}{Z_B}$, $B = Z_A$, $C = \dfrac{Z_A+Z_B+Z_C}{Z_BZ_C}$
　　$D = 1+\dfrac{Z_A}{Z_C}$

|정|답|및|해|설|

[π형 회로의 4단자 정수]

$A = 1 + \dfrac{Z_A}{Z_B}, \quad B = Z_A, \quad C = \dfrac{Z_C + Z_A + Z_B}{Z_B Z_C}, \quad D = 1 + \dfrac{Z_A}{Z_C}$

【정답】④

73. 어떤 콘덴서를 300[V]로 충전하는데 9[J]의 에너지가 필요하였다. 이 콘덴서의 정전용량은 몇 [μF]인가?

(기 11/2)

① 100   ② 200

③ 300   ④ 400

|정|답|및|해|설|

[콘덴서의 축적 에너지] $W = \dfrac{1}{2} CV^2 [J]$

$C = \dfrac{2W}{V^2} = \dfrac{2 \times 9}{300^2} \times 10^6 = 200$

$\rightarrow (\mu = 10^{-6})$

$\therefore C = 200 [\mu F]$

【정답】②

74. 그림과 같은 순저항 회로에서 대칭 3상 전압을 가할 때 각 선에 흐르는 전류가 같으려면 R의 값은?

(기 04/3 08/2 산 15/2)

① 4   ② 8

③12   ④ 16

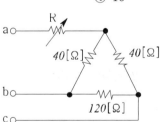

|정|답|및|해|설|

[등가변환] △결선을 Y 결선으로 등가 변환하면

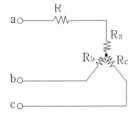

$R_a = \dfrac{R_{ca} R_{ab}}{R_{ab} + R_{bc} + R_{ca}} = \dfrac{R_{ab} R_{ca}}{R_\triangle} = \dfrac{40 \times 40}{40 + 120 + 40} = 8[\Omega]$

$R_b = \dfrac{R_{ab} R_{bc}}{R_\triangle} = \dfrac{400 \times 120}{200} = 24[\Omega]$

$R_c = \dfrac{R_{bc} R_{ca}}{R_\triangle} = \dfrac{120 \times 40}{200} = 24[\Omega]$

각 선의 전류가 같으려면 각 상의 저항이 같아야 하므로

$R = 24 - R_a = 24 - 8 = 16[\Omega]$

【정답】④

75. 그림과 같은 RC 저역통과 필터회로에 단위 임펄스를 입력으로 가했을 때 응답 $h[t]$는?

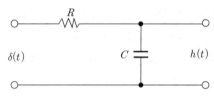

① $h[t] = RCe^{-\frac{t}{RC}}$

② $h[t] = \dfrac{1}{RC} e^{-\frac{t}{RC}}$

③ $h[t] = \dfrac{R}{1 + j\omega RC}$

④ $h[t] = \dfrac{1}{RC} e^{-\frac{C}{R}t}$

|정|답|및|해|설|

[전달함수] $G(s) = \dfrac{H[s]}{R[s]}$

$G(s) = \dfrac{H[s]}{R[s]} = \dfrac{H[s]}{1} = H[s]$

$= \dfrac{\frac{1}{Cs}}{R + \frac{1}{Cs}} = \dfrac{1}{RCs + 1} = \dfrac{\frac{1}{RC}}{s + \frac{1}{RC}}$

$\triangle(s) = \mathcal{L}[\delta(t)] = 1$

$H(s) = \dfrac{1}{RCs + 1} \triangle(s) = \dfrac{1}{RCs + 1} \cdot 1 = \dfrac{1}{RCs + 1} = \dfrac{1}{RC} \cdot \dfrac{1}{s + \frac{1}{RC}}$

$\therefore h[t] = \mathcal{L}^{-1}[H(s)] = \dfrac{1}{RC} e^{-\frac{1}{RC}t}$

【정답】②

76. 전류 순시값 $i = 30\sin\omega t + 40\sin(3wt + 60\,°)$ [A]의 실효값은 약 몇 [A]인가? (산 07/1 08/2 17/1)

① $25\sqrt{2}$ ② $30\sqrt{2}$

③ $40\sqrt{2}$ ④ $50\sqrt{2}$

|정|답|및|해|설|

[비정현파의 실효값] $I = \sqrt{I_1^2 + I_2^2 + \cdots + I_n^2}$

$I = \sqrt{I_1^2 + I_3^2}$ → (문제에서 1고조파와 3고조파가 주어졌으므로)

$= \sqrt{\left(\dfrac{30}{\sqrt{2}}\right)^2 + \left(\dfrac{40}{\sqrt{2}}\right)^2} = \dfrac{1}{\sqrt{2}}\sqrt{30^2 + 40^2} = 25\sqrt{2}\,[A]$

【정답】①

77. 평형 3상 3선식 회로에서 부하는 Y결선이고 선간전압이 $173.2\angle 0\,°$ [V]일 때 선전류는 $20\angle -120\,°\,[A]$ 이었다면, Y결선된 부하 한 상의 임피던스는 약 몇 [Ω]인가?

① $5\angle 60\,°$ ② $5\angle 90\,°$

③ $5\sqrt{3}\angle 60\,°$ ④ $5\sqrt{3}\angle 90\,°$

|정|답|및|해|설|

[한상의 임피던스] $Z_p = \dfrac{V_p}{I_p} = \dfrac{\dfrac{V_l}{\sqrt{3}}\angle -30\,°}{I_l}\,[\Omega]$

Y결선에서 $V_l = \sqrt{3}\,V_p\,\angle 30\,°$, $I_l = I_p$

$\therefore Z_p = \dfrac{\dfrac{173.2}{\sqrt{3}}\angle -30\,°}{20\angle -120\,°} = 5\angle 90\,°$ 【정답】②

78. 2전력계법으로 평형 3상 전력을 측정하였더니 한쪽의 지시가 500[W], 다른 한쪽의 지시가 1500[W] 이었다. 피상 전력은 약 몇 [VA]인가? (기 15/1)

① 2000   ② 2310

③ 2646   ④ 2771

|정|답|및|해|설|

[2전력계법] 피상전력 $P_a = \sqrt{P^2 + P_r^{\,2}} = 2\sqrt{P_1^2 + P_2^2 - P_1 P_2}$

$\therefore P_a = 2\sqrt{P_1^2 + P_2^2 - P_1 P_2}$

$= 2\sqrt{500^2 + 1500^2 - 500 \times 1500} = 2645.75\,[VA]$

※[2전력계법]

· 유효전력 $P = |P_1| + |P_2|$

· 무효전력 $P_r = \sqrt{3}\left(|P_1| - |P_2|\right)$

· 역률 $\cos\theta = \dfrac{P}{P_a} = \dfrac{P_1 + P_2}{2\sqrt{P_1^2 + P_2^2 - P_1 P_2}}$

【정답】③

79. 1[km]당 인덕턴스 25[mH], 정전용량 $0.005[\mu F]$ 인 선로가 있다. 무손실 선로라고 가정한 경우 진행파의 위상(전파)속도는 약 몇 [km/s]인가?

① 8.95×10^4 ② 9.95×10^4

③ 89.5×10^4 ④ 99.5×10^4

|정|답|및|해|설|

[전파속도] $v = f\lambda = \dfrac{1}{\sqrt{LC}} = \sqrt{\dfrac{1}{\epsilon\mu}}\,[m/s]$

($\lambda[m]$: 파장, $f[Hz]$: 주파수, C : 정전용량, L : 인덕턴스)

$v = \dfrac{1}{\sqrt{LC}} = \dfrac{1}{\sqrt{25 \times 10^{-3} \times 0.005 \times 10^{-6}}} = 8.95 \times 10^4[km/s]$

【정답】①

80. $f(t) = e^{jwt}$ 의 라플라스 변환은? (기 10/1)

① $\dfrac{1}{s - jw}$ ② $\dfrac{1}{s + jw}$

③ $\dfrac{1}{s^2 + w^2}$ ④ $\dfrac{w}{s^2 + w^2}$

|정|답|및|해|설|

[지수감쇠함수] $\mathcal{L}\left[e^{\pm at}\right] = \dfrac{1}{s \mp a}$

$\mathcal{L}\left[e^{\pm at}\right] = \dfrac{1}{s \mp a}$ 에서 $F(s) = \mathcal{L}\left[e^{jwt}\right] = \dfrac{1}{s - jw}$

【정답】①

3회

61. 그림과 같은 벡터 궤적을 갖는 계의 주파수 전달함수는? (기 10/1)

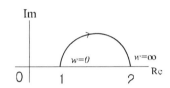

① $\dfrac{1}{jw+1}$ ② $\dfrac{1}{j2w+1}$

③ $\dfrac{jw+1}{j2w+1}$ ④ $\dfrac{j2w+1}{jw+1}$

|정|답|및|해|설|

[전달함수] 각 함수에 값을 대입해 푼다. $\rightarrow(\omega=0,\ \omega=\infty)$

① $G=\dfrac{j2\omega+1}{j\omega+1}$ 의 경우

$\omega=0$이면 $G=1$

$\omega=\infty$이면 $G=2$ 이므로

1에서 2로 가는 경로를 가진다.

② $G=\dfrac{j\omega+1}{j2\omega+1}$ 의 경우

$\omega=0$이면 $G=1$

$\omega=\infty$이면 $G=\dfrac{1}{2}$로 가는 경로를 가진다.

【정답】④

62. 근궤적에 관한 설명으로 틀린 것은?

① 근궤적은 실수축에 대하여 상하 대칭으로 나타난다.

② 근궤적의 출발점은 극점이고 근궤적의 도착점은 영점에서 끝남

③ 근궤적의 가지 수는 극점의 수와 영점의 수 중에서 큰 수와 같다.

④ 근궤적이 s평면의 우반면에 위치하는 K의 범위는 시스템이 안정하기 위한 조건이다.

|정|답|및|해|설|

[근궤적] 근궤적이란 s평면상에서 개루프 전달함수의 이득 상수를 0에서 ∞까지 변화 시킬 때 특성 방정식의 근이 그리는 궤적

[근궤적의 작도법]

· 근궤적은 $G(s)H(s)$의 극점으로부터 출발, 근궤적은 $G(s)H(s)$의 영점에서 끝난다.

· 근궤적의 개수는 영점과 극점의 개수 중 큰 것과 일치한다.

· 근궤적의 수 : 근궤적의 수(N)는 극점의 수(p)와 영점의 수(z)에서 z〉p이면 N=z, z〈p이면 N=p

· 근궤적의 대칭성 : 특성 방정식의 근이 실근 또는 공액 복소근을 가지므로 근궤적은 실수축에 대하여 대칭이다.

· 근궤적의 점근선 : 큰 s에 대하여 근궤적은 점근선을 가진다.

· 점근선의 교차점 : 점근선은 실수축 상에만 교차하고 그 수치는 n=p-z이다.

※근궤적이 s평면의 좌반면은 안정, 우반면은 불안정이다.

【정답】④

63. 제어시스템에서 출력이 얼마나 목표값을 잘 추정하는지를 알아볼 때 시험용으로 많이 사용되는 신호로 다음 식의 조건을 만족하는 것은?

$$u(t-a)=\begin{cases}0,\ t<a\\1,\ t\ge a\end{cases}$$

① 사인함수   ② 임펄스함수

③ 램프함수   ④ 단위계단함수

|정|답|및|해|설|

[단위계단함수]

① 단위계단 함수

· $u(t)=1\rightarrow t\ge 0$

· $u(t)=0\rightarrow t<0$

② 단위계단 함수(시간이 a만큼 이동하는 경우)

$u(t-a)=\begin{cases}0,\ t<a\\1,\ t\ge a\end{cases}$

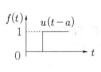

【정답】④

64.
특성 방정식이 $s^2 + Ks + 2K - 1 = 0$인 계가 안정하기 위한 K의 값은?

① $K > 0$

② $K > \dfrac{1}{2}$

③ $K < \dfrac{1}{2}$

④ $0 < K < \dfrac{1}{2}$

|정|답|및|해|설|

[안정조건] 계가 안정될 필요조건은 모든 차수항이 존재하고 각 계수의 부호가 모두 같아야 한다.

루드의 표는 다음과 같다.

$$
\begin{array}{c|cc}
S^2 & 1 & 2K-1 \\
S^1 & K & \\
S^0 & 2K-1 &
\end{array}
$$

제1열의 부호 변화가 없어야 하므로 K>0, 2K-1>0 이어야 한다.
제1열의 부호 변화가 없어야 하므로 K>0, 2K-1>0이어야 한다.

$\therefore K > \dfrac{1}{2}$

【정답】②

65.
평상태공간 표현식 $x = Ax + Bu$, $y = Cx$로 표현되는 선형 시스템에서 $A = \begin{vmatrix} 0 & 1 & 0 \\ 0 & 0 & 1 \\ -2 & -9 & -8 \end{vmatrix}$, $B = \begin{bmatrix} 0 \\ 0 \\ 5 \end{bmatrix}$,

$C = [1,\, 0,\, 0]$, $D = 0$, $x = \begin{bmatrix} x_1 \\ x_2 \\ x_3 \end{bmatrix}$이면 시스템 전달함

수 $\dfrac{Y(s)}{U(s)}$는?

① $\dfrac{1}{s^3 + 8s^2 + 9s + 2}$

② $\dfrac{1}{s^3 + 2s^2 + 9s + 8}$

③ $\dfrac{5}{s^3 + 8s^2 + 9s + 2}$

④ $\dfrac{5}{s^3 + 2s^2 + 9s + 8}$

|정|답|및|해|설|

① 행렬

$$sI - A = \begin{vmatrix} s & 0 & 0 \\ 0 & s & 0 \\ 0 & 0 & s \end{vmatrix} - \begin{vmatrix} 0 & 1 & 0 \\ 0 & 0 & 1 \\ -2 & -9 & -8 \end{vmatrix} = \begin{vmatrix} s & -1 & 0 \\ 0 & s & -1 \\ 2 & 9 & s+8 \end{vmatrix}$$

② 수반 행렬 $adj(sI - A)$

$$adj(sI-A) = \begin{vmatrix} \begin{vmatrix} s & -1 \\ 9 & s+8 \end{vmatrix} & -\begin{vmatrix} -1 & 0 \\ 9 & s+8 \end{vmatrix} & \begin{vmatrix} -1 & 0 \\ s & -1 \end{vmatrix} \\ -\begin{vmatrix} 0 & 2 \\ -1 & s+8 \end{vmatrix} & \begin{vmatrix} s & 0 \\ 2 & s+8 \end{vmatrix} & -\begin{vmatrix} s & 0 \\ 0 & -1 \end{vmatrix} \\ \begin{vmatrix} 0 & s \\ 2 & 9 \end{vmatrix} & -\begin{vmatrix} s & -1 \\ 2 & 9 \end{vmatrix} & \begin{vmatrix} s & -1 \\ 0 & s \end{vmatrix} \end{vmatrix}$$

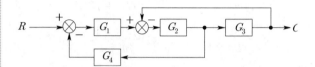

$$= \begin{bmatrix} s^2+8s+9 & s+8 & 1 \\ -2 & s(s+8) & s \\ 2s & -(9s+2) & s^2 \end{bmatrix}$$

③ 행렬식 $\det(sI - A) = s^3 + 8s^2 + 9s + 2$

④ 전달함수

$$G(s) = \frac{Y(s)}{U(s)} = C\frac{adj(sI-A)}{\det(sI-A)}B = \frac{5}{s^3 + 2s^2 + 9s + 8}$$

【정답】④

66.
그림의 블록선도에 대한 전달함수 $\dfrac{C}{R}$는?

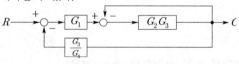

① $\dfrac{G_1 G_2 G_3}{1 + G_1 G_2 + G_1 G_2 G_4}$

② $\dfrac{G_1 G_2 G_4}{1 + G_1 G_2 + G_1 G_2 G_3}$

③ $\dfrac{G_1 G_2 G_3}{1 + G_2 G_3 + G_1 G_2 G_4}$

④ $\dfrac{G_1 G_2 G_4}{1 + G_2 G_3 + G_1 G_2 G_3}$

|정|답|및|해|설|

G_3앞의 인출점을 요소 뒤로 이동하면 그림과 같은 블록 선도로 나타낼 수 있다.

$$\left\{\left(R - C\frac{G_4}{G_3}\right)G_1 - C\right\}G_2 G_3 = C$$

$$RG_1 G_2 G_3 - CG_1 G_2 G_4 - C(G_2 G_3) = C$$

$$RG_1 G_2 G_3 = C(1 + G_2 G_3 + G_1 G_2 G_4)$$

$$\therefore G(s) = \frac{C}{R} = \frac{G_1 G_2 G_3}{1 + G_2 G_3 + G_1 G_2 G_4}$$

【정답】③

67. 신호흐름선도의 전달함수 $T(s) = \dfrac{C(s)}{R(s)}$로 옳은 것은?

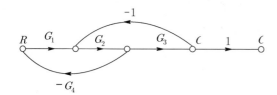

① $\dfrac{G_1 G_2 G_3}{1 - G_2 G_3 + G_1 G_2 G_4}$

② $\dfrac{G_1 G_2 G_3}{1 + G_1 G_2 G_4 + G_2 G_3}$

③ $\dfrac{G_1 G_2 G_3}{1 + G_1 G_3 - G_1 G_2 G_4}$

④ $\dfrac{G_1 G_2 G_3}{1 - G_1 G_3 - G_1 G_2 G_4}$

|정|답|및|해|설|

[전달 함수의 기본식] $G(S) = \dfrac{\sum 전향경로이득}{1 - \sum 루프(피드백)이득}$

· 전향경로이득 : $G_1 G_2 G_3$

· 루프이득 : $-G_1 G_2 G_4,\ -G_2 G_3$

· 전달함수 : $G(S) = \dfrac{\sum 전향경로}{1 - \sum 루프(피드백)} = \dfrac{G_1 G_2 G_3}{1 + G_1 G_2 G_4 + G_2 G_3}$

【정답】②

68. Routh-Hurwitz 표에서 제1열의 부호가 변하는 횟수로부터 알 수 있는 것은?

① s-평면의 좌반면에 존재하는 근의 수
② s-평면의 우반면에 존재하는 근의 수
③ s-평면의 허수축에 존재하는 근의 수
④ s-평면의 원점에 존재하는 근의 수

|정|답|및|해|설|

[루드후르쯔 안정도 판별법] 근이 모두 좌반면에 있어야 만 제어계가 안정하다고 할 수 있다.
· 모든 차수의 계수 부호가 같을 것
· 모든 차수의 계수 $a_0,\ a_1,\ a_2,\ \ldots\ldots,\ a_n = 0$이 존재할 것
· 루드표의 제1열 모든 요소의 부호가 변하지 않을 것
· 후르비츠 행렬식이 모두 정(正)일 것
· 계수 중 어느 하나라도 0이 되어서는 안 된다.
※제1열의 부호가 변화하는 회수만큼의 특성근이 s평면의 우반부에 존재한다. 【정답】②

69. 부울 대수식 중 틀린 것은?

① $A \cdot \overline{A} = 1$ ② $A + 1 = 1$

③ $A + A = 1$ ④ $A \cdot A = A$

|정|답|및|해|설|

[부울대수]
· $A \cdot \overline{A} = 0$ · $A + \overline{A} = 1$ · $A + 1 = 1$
· $A \cdot 1 = A$ · $A \cdot 0 = 0$ · $A + 0 = A$
· $A \cdot A = A$ · $A + A = A$

【정답】①

70. 함수 e^{-at}의 z변환으로 옳은 것은?

① $\dfrac{z}{z - e^{-aT}}$ ② $\dfrac{z}{z - a}$

③ $\dfrac{1}{z - e^{-aT}}$ ④ $\dfrac{1}{z - a}$

|정|답|및|해|설|

[라플라스 및 z변환표]

시간함수	라플라스변환	z변환
e^{-at}	$\dfrac{1}{s+a}$	$\dfrac{z}{z - e^{-aT}}$

【정답】①

71. 4단자 회로망에서 4단자 정수가 $A,\ B,\ C,\ D$일 때, 영상 임피던스 $\dfrac{Z_{01}}{Z_{02}}$은?

① $\dfrac{D}{A}$ ② $\dfrac{B}{C}$

③ $\dfrac{C}{B}$ ④ $\dfrac{A}{D}$

|정|답|및|해|설|

[4단자 정수] $Z_{01} = \sqrt{\dfrac{AB}{CD}}$, $Z_{02} = \sqrt{\dfrac{DB}{CA}}$

$\therefore \dfrac{Z_{01}}{Z_{02}} = \sqrt{\dfrac{\dfrac{AB}{CD}}{\dfrac{BD}{AC}}} = \dfrac{A}{D}$

【정답】④

72. R-L 직렬회로에서 $R = 20[\Omega]$, $L = 40[mH]$이다. 이 회로의 시정수[sec]는? [기 15/3]

① 2
② 2×10^{-3}
③ $\dfrac{1}{2}$
④ $\dfrac{1}{2} \times 10^{-3}$

|정|답|및|해|설|

[$R-L$ 직렬회로의 시정수] $\tau = \dfrac{L}{R}[s]$

$\tau = \dfrac{L}{R} = \dfrac{40 \times 10^{-3}}{20} = 2 \times 10^{-3}[s]$

※ RC회로의 시정수는 $RC[s]$이다.

【정답】②

73. 비정현파 전류가 $i(t) = 56\sin wt + 20\sin 2wt + 30\sin(3wt + 30°) + 40\sin(4wt + 60°)$로 주어질 때 왜형률은 약 얼마인가?

① 1.0
② 0.96
③ 0.56
④ 0.11

|정|답|및|해|설|

[왜형률] $D = \dfrac{\text{고조파의 실효값}}{\text{기본파의 실효값}} = \dfrac{\sqrt{I_2^2 + I_3^2 + I_4^2}}{I_1}$

$D = \dfrac{\sqrt{\left(\dfrac{20}{\sqrt{2}}\right)^2 + \left(\dfrac{30}{\sqrt{2}}\right)^2 + \left(\dfrac{40}{\sqrt{2}}\right)^2}}{\dfrac{56}{\sqrt{2}}} = 0.96$

【정답】②

74. 대칭 6상 성형(star)결선에서 선간전압 크기와 상전압 크기의 관계가 바르게 나타난 것은? (단, V_l : 선간전압 크기, V_P : 상전압 크기) [기 11/1]

① $V_l = \sqrt{3}\, V_P$
② $E_l = \dfrac{1}{\sqrt{3}} V_P$
③ $V_l = \dfrac{2}{\sqrt{3}} V_P$
④ $V_l = V_P$

|정|답|및|해|설|

[n상 성형 결선의 선간전압] $V_l = 2\sin\dfrac{\pi}{n} V_p[V]$

$n = 6$상이면 $V_l = 2\sin\dfrac{\pi}{6} V_p$ →$\left(\sin\dfrac{\pi}{6} = \dfrac{1}{2}\right)$

∴ $V_l = V_p$가 된다.

【정답】④

75. 3상 불평형 전압을 V_a, V_b, V_c 라고 할 때 정상 전압은 얼마인가? (단, $a = e^{j\frac{2\pi}{3}} = 1 \angle 120°$ 이다.)

① $V_a + a^2 V_b + a V_c$

② $V_a + a V_b + a^2 V_c$

③ $\dfrac{1}{3}(V_a + a^2 V_b + a V_c)$

④ $\dfrac{1}{3}(V_a + a V_b + a^2 V_c)$

|정|답|및|해|설|

[3상 전압]

·영상전압 $V_0 = \dfrac{1}{3}(V_a + V_b + V_c)$

·정상전압 $V_1 = \dfrac{1}{3}(V_a + a V_b + a^2 V_c)$

·역상전압 $V_2 = \dfrac{1}{3}(V_a + a^2 V_b + a V_c)$

【정답】④

76. 송전선로가 무손실 선로일 때 $L = 96[mH]$이고, $C = 0.6[\mu F]$이면 특성임피던스 $[\Omega]$는? [기 12/1]

① $100[\Omega]$
② $200[\Omega]$
③ $400[\Omega]$
④ $500[\Omega]$

|정|답|및|해|설|

[무손실 선로의 특성임피던스] 조건이 $R = 0$, $G = 0$인 선로를 무손실 선로하고 한다.

·특성임피던스 $Z_0 = \sqrt{\dfrac{Z}{Y}} = \sqrt{\dfrac{R + j\omega L}{G + j\omega C}} = \sqrt{\dfrac{L}{C}}[\Omega]$

$Z_0 = \sqrt{\dfrac{L}{C}} = \sqrt{\dfrac{96 \times 10^{-3}}{0.6 \times 10^{-6}}} = 400[\Omega]$

【정답】③

77. 2전력계법을 이용한 평형 3상회로의 전력이 각각 500[W] 및 300[W]로 측정되었을 때, 부하의 역률은 약 [%]인가?

① 70.7   ② 87.7

③ 89.2   ④ 91.8

|정|답|및|해|설|

[2전력계법] 단상 전력계 2대로 3상전력을 계산하는 법

· 유효전력 : $P = |W_1| + |W_2|$

· 무효전력 $P_r = \sqrt{3}(|W_1 - W_2|)$

· 피상전력 $P_a = \sqrt{P^2 + P_r^2} = 2\sqrt{W_1^2 + W_2^2 - W_1 W_2}$

· 역률 $\cos\theta = \dfrac{P}{P_a} = \dfrac{W_1 + W_2}{2\sqrt{W_1^2 + W_2^2 - W_1 W_2}}$

전력이 각각 500[W], 300[W]이므로
$W_1 = 500[W]$, $W_2 = 300[W]$

역률 $\cos\theta = \dfrac{500 + 300}{2\sqrt{500^2 + 300^2 - 500 \times 300}} \times 100 = 91.77[\%]$

【정답】④

78. 커패시터와 인덕터에서 물리적으로 급격히 변화할 수 없는 것은?

① 커패시터와 인덕터에서 모두 전압

② 커패시터와 인덕터에서 모두 전류

③ 커패시터에서 전류, 인덕터에서 전압

④ 커패시터에서 전압, 인덕터에서 전류

|정|답|및|해|설|

$v_L = L\dfrac{di}{dt}$ 에서 i가 급격히 ($t = 0$인 순간) 변화하면 v_L이 ∞가 되는 모순이 생기고, $i_c = C\dfrac{dv}{dt}$ 에서 v가 급격히 변화하면 i_c가 ∞가 되어 모순이 생긴다. 따라서 인덕터에서는 전류, 커패시터에서는 전압이 급격하게 변화하지 않는다. 　　【정답】④

79. 자기 인덕턴스 0.1[H]인 코일에 실효값 100[V], 60[Hz], 위상각 30[°]인 전압을 가했을 때 흐르는 전류의 실효값은 약 몇 [A]인가?

① 1.25   ② 2.24

③ 2.65   ④ 3.41

|정|답|및|해|설|

[전류의 실효값] $I = \dfrac{V}{jX_L} = \dfrac{V}{j\omega L} = \dfrac{V}{2\pi f L}$

$I = \dfrac{V}{2\pi f L} = \dfrac{100}{2\pi \times 60 \times 0.1} = 2.65[A]$

【정답】③

80. $f(t) = \delta(t - T)$의 라플라스변환 $F(s)$은?

① e^{Ts} ② e^{-Ts}

③ $\dfrac{1}{S}e^{Ts}$ ④ $\dfrac{1}{S}e^{-Ts}$

|정|답|및|해|설|

[시간추이정리] $\mathcal{L}[f(t-a)] = F(s)e^{-as}$

$\mathcal{L}[\delta(t-T)] = e^{-Ts}$

【정답】②

2018 전기기사 필기

61. 개루프 전달함수 $G(s)$가 다음과 같이 주어지는 단위 부궤환계가 있다. 단위 계단입력이 주어졌을 때, 정상상태 편차가 0.05가 되기 위해서는 K의 값은 얼마인가?

$$G(s) = \frac{6K(s+1)}{(s+2)(s+3)}$$

① 19   ② 20

③ 0.9   ④ 0.05

|정|답|및|해|설|

[단위 계단 입력 시 정상 상태 오차] $e_{ss} = \dfrac{1}{1+K_p}$

여기서, K_P : 정상위치편차상수

정사위치변차상수 : $K_P = \lim_{s \to 0} G(s) = \lim_{s \to 0} \dfrac{6K(s+1)}{(s+2)(s+3)} = K$

따라서, 정상상태 오차 $e_{ss} = \dfrac{1}{1+K_r} = \dfrac{1}{1+K} = 0.05$

$K = 19$ 【정답】①

62. 제어량의 종류에 의한 분류가 아닌 것은?

① 자동 조정   ② 서보 기구

③ 적응제어   ④ 프로세스 제어

|정|답|및|해|설|

[제어대상(제어량)의 성질에 의한 분류]

① 프로세스 제어(공정 제어)

　·압력, 온도, 유량, 액위, 농도 등의 상태량을 제어량으로 하는

제어계

　·온도제어장치, 압력제어장치, 유량제어 장치

② 서보 제어(추종 제어)

　·물체의 위치, 자세, 방위 등의 기계적 변위를 제어량으로 하는 제어계

　·대공포의 포신제어, 미사일의 유도기구

② 자동 조정 제어(정치 제어)

　·전기적, 기계적 양을 주로 제어하는 시스템

　·자동전압조정기, 발전기의 조속기 제어

【정답】③

63. 개루프 전달함수

$G(s)H(s) = \dfrac{K(s-5)}{s(s-1)^2(s+2)^2}$ 일 때 주어지는 계에서 접근선의 교차은?

① $-\dfrac{3}{2}$ ② $-\dfrac{7}{4}$

③ $\dfrac{5}{3}$ ④ $-\dfrac{1}{5}$

|정|답|및|해|설|

[근궤적 점근선의 교차점]

$\delta = \dfrac{\sum G(s)H(s)\text{의 극} - \sum G(s)H(s)\text{의 영점}}{p - z}$

여기서, p : 극의 수, z : 영점수

p : 극점의 개수(분모의 차수) 5

z : 영점의 개수(분자의 차수) 1

$\dfrac{\sum p - \sum z}{p - z} = \dfrac{(0+1+1-2-2)-(5)}{5-1} = -\dfrac{7}{4}$

【정답】②

64. 단위 계단함수의 라플라스 변환과 z변환 함수는?

① $\dfrac{1}{s}$, $\dfrac{z}{z-1}$ 　② s, $\dfrac{z}{z-1}$

③ $\dfrac{1}{s}$, $\dfrac{z-1}{z}$ 　④ s, $\dfrac{z-1}{z}$

|정|답|및|해|설|

[라플라스 변환표]

$f(t)$	$F(s)$	$F(z)$
$\delta(t)$	1	1
$u(t)=1$	$\dfrac{1}{s}$	$\dfrac{z}{z-1}$
t	$\dfrac{1}{s^2}$	$\dfrac{Tz}{(z-1)^2}$
e^{-at}	$\dfrac{1}{s+a}$	$\dfrac{z}{z-e^{-at}}$

【정답】①

65. 다음 방정식으로 표시되는 제어계가 있다. 이계를 상태 방정식 $\dot{x}=Ax(t)+Bu(t)$로 나타내면 계수 행렬 A는?

$$\dfrac{d^3 c(t)}{dt^3}+5\dfrac{d^3 c(t)}{dt^3}+\dfrac{dc(t)}{dt}+2c(t)=r(t)$$

① $\begin{bmatrix} 0 & 1 & 0 \\ 0 & 0 & 1 \\ -2 & -1 & -5 \end{bmatrix}$ ② $\begin{bmatrix} 0 & 1 & 0 \\ 1 & 0 & 0 \\ 5 & 1 & 2 \end{bmatrix}$

③ $\begin{bmatrix} 0 & 0 & 1 \\ 1 & 0 & 0 \\ 0 & 5 & 2 \end{bmatrix}$ ④ $\begin{bmatrix} 0 & 1 & 0 \\ 0 & 0 & 1 \\ -2 & -1 & 0 \end{bmatrix}$

|정|답|및|해|설|

[계수행렬]

$x_1(t)=c(t)$
$x_2(t)=\dot{c}(t)=\dot{x}_1(t)$
$x_3(t)=\ddot{c}(t)=\dot{x}_2(t)$ 라 놓고

$\dot{x}_3(t)=-2x_1(t)-x_2(t)-5x_3(t)+r(t)$

$\begin{bmatrix} \dot{x}_3(t) \\ \dot{x}_2(t) \\ \dot{x}_3(t) \end{bmatrix}=\begin{bmatrix} 0 & 1 & 1 \\ 0 & 0 & 1 \\ -2 & -1 & -5 \end{bmatrix}\begin{bmatrix} x_1(t) \\ x_2(t) \\ x_3(t) \end{bmatrix}+\begin{bmatrix} 0 \\ 0 \\ 1 \end{bmatrix}r(t)$

【정답】①

66. 안정한 제어계의 임펄스 응답을 가했을 때 제어계의 정상상태 출력은?

① 0

② $+\infty$ 또는 $-\infty$

③ $+$의 일정한 값

④ $-$의 일정한 값

|정|답|및|해|설|

[임펄스 응답 시의 안정 조건]

·$t \to \infty$일 때 0으로 수렴하면 안정

·$t \to \infty$일 때 ∞로 발산하면 불안정

·$t \to \infty$일 때 값의 변동이 없거나 일정 값으로 진동하면 임계

【정답】①

67. 그림과 같은 블록선도에서 C(s)/R(s)의 값은?

① $\dfrac{G_1}{G_1-G_2}$ 　② $\dfrac{G_2}{G_1-G_2}$

③ $\dfrac{G_2}{G_1+G_2}$ 　④ $\dfrac{G_1 G_2}{G_1+G_2}$

|정|답|및|해|설|

[블록선도의 전달함수]

$$G(s)=\dfrac{\sum G}{1-\sum L_1+L_2+\cdots\cdots}$$

여기서, L_1 : 각각의 모든 폐루프 이득의 합

　　　　L_2 : 서로 접촉하지 않는 2개의 폐루프 이득의 곱의 합

　　　　$\sum G$: 각각의 전향 경로의 합

$$G(s)=\dfrac{G_1 \dfrac{1}{G_1} G_2}{1-\left(-G_2\dfrac{1}{G_1}\right)}=\dfrac{G_2}{1+\dfrac{G_2}{G_1}}=\dfrac{G_1 G_2}{G_1+G_2}$$

【정답】④

68. 신호흐름선도에서 전달함수 $\dfrac{C}{R}$를 구하면?

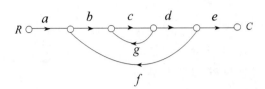

① $\dfrac{abcdg}{1-abcde}$ ② $\dfrac{abcde}{1-cg-bcdf}$

③ $\dfrac{abcde}{1-cg-cgf}$ ④ $\dfrac{abcde}{c+cg+cgf}$

|정|답|및|해|설|

[메이슨의 이득공식] $G=\dfrac{\sum G_i \triangle_i}{\triangle}$

여기서, G_i : $abcde$, $\triangle_i$: $1-0=1$

$\triangle=1-(cg+bcdf)=1-cg-bcdf$

전체 이득 $G=\dfrac{C}{R}=\dfrac{abcde}{1-cg-bcdf}$

【정답】②

69. 특성방정식이 $s^3+2s^2+Ks+5=0$가 안정하기 위한 K의 값은?

① $K>0$ ② $K<0$

③ $K>\dfrac{5}{2}$ ④ $K<\dfrac{5}{2}$

|정|답|및|해|설|

[루드의 표] 1열의 부호가 모두 양수이면 안정하며

S^3	1	K
S^2	2	5
S^1	$\dfrac{2K-5}{2}$	0
S^0	5	

제1열의 부호 변화가 없으므로 $-2K-5>0$

$\therefore K>\dfrac{5}{2}$

【정답】③

70. 다음과 같은 진리표를 갖는 회로의 종류는?

입력		출력
A	B	C
0	0	0
0	1	1
1	0	1
1	1	0

① AND   ② NAND

③ NOR   ④ EX-OR

|정|답|및|해|설|

[Ex-OR] 배타적 논리합

$C=\overline{A}B+A\overline{B}=A\oplus B$

【정답】④

71. 대칭 좌표법에서 대칭분을 각 상전압으로 표시한 것 중 틀린 것은?

① $E_0=\dfrac{1}{3}(E_a+E_b+E_c)$

② $E_1=\dfrac{1}{3}(E_a+aE_b+a^2E_c)$

③ $E_2=\dfrac{1}{3}(E_a+a^2E_b+aE_c)$

④ $E_3=\dfrac{1}{3}(E_a^2+E_b^2+E_c^2)$

|정|답|및|해|설|

[대칭좌표법] $\begin{bmatrix}E(0)\\E(1)\\E(2)\end{bmatrix}=\dfrac{1}{3}\begin{bmatrix}1&1&1\\1&a&a^2\\1&a^2&a\end{bmatrix}\begin{bmatrix}E_a\\E_b\\E_c\end{bmatrix}$ 에서

$E_0=\dfrac{1}{3}(E_a+E_b+E_c)$: 영상전압

$E_1=\dfrac{1}{3}(E_a+aE_b+a^2E_c)$: 정상전압

$E_2=\dfrac{1}{3}(E_a+a^2E_b+aE_c)$: 역상전압

【정답】④

72. $R-L$ 직렬회로에서 스위치 S가 1번 위치에 오랫동안 있다가 $t=0^+$에서 위치 2번으로 옮겨진 후, $\dfrac{L}{R}(s)$ 후에 L에 흐르는 전류[A]는?

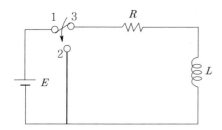

① $\dfrac{E}{R}$

② $0.5\dfrac{E}{R}$

③ $0.368\dfrac{E}{R}$

④ $0.632\dfrac{E}{R}$

|정|답|및|해|설|

[$R-L$ 직렬 회로] $i(t)=\dfrac{E}{R}\left(1-e^{-\frac{R}{L}t}\right)[A]$

스위치가 2번으로 되면 기전력 제거

$R-L$ 직렬회로	직류 기전력 제거 시 (S/W off)
전류 $i(t)$	$i(t)=\dfrac{E}{R}e^{-\frac{R}{L}t}=0.368\dfrac{E}{R}$
특성근	$P=-\dfrac{R}{L}$
시정수	$r=\dfrac{L}{R}[\sec]$

【정답】③

73. 분포 정수 회로에서 선로 정수가 R, L, C, G 이고 무왜형 조건이 $RC=GL$과 같은 관계가 성립될 때 선로의 특성 임피던스 Z_0는? (단, 선로의 단위 길이당 저항을 R, 인덕턴스를 L, 정전용량을 C, 누설컨덕턴스를 G라 한다.)

① $Z_0=\sqrt{CL}$

② $Z_0=\dfrac{1}{\sqrt{CL}}$

③ $Z_0=\sqrt{RG}$

④ $Z_0=\sqrt{\dfrac{L}{C}}$

|정|답|및|해|설|

[무왜형 선로] 파형의 일그러짐이 없는 회로

① 조건 $\dfrac{R}{L}=\dfrac{G}{C}$ $\rightarrow LG=RC$

② 특성 임피던스 $Z_0=\sqrt{\dfrac{Z}{Y}}=\sqrt{\dfrac{R+jwL}{G+jwC}}=\sqrt{\dfrac{L}{C}}\,[\Omega]$

【정답】④

74. 그림과 같은 4단자 회로망에서 하이브리드 파라미터 H_{11}은?

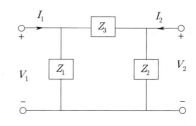

① $\dfrac{Z_1}{Z_1+Z_3}$

② $\dfrac{Z_1}{Z_1+Z_2}$

③ $\dfrac{Z_1Z_3}{Z_1+Z_3}$

④ $\dfrac{Z_1Z_3}{Z_1+Z_2}$

|정|답|및|해|설|
[하이브리드 파라미터]

$V_1=H_{11}I_1+H_{12}V_2$
$I_2=H_{21}I_1+H_{22}V_2$

$H_{11}=\left.\dfrac{V_1}{I_1}\right|_{V_1=0}=\dfrac{\dfrac{Z_1Z_3}{Z_1+Z_3}\cdot I_1}{I_1}=\dfrac{Z_1Z_3}{Z_1+Z_3}$

【정답】③

75. 내부저항 $0.1[\Omega]$인 건전지 10개를 직렬로 접속하고 이것을 한 조로 하여 5조 병렬로 접속하면 합성 내부저항은 몇 $[\Omega]$인가?

① 5

② 1

③ 0.5

④ 0.2

|정|답|및|해|설|
[전지의 직·병렬 연결 및 내부 저항]
① 전지를 10개 직렬 연결 시 내부저항 $nR=0.1\times10=1[\Omega]$

② 전지를 3개 병렬 연결 시 내부저항 $\dfrac{nR}{m}=\dfrac{0.1\times10}{5}=0.2[\Omega]$

【정답】④

76. 함수 $f(t)$의 라플라스 변환은 어떤 식으로 정의되는가?

① $\int_o^\infty f(t)e^{st}dt$ ② $\int_o^\infty f(t)e^{-st}dt$

③ $\int_o^\infty f(-t)e^{st}dt$ ④ $\int_{-\infty}^\infty f(-t)e^{-st}dt$

|정|답|및|해|설|

[라플라스 변환 정의식] $\mathcal{L}[f(t)] = \int_o^\infty f(t)e^{-st}dt$

【정답】②

77. 대칭좌표법에서 불평형률을 나타내는 것은?

① $\dfrac{\text{영상분}}{\text{정상분}} \times 100$ ② $\dfrac{\text{정상분}}{\text{역상분}} \times 100$

③ $\dfrac{\text{정상분}}{\text{영상분}} \times 100$ ④ $\dfrac{\text{역상분}}{\text{정상분}} \times 100$

|정|답|및|해|설|

[불평형률] 불평형 회로의 전압과 전류에는 반드시 정상분, 역상분, 영상분이 존재한다.

$$\text{불평형률} = \frac{\text{역상분}}{\text{정상분}} \times 100[\%] = \frac{V_2}{V_1} \times 100 = \frac{I_2}{I_1} \times 100[\%]$$

【정답】④

78. 그림의 왜형파 푸리에의 급수로 전개할 때, 옳은 것은?

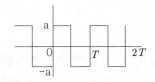

① 우수파만 포함한다.
② 기수파만 포함한다.
③ 우수파, 기수파 모두 포함한다.
④ 푸리에 급수로 전개할 수 없다.

|정|답|및|해|설|

[반파 및 정현대칭의 왜형파의 푸리에 급수] 우수는 짝수, 기수는 홀수이고 사인파, 즉 정현대칭이므로 기수파만 존재한다.

정현대칭 : $f(t) = -f(-t), \sin$항
반파대칭 : $f(t) = -f(t+\pi)$, 홀수항(기수항)

【정답】②

79. 최대값 E_m인 반파 정류 정현파의 실효값은 몇 [V]인가?

① $\dfrac{2E_m}{\pi}$ ② $\sqrt{2}$

③ $\dfrac{E_m}{\sqrt{2}}$ ④ $\dfrac{E_m}{2}$

|정|답|및|해|설|

[각종 파형의 평균값, 실효값, 파형률, 파고율]

명칭	파형	평균값	실효값	파형률	파고율
정현파 (전파)		$\dfrac{2E_m}{\pi}$	$\dfrac{E_m}{\sqrt{2}}$	1.11	$\sqrt{2}$
정현파 (반파)		$\dfrac{E_m}{\pi}$	$\dfrac{E_m}{2}$	$\dfrac{\pi}{2}$	2
사각파 (전파)		E_m	E_m	1	1
사각파 (반파)		$\dfrac{E_m}{2}$	$\dfrac{E_m}{\sqrt{2}}$	$\sqrt{2}$	$\sqrt{2}$
삼각파		$\dfrac{E_m}{2}$	$\dfrac{E_m}{\sqrt{3}}$	$\dfrac{2}{\sqrt{3}}$	$\sqrt{3}$

【정답】④

80. 그림과 같이 $R[\Omega]$의 저항을 Y결선으로 하여 단자 a, b 및 c에 비대칭 3상 전압을 가할 때 a단자의 중성점 N에 대한 전압은 약 몇 [V]인가? 단, $V_{ab} = 210[V]$, $V_{bc} = -90 - j180[V]$, $V_{ca} = -120 + j180[V]$

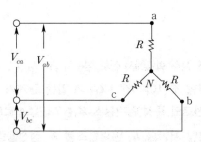

① 100   ② 116
③ 121   ④ 125

|정|답|및|해|설|

선간전압 $V_{ab} = \sqrt{3}\, V_a \angle 30°$에서

상전압 $V_a = \dfrac{1}{\sqrt{3}} V_{ab} \angle -30° = \dfrac{1}{\sqrt{3}} \times 210 = 121.24[V]$

【정답】③

61. $G(s) = \dfrac{1}{0.005s(0.1s+1)^2}$ 에서 $\omega = 10[red/s]$일

때의 이득 및 위상각은?

① 20[dB], $-90\degree$ ② 20[dB], $-180\degree$

③ 40[dB], $-90\degree$ ④ 40[dB], $-180\degree$

|정|답|및|해|설|

[주파수 전달함수] $G(jw) = \dfrac{1}{\dfrac{5}{1000}jw\left(\dfrac{1}{10}jw+1\right)^2}$

이득 $g = 20\log_{10}|G(jw)|$

$= 20\log_{10}\left|\dfrac{1}{\dfrac{5}{1000}jw\left(\dfrac{1}{10}jw+1\right)^2}\right|$

$= 20\log_{10}\left|\dfrac{1}{\dfrac{5}{1000}\omega\left(\sqrt{1^2+(0.1\omega)^2}\right)^2}\right|$

$= 20\log_{10}\left|\dfrac{1}{\dfrac{5}{1000}\omega(1+(0.1\omega)^2)}\right|$ 에서

$\omega = 10[rad/sec]$를 대입

$= 20\log_{10}\left|\dfrac{1}{\dfrac{5}{100}(1+1)}\right|$

$= 20\log_{10}\dfrac{1}{\dfrac{1}{10}} = 20\log_{10}10 = 20[dB]$

주파수 전달함수의 위상은 1형 시스템은 $-90\degree$에서 궤적이 시작
$\omega = 10[rad/sec]$인 경우 $\theta = \angle G(jw) = -180\degree$이다.

【정답】②

---

62. 그림과 같은 논리 회로는?

① OR 회로   ② AND 회로

③ NOT 회로   ④ NOR 회로

|정|답|및|해|설|

[OR(논리합)회로] 입력 A, B 중 한 입력만 있어도 출력 X가 생기
는 회로, 즉 $X_0 = A+B$이므로 OR회로이다.

【정답】①

---

63. 그림은 제어계와 그 제어계의 근궤적을 작도한
것이다. 이것으로부터 결정된 이득 여유 값은?

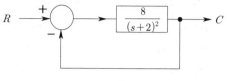

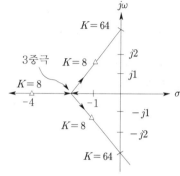

① 2   ② 4

③ 8   ④ 64

|정|답|및|해|설|

[이득 여유] $g \cdot m = \dfrac{\text{허수축과의 교차점에서 } K\text{의 값}}{K\text{의 설계값}}$

$= \dfrac{64}{8} = 8$ 【정답】③

---

64. 그림과 같은 스프링 시스템은
전기적 시스템으로 변환했을
때 이에 대응하는 회로는?

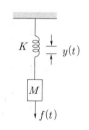

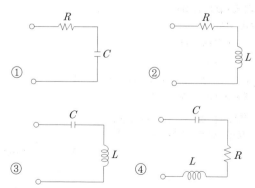

[전기회로의 병진운동]

전기계	직선운동계
전하 : $Q[C]$	위치(변위) : $y[m]$
전류 : $I[A]$	속도 : $v[m/s]$
전압 : $E[V]$	힘 : $F[N]$
저항 : $R[\Omega]$	점성마찰 : $B[N/m/s]$
인덕턴스 : $L[H]$	질량 : $M[kg.s^2/m]$
정전용량 : $C[F]$	탄성 : $K[N/m]$

문제에서는 질량과 탄성계수만 존재하므로 이를 전기계통으로 환산하면 인덕턴스와 캐피시터만 존재하는 회로이다.

【정답】③

65. $\dfrac{d^2}{dt^2}c(t)+5\dfrac{d}{dt}c(t)+4c(t)=r(t)$와 같은 함수를 상태함수로 변환하였다. 벡터 A, B의 값으로 적당한 것은?

$$\frac{d}{dt}X(t)=AX(t)+Br(t)$$

① $A=\begin{bmatrix}0 & 1\\ -5 & -4\end{bmatrix}$, $B=\begin{bmatrix}0\\ 1\end{bmatrix}$

② $A=\begin{bmatrix}0 & 1\\ 5 & 4\end{bmatrix}$, $B=\begin{bmatrix}0\\ 1\end{bmatrix}$

③ $A=\begin{bmatrix}0 & 1\\ -4 & -5\end{bmatrix}$, $B=\begin{bmatrix}0\\ 1\end{bmatrix}$

④ $A=\begin{bmatrix}0 & 1\\ 4 & 5\end{bmatrix}$, $B=\begin{bmatrix}0\\ 1\end{bmatrix}$

[상태 방정식]

$x(t)=x_1(t)$로 선정

$\dot{x}_1(t)=x_2(t)$
$\dot{x}_2(t)=-4x_1(t)-5x_2(t)+r(t)$
상태방정식으로 계산하면

$$\begin{bmatrix}\dot{x}_1(t)\\ \dot{x}_2(t)\end{bmatrix}=\begin{bmatrix}0 & 1\\ -4 & -5\end{bmatrix}\begin{bmatrix}x_1(t)\\ x_2(t)\end{bmatrix}+\begin{bmatrix}0\\ 1\end{bmatrix}r(t)$$

【정답】③

66. 전달함수 $G(s)=\dfrac{1}{s+a}$일 때, 이 계의 임펄스 응답 $c(t)$를 나타내는 것은? 단, a는 상수이다.

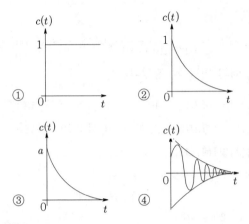

[임펄스 응답에 따른 전달함수]

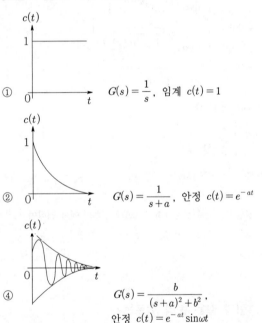

① $G(s)=\dfrac{1}{s}$, 임계 $c(t)=1$

② $G(s)=\dfrac{1}{s+a}$, 안정 $c(t)=e^{-at}$

④ $G(s)=\dfrac{b}{(s+a)^2+b^2}$, 안정 $c(t)=e^{-at}\sin\omega t$

【정답】②

67. 궤환(Feed back) 제어계의 특징이 아닌 것은?

① 정확성이 증가한다.
② 구조가 간단하고 설치비가 저렴하다.
③ 대역폭이 증가한다.
④ 계의 특성 변화에 대한 입력 대 출력비의 감도가 감소한다.

[피드백 제어계의 특징]
① 정확성의 증가
② 계의 특성 변화에 대한 입력 대 출력비의 감도 감소
③ 비선형과 왜형에 대한 효과의 감소
④ 대역폭의 증가
⑤ 발진을 일으키고 불안정한 상태로 되어 가는 경향성
⑥ <u>구조가 복잡하고 설치비가 고가</u>

【정답】②

변환량	변환요소
변위 → 임피던스	가변저항기, 용량형 변환기
변위 → 전압	포텐셔미터, 차동변압기, 전위차계
전압 → 변위	전자석, 전자코일
광 → 임피던스	광전관, 광전도 셀, 광전 트랜지스터
광 → 전압	광전지, 광전 다이오드
방사선 → 임피던스	GM 관, 전리함
온도 → 임피던스	측온 저항(열선, 서미스터, 백금, 니켈)
<u>온도 → 전압</u>	<u>열전대</u>

【정답】④

68. 이산 시스템(discrete data system)에서의 안정도 해석에 대한 아래의 설명 중 맞는 것은?

① 특성 방정식의 모든 근이 z 평면의 음의 반평면에 있으면 안정하다.
② 특성 방정식의 모든 근이 z 평면의 양의 반평면에 있으면 안정하다.
③ 특성 방정식의 모든 근이 z 평면의 단위원 내부에 있으면 안정하다.
④ 특성 방정식의 모든 근이 z 평면의 단위원 외부에 있으면 안정하다.

[z평면과 s평면의 관계]
·s평면의 좌반면 : z평면상에서는 <u>단위원의 내부에 사상(안정)</u>
·s평면의 우반면 : z평면상에서는 단위원의 외부에 사상(불안정)
·s평면의 허수측 : z평면상에서는 단위원의 원주상에 사상(임계)

【정답】③

69. 노 내 온도를 제어하는 프로세스 제어계에서 검출부에 해당하는 것은?

① 노 ② 밸브
③ 증폭기 ④ 열전대

[변환요소]

변환량	변환요소
압력 → 변위	벨로우즈, 다이어프램, 스프링
변위 → 압력	노즐플래퍼, 유압 분사관, 스프링

70. 단위 부궤환 제어 시스템(Unit Negative Feedback Control System)의 개루프(Open Loop) 전달 함수 $G(s)$가 다음과 같이 주어져 있다. 이득여유가 20[dB]이면 이때의 K값은?

$$G(s)H(s) = \frac{K}{(s+1)(s+3)}$$

① $\frac{3}{10}$ ② $\frac{3}{20}$

③ $\frac{1}{20}$ ④ $\frac{1}{40}$

[이득여유] $g \cdot m = 20\log_{10}\left|\frac{1}{GH}\right|[dB]$

$$GH(jw) = \frac{K}{(jw+1)(jw+3)}$$

$$|GH| = \left|\frac{K}{3-w^2+j4w}\right|_{w=0}$$

허수부가 0이 되는 주파수는 $w=0$이므로

$$|GH| = \frac{K}{3}$$

이득여유 $g \cdot m = 20\log_{10}\left|\frac{1}{\frac{K}{3}}\right| = 20[dB]$

그러므로 $\frac{3}{K} = 10 \rightarrow K = \frac{3}{10}$

【정답】①

71. $R = 100[\Omega]$, $X_L = 100[\Omega]$이고 L만을 가변할 수 있는 RLC 직렬회로가 있다. 이때 $f = 500[Hz]$, $E = 100[V]$를 인가하여 L을 변화시킬 때 L의 단자전압 E_1의 최대값은 몇 [V]인가? 단, 공진회로이다.

① 50   ② 100

③ 150   ④ 200

|정|답|및|해|설|

[RLC 직렬공진 시 전류] $I = \dfrac{V_m}{R}[A]$

$I = \dfrac{V_m}{R} = \dfrac{100}{100} = 1[A]$이므로

L의 최고 전압 $V_L = X_L \cdot I = 100 \times 1 = 100[V]$

【정답】②

72. 어떤 회로에 전압을 115[V] 인가하였더니 유효전력이 230[W], 무효전력이 345[Var]를 지시한다면 회로에 흐르는 전류는 약 몇 [A]인가?

① 2.5   ② 5.6

③ 3.6   ④ 4.5

|정|답|및|해|설|

[피상전력] $P_a = VI = I^2|Z| = \sqrt{P^2 + P_r^2}[VA]$

여기서, P_a : 피상전력, Z : 임피던스, P : 유효전력, P_r : 무효전력

전압 : 115[V], 유효전력 : 230[W], 무효전력 : 345[Var]

· $P_a = \sqrt{P^2 + P_r^2} = \sqrt{230^2 + 345^2} = 414.6[VA]$

· $P_a = VI$에서 $I = \dfrac{P_a}{V} = \dfrac{414.6}{115} = 3.6[A]$

【정답】③

73. 시정수의 의미를 설명한 것 중 틀린 것은?

① 시정수가 작으면 과도현상이 짧다.

② 시정수가 크면 정상 상태에 늦게 도달한다.

③ 시정수는 r로 표시하며 단위는 초[sec]이다.

④ 시정수는 과도 기간 중 변화해야 할 양의 0.632[%]가 변화하는 데 소요된 시간이다.

|정|답|및|해|설|

[시정수 (r)] 전류 $i(t)$가 <u>정상값의 63.2[%]까지</u> 도달하는데 걸리는 시간으로 단위는 [sec]

시정수 $r = \dfrac{L}{R}[\text{sec}]$

※ 시정수가 길면 길수록 정상값의 63.2[%]까지 도달하는데 걸리는 시간이 오래 걸리므로 과도현상은 오래 지속된다.

【정답】④

74. 무손실 선로에 있어서 감쇠 정수 α, 위상 정수를 β라 하면 α와 β의 값은? (단, R, G, L, C는 선로 단위 길이당의 저항, 콘덕턴스, 인덕턴스, 커패시턴스이다.)

① $\alpha = \sqrt{RG}$, $\beta = 0$

② $\alpha = 0$, $\beta = \dfrac{1}{\sqrt{LC}}$

③ $\alpha = \sqrt{RG}$, $\beta = w\sqrt{LC}$

④ $\alpha = 0$, $\beta = w\sqrt{LC}$

|정|답|및|해|설|

[전파정수] $r = \alpha + j\beta = \sqrt{Z \cdot Y}$

[특성 임피던스] $Z_0 = \sqrt{\dfrac{Z}{Y}} = \sqrt{\dfrac{R + jwL}{G + jwL}} = \sqrt{\dfrac{L}{C}}$

여기서, α : 감쇠정수, β : 위상 정수, Z : 임피던스

Y : 어드미턴스, G : 콘덕턴스, L : 인덕턴스

· 무손실 선로의 조건 $R = 0$, $G = 0$이므로

· 전파정수 $r = \sqrt{(R + jwL)(G + jwC)} = jw\sqrt{LC}$

따라서, $\alpha = 0$, $\beta = w\sqrt{LC}$

【정답】④

75. 어떤 소자에 걸리는 전압이 $100\sqrt{2}\cos\left(314t - \dfrac{\pi}{6}\right)[V]$이고, 흐르는 전류가 $3\sqrt{2}\cos\left(314t + \dfrac{\pi}{6}\right)[A]$일 때 소비되는 전력[W]은?

① 100   ② 150

③ 250   ④ 300

[소비전력] $P = VI\cos\theta$

전압(V) : 100[V], 전류(I) : 3[A] → (실효값 = $\dfrac{최대값}{\sqrt{2}}$)

$P = VI\cos\theta = 100 \times 3 \times \cos 60 = 150[W]$

전류와 전압의 위상차
$30 - (-30) = 60$

【정답】②

76. 그림 (a)와 그림 (b)가 역회로 관계에 있으려면 L의 값은 몇 [mH]인가?

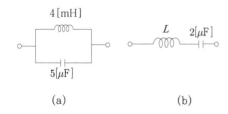

(a)   (b)

① 1   ② 2

③ 5   ④ 10

[역회로] 구동점 임피던스가 Z_1, Z_2인 2단자 회로망에서 $Z_1 Z_2 = K^2$의 관계가 성립할 때 Z_1, Z_2는 K에 대해 역회로라고 한다. $Z_1 = jwL_1$, $Z_2 = \dfrac{1}{jwC_2}$라면

$Z_1 Z_2 = \dfrac{jwL_1}{jwC_2} = \dfrac{L_1}{C_2} = K^2$의 관계가 있을 때 L과 C는 역회로가 된다. 이때는 반드시 쌍대의 관계가 있다.

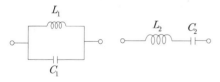

$K^2 = \dfrac{L_1}{C_2} = \dfrac{L_2}{C_1}$

$K^2 = \dfrac{L_1}{C_2} = \dfrac{4 \times 10^{-3}}{2 \times 10^{-6}} = 2000$

$\mu = 10^{-6}$

$[H] = 10^3[mH]$

$L_2 = K^2 C_1 = 2000^2 \times 5 \times 10^{-6} \times 10^3 = 10[mH]$

【정답】④

77. 2개의 전력계로 평형 3상 부하의 전력을 측정하였더니 한쪽의 지시가 다른 쪽 전력계 지시의 3배였다면 부하의 역률은 약 얼마인가?

① 0.46   ② 0.55

③ 0.65   ④ 0.76

[2전력계법] 단상 전력계 2대로 3상전력을 계산하는 법

· 유효전력 $P = |W_1| + |W_2|$

· 무효전력 $P_r = \sqrt{3}(|W_1 - W_2|)$

· 피상전력 $P_a = \sqrt{P^2 + P_r^2} = 2\sqrt{W_1^2 + W_2^2 - W_1 W_2}$

· 역률 $\cos\theta = \dfrac{P}{P_a} = \dfrac{W_1 + W_2}{2\sqrt{W_1^2 + W_2^2 - W_1 W_2}}$

한쪽의 지시가 다른 쪽 전력계 지시의 3배이므로

$W_1 = 3 W_2$

역률 $\cos\theta = \dfrac{3W_2 + W_2}{2\sqrt{9W_2^2 + W_2^2 - 3W_2 W_2}} = \dfrac{2}{\sqrt{7}} = 0.76$

【정답】④

78. $F(s) = \dfrac{1}{s(s+a)}$ 의 라플라스 역변환은?

① e^{-at} ② $1 - e^{-at}$

③ $a(1 - e^{-at})$ ④ $\dfrac{1}{a}(1 - e^{-at})$

[라플라스 변환] 변환된 함수가 유리수인 경우

· 분모가 인수분해 되는 경우 : 부분 분수 전개

· 분모가 인수분해 되는 않는 경우 : 완전 제곱형

$F(s) = \dfrac{1}{s(s+a)} = \dfrac{k_1}{s} + \dfrac{k_2}{s+a}$

$k_1 = \lim_{s \to 0} \dfrac{1}{s+a} = \dfrac{1}{a}$, $k_2 = \lim_{s \to -a} \dfrac{1}{a} = -\dfrac{1}{a}$

$\therefore \mathcal{L}^{-1}\left[\dfrac{1}{a}\dfrac{1}{s} - \dfrac{1}{a}\dfrac{1}{s+a}\right] = \dfrac{1}{a} - \dfrac{1}{a}e^{-at} = \dfrac{1}{a}(1 - e^{-at})$

【정답】④

79. 선간전압이 200[V]인 대칭 3상 전원에 평형 3상 전원에 평형 3상 부하가 접속되어 있다. 부하 1상의 저항은 10[Ω], 유도리액턴스 15[Ω], 용량리액턴스 5[Ω]이 직렬로 접속된 것이다. 부하 △ 결선일 경우, 선로 전류[A]와 3상 전력[W]은 얼마인가?

① $I_l = 10\sqrt{6}$, $P_3 = 6,000$

② $I_l = 10\sqrt{6}$, $P_3 = 8,000$

③ $I_l = 10\sqrt{3}$, $P_3 = 6,000$

④ $I_l = 10\sqrt{3}$, $P_3 = 8,000$

|정|답|및|해|설|

[부하 1상의 임피던스] $Z = R + j(X_L - X_c)$

[△결선 시] $I_p = \dfrac{V_p}{Z}$, $I_l = \sqrt{3}\,I_p$

[3상의 소비전력] $P = 3I_p^2 R$

여기서, Z : 임피던스, R : 저항, X_L : 유도성 리액턴스

$\quad\quad X_C$: 용량성 리액턴스, I_P : 상전류, V_P : 상전압

$\quad\quad I_l$: 선전류

선간전압(V_l) : 200[V], 저항 : 10[Ω], 유도리액턴스(X_L) : 15[Ω], 용량리액턴스(X_C) : 5[Ω]

① 임피던스 $Z = R + j(X_L - X_c) = 10 + j(15-5) = 10 + j0$

② 상전류 $I_p = \dfrac{V_p}{Z} = \dfrac{V_p}{\sqrt{R^2 + X^2}} = \dfrac{200}{\sqrt{10^2 + 10^2}} = 10\sqrt{2}$

③ 선전류 $I_l = \sqrt{3}\,I_p = \sqrt{3} \times 10\sqrt{2} = 10\sqrt{6}\,[A]$

④ 3상의 소비전력 $P = 3I_p^2 R = 3 \times (10\sqrt{2})^2 \times 10 = 6000\,[W]$

【정답】①

80. 공간적으로 서로 $\dfrac{2\pi}{n}[rad]$의 각도를 두고 배치한 n개의 코일에 대칭 n상 교류를 흘리면 그 중심에 생기는 회전자계의 모양은?

① 원형 회전자계　　② 타원형 회전자계

③ 원통형 회전자계　④ 원추형 회전자계

|정|답|및|해|설|

[회전자계]

·대칭 전류 : 원형회전 자계 형성

·비대칭 전류 : 타원 회전자계 형성

【정답】①

61. 다음 회로를 블록선도로 그림 것 중 옳은 것은?

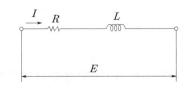

①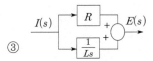

②

③

④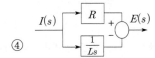

|정|답|및|해|설|

[라플라스 변환] $L\dfrac{di(t)}{dt} + P = e(t)$

$Ls\,I(s) + RI(s) = E(s) \;\rightarrow\; I(s)(Ls + R) = E(s)$

이를 블록선도로 표현하면

【정답】①

62. 특성 방정식 $s^2 + 2\zeta\omega_n s + \omega_n^2 = 0$에서 감쇠 진동을 하는 제동비 ζ의 값에 해당되는 것은?

① $\zeta > 1$　　　　② $\zeta = 1$

③ $\zeta = 0$　　　　④ $0 < \zeta < 1$

|정|답|및|해|설|

[폐류프 전달 함수] $G(s) = \dfrac{w_n^2}{s^2 + 2\zeta w_n s + w_n^2}$

특성 방정식 $s^2 + 2\zeta w_n s + w_n^2 = 0$

· $0 < \zeta < 1$인 경우 : 부족 제동(감쇠 진동)

· $\zeta > 1$인 경우 : 과제동(비진동)

· $\zeta = 1$인 경우 : 임계 제동(진동에서 비진동으로 옮기는 상태)

· $\zeta = 0$인 경우 : 무제동(일정한 진폭으로 진동, 무한진동)

【정답】④

63. 다음 그림의 전달함수 $\dfrac{Y(z)}{R(z)}$ 는 다음 중 어느 것인가?

[이상적인 표본기]

① $G(z)z$
② $G(z)z^{-1}$

③ $G(z)Tz^{-1}$
④ $G(z)Tz$

|정|답|및|해|설|

[전달함수] 시간지연은 z^{-1}로 표기

따라서, 전달함수는 $\dfrac{Y(z)}{R(z)} = G(z)z^{-1}$

【정답】②

64. 일정 입력에 대해 잔류 편차가 있는 제어계는?

① 비례 제어계

② 적분 제어계

③ 비례 적분 제어계

④ 비례 적분 미분 제어계

|정|답|및|해|설|

[조절부의 동작에 의한 분류]

	종류	특징
P	비례동작	·정상오차를 수반 ·잔류편차 발생
I	적분동작	잔류편차 제거
D	미분동작	오차가 커지는 것을 미리 방지

	종류	특징
PI	비례적분동작	·잔류편차 제거 ·제어결과가 진동적으로 될 수 있다.
PD	비례미분동작	응답 속응성의 개선
PID	비례적분미분동작	·잔류편차 제거 ·정상 특성과 응답 속응성을 동시에 개선 ·오버슈트를 감소시킨다. ·정정시간 적게 하는 효과 ·연속 선형 제어

잔류 편차가 발생하는 제어는 비례 제어(P)와 비례 미분 제어(PD)이다. 특히, 비례 제어(P)는 구조가 간단하지만, 잔류 편차가 생기는 결점이 있다. 잔류편차는 적분동작으로 제거가 된다.

【정답】①

65. 일반적인 제어시스템에서 안정의 조건은?

① 입력이 있는 경우 초기값에 관계없이 출력이 0으로 간다.

② 입력이 없는 경우 초기값에 관계없이 출력이 무한대로 간다.

③ 시스템이 유한한 입력에 대해서 무한한 출력을 얻는 경우

④ 시스테미 유한한 입력에 대해서 유한한 출력을 얻는 경우

|정|답|및|해|설|

[제어시스템 안정 조건] 유한입력 유한출력(Bounded Input Bouded Output : BIBO)

【정답】④

66. 개루프 전달함수 $G(s)H(s)$가 다음과 같이 주어지는 부궤환계에서 근궤적 점근선의 실수축과의 교차점은?

$$G(s)H(s) = \frac{K}{s(s+4)(s+5)}$$

① 0
② −1

③ −2
④ −3

[근궤적의 점근선의 교차점]

$$\sigma = \frac{\sum G(s)H(s)극점 - \sum G(s)H(s)영점}{p - z}$$

$$= \frac{(0-4-5)-0}{3-0} = -3 \qquad \text{【정답】④}$$

67. $S^3 + 11S^2 + 2S + 40 = 0$에는 양의 실수부를 갖는 근은 몇 개 있는가?

① 1   ② 2

③ 3   ④ 없다.

|정|답|및|해|설|

[루드의 표]

S^3	1	2
S^2	11	40
S^1	$\frac{2 \times 11 - 1 \times 40}{11} = -\frac{18}{11}$	0
S^0	40	

루드표의 1열의 부호가 두 번 바뀌므로 불안정 근이 2개이다.

【정답】②

68. 논리식 $L = \overline{x} \cdot \overline{y} + \overline{x} \cdot y + x \cdot y$ 를 간략화한 것은?

① $x + y$ ② $\overline{x} + y$

③ $x + \overline{y}$ ④ $\overline{x} + \overline{y}$

|정|답|및|해|설|

[부울대수] 부울대수를 이용하면 $A + BC = (A+B)(A+C)$

$L = \overline{x} \cdot \overline{y} + \overline{x} \cdot y + x \cdot y$

$= \overline{x}(\overline{y}+y) + xy = \overline{x} + xy = (\overline{x}+x)(\overline{x}+y) = \overline{x}+y$

【정답】②

69. 그림과 같은 블록선도에서 전달함수 $\frac{C(s)}{R(s)}$ 를 구하면?

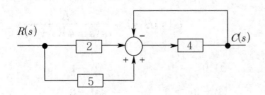

① $\frac{1}{8}$ ② $\frac{5}{28}$

③ $\frac{28}{5}$ ④ 8

|정|답|및|해|설|

[블록선도의 전달함수] $G(s) = \dfrac{\sum G}{1 - \sum L_1 + \sum L_2 + \cdots}$

여기서, L_1 : 각각의 모든 폐루프 이득의 합

L_2 : 서로 접촉하지 않는 2개의 폐루프 이득의 곱의 합

$\sum G$: 각각의 전향 경로의 합

$$G(s) = \frac{2 \cdot 4 + 5 \cdot 4}{1 - (-4)} = \frac{28}{5} \qquad \text{【정답】③}$$

70. $G(j\omega) = \dfrac{K}{j\omega(j\omega + 1)}$ 에 있어서 진폭 A 및 위상각 θ은?

$$\underset{\omega \to \infty}{Lim} G(j\omega) = A \angle \theta$$

① $A = 0$, $\theta = -90°$ ② $A = 0$, $\theta = -180°$

③ $A = \infty$, $\theta = -90°$ ④ $A = \infty$, $\theta = -180°$

|정|답|및|해|설|

[전달함수] $G(j\omega) = \dfrac{K}{j\omega(j\omega + 1)}$

크기(진폭) $|G(j\omega)| = \dfrac{1}{\omega\sqrt{1+\omega^2}}$

위상각은 적분기와 1차 지연요소가 있으므로 $\theta = 0° \sim -180°$ 이며, $\omega \to \infty$ 라면

크기(진폭) $|G(j\omega)| = \dfrac{1}{\omega\sqrt{1+\omega^2}} = 0$

위상각 $\theta = -180°$ 【정답】②

71. $R = 100[\Omega]$, $C = 30[\mu F]$의 직렬회로에 $f = 60[Hz]$ $V = 100[V]$의 교류전압을 인가할 때 전류는 약 몇 [A]인가?

① 0.42   ② 0.64

③ 0.75   ④ 0.87

|정|답|및|해|설|

[용량성 리액턴스] $X_c = \frac{1}{\omega C} = \frac{1}{2\pi f C}[\Omega]$

[임피던스] $Z = R - jX_c = \sqrt{R^2 + X_C^2}[\Omega]$

① $X_c = \frac{1}{2\pi f C} = \frac{1}{2\pi \times 60 \times 30 \times 10^{-6}} = 88.46[\Omega]$

② $Z = R - jX_c = 100 - j88.46 = \sqrt{100^2 + 88.46^2} = 133.51[\Omega]$

③ 전류 $I = \frac{V}{Z} = \frac{100}{133.51} = 0.75[A]$

【정답】③

72. 무손실 선로의 정상상태에 대한 설명으로 틀린 것은?

① 전파정수 γ은 $j\omega\sqrt{LC}$이다.

② 특성 임피던스 $Z_0 = \sqrt{\frac{C}{L}}$이다.

③ 진행파의 전파속도 $v = \frac{1}{\sqrt{LC}}$이다.

④ 감쇠정수 $\alpha = 0$, $\beta = \omega\sqrt{LC}$이다.

|정|답|및|해|설|

[무손실 회로와 무왜형 회로]

	무손실 선로	무왜형 선로
조건	$R=0$, $G=0$	$\frac{R}{L} = \frac{G}{C}$
특성 임피던스	$Z_0 = \sqrt{\frac{Z}{Y}}$ $= \sqrt{\frac{L}{C}}$	$Z_0 = \sqrt{\frac{Z}{Y}}$ $= \sqrt{\frac{L}{C}}$
전파정수	$\gamma = \sqrt{ZY}$ $\alpha = 0$ $\beta = \omega\sqrt{LC}$	$\gamma\sqrt{ZY}, \alpha = \sqrt{RG}$ $\beta = \omega\sqrt{LC}$
위상속도	$v = \frac{\omega}{\beta} = \frac{\omega}{\omega\sqrt{LC}}$ $= \frac{1}{\sqrt{LC}}$	$v = \frac{\omega}{\beta} = \frac{\omega}{\omega\sqrt{LC}}$ $= \frac{1}{\sqrt{LC}}$

【정답】②

73. 그림과 같은 파형의 Laplace 변환은?

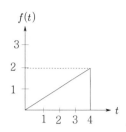

① $\frac{1}{2s^2}(1 - e^{-4s} - se^{-4s})$

② $\frac{1}{2s^2}(1 - e^{-4s} - 4e^{-4s})$

③ $\frac{1}{2s^2}(1 - se^{-4s} - 4e^{-4s})$

④ $\frac{1}{2s^2}(1 - e^{-4s} - 4se^{-4s})$

|정|답|및|해|설|

[라플라스 변환]

함수 $f(t) = \frac{2}{4}yu(t) - \frac{2}{4}(t-4)u(t-4) - 2u(t-4)$

라플라스 변환하면

$F(s) = \mathcal{L}[f(t)] = \frac{1}{2} \cdot \frac{1}{s^2} - \frac{1}{2}\frac{1}{s^2}e^{-4s} - \frac{2}{s}e^{-4s}$

$\qquad = \frac{1}{2s^2}(1 - e^{-4s} - 4se^{-4s})$ 　　　【정답】④

74. 2전력계법으로 평형 3상 전력을 측정하였더니 한쪽의 지시가 700[W], 다른 한쪽의 지시가 1400[W]이었다. 피상 전력은 약 몇 [VA]인가?

① 2,425 　　　② 2,771

③ 2,873 　　　④ 2,974

|정|답|및|해|설|

[2전력계법] 단상 전력계 2대로 3상전력을 계산하는 법

·유효전력 $P = |W_1| + |W_2|$

·무효전력 $P_r = \sqrt{3}(|W_1 - W_2|)$

·피상전력 $P_a = \sqrt{P^2 + P_r^2} = 2\sqrt{W_1^2 + W_2^2 - W_1 W_2}$

·역률 $\cos\theta = \frac{P}{P_a} = \frac{W_1 + W_2}{2\sqrt{W_1^2 + W_2^2 - W_1 W_2}}$

한쪽의 지시(W_1)가 700[W]

다른 쪽 전력계 지시(W_2)가 1400[W]

$P_a = 2\sqrt{W_1^2 + W_2^2 - W_1 W_2} = 2\sqrt{700^2 + 1400^2 - 700 \times 1400}$

$\quad = 2425$ 　　　　　　　　　　　　　【정답】①

75. 최대값이 I_m인 정현파 교류의 반파정류 파형의 실효값은?

① $\dfrac{I_m}{2}$ ② $\dfrac{I_m}{\sqrt{2}}$

③ $\dfrac{2I_m}{\pi}$ ④ $\dfrac{\pi I_m}{2}$

|정|답|및|해|설|
[각종 파형의 평균값, 실효값, 파형률, 파고율]

명칭	파형	평균값	실효값	파형률	파고율
정현파 (전파)	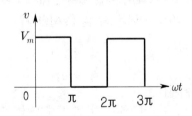	$\dfrac{2I_m}{\pi}$	$\dfrac{I_m}{\sqrt{2}}$	1.11	$\sqrt{2}$
정현파 (반파)		$\dfrac{I_m}{\pi}$	$\dfrac{I_m}{2}$	$\dfrac{\pi}{2}$	2
사각파 (전파)		I_m	I_m	1	1
사각파 (반파)		$\dfrac{I_m}{2}$	$\dfrac{I_m}{\sqrt{2}}$	$\sqrt{2}$	$\sqrt{2}$
삼각파		$\dfrac{I_m}{2}$	$\dfrac{I_m}{\sqrt{3}}$	$\dfrac{2}{\sqrt{3}}$	$\sqrt{3}$

여기서, I_m : 최대값 【정답】 ①

76. 그림과 같은 파형의 파고율은?

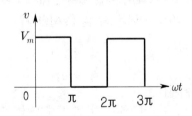

① 1 ② $\dfrac{1}{\sqrt{2}}$

③ $\sqrt{2}$ ④ $\sqrt{3}$

|정|답|및|해|설|

[구형파 반파] 실효값 $\dfrac{V_m}{\sqrt{2}}$, 평균값 $\dfrac{V_m}{2}$

· 파형률 $= \dfrac{\text{실효값}}{\text{평균값}} = \dfrac{\dfrac{V_m}{\sqrt{2}}}{\dfrac{V_m}{2}} = \dfrac{2}{\sqrt{2}} = \sqrt{2} = 1.414$

· 파고율 $= \dfrac{\text{최대값}}{\text{실효값}} = \dfrac{V_m}{\dfrac{V_m}{\sqrt{2}}} = \sqrt{2} = 1.414$

※구형파 전파의 경우는 파형률 파고율이 모두 1이다.

【정답】 ③

77. 그림과 같이 $10[\Omega]$의 저항에 권수비가 10:1의 결합회로를 연결했을 때 4단자정수 A, B, C, D는?

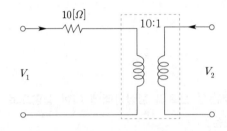

① $A=1,\ B=10,\ C=0,\ D=10$

② $A=10,\ B=1,\ C=0,\ D=10$

③ $A=10,\ B=0,\ C=1,\ D=\dfrac{1}{10}$

④ $A=10,\ B=1,\ C=0,\ D=\dfrac{1}{10}$

|정|답|및|해|설|

$\begin{bmatrix} A & B \\ C & D \end{bmatrix} = \begin{bmatrix} 1 & 10 \\ 0 & 1 \end{bmatrix}\begin{bmatrix} 10 & 0 \\ 0 & \dfrac{1}{10} \end{bmatrix} = \begin{bmatrix} 10 & 1 \\ 0 & \dfrac{1}{10} \end{bmatrix}$ 【정답】 ④

78. 그림과 같은 RC 회로에서 스위치를 넣은 순간 전류는? 단, 초기 조건은 0이다.

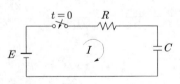

① 불변전류이다.

② 진동전류이다.

③ 증가함수로 나타낸다.

④ 감쇠함수로 나타낸다.

|정|답|및|해|설|

[R - C 직렬회로]

R - C 직렬회로	직류 기전력 인가 시 (S/W on)
전류 $i(t)$	$i = \dfrac{E}{R}e^{-\frac{1}{RC}t}[A]$
특성근	$P = -\dfrac{1}{RC}$
시정수	$r = RC[\sec]$
V_R	$V_R = Ee^{-\frac{1}{RC}t}[V]$
V_c	$V_c = E\left(1 - e^{-\frac{1}{RC}t}\right)[V]$

【정답】 ④

---

② 전압원 단락

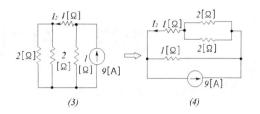

(3) *(4)*

$$I_2 = 9 \times \dfrac{1}{\left(1 + \dfrac{2 \times 2}{2 + 2}\right) + 1} = 3$$

전류 I는 I_1과 I_2의 방향이 반대이므로

$$I = I_1 - I_2 = 1 - 3 = -2[A]$$

【정답】 ③

---

79. 다음 회로에서 저항 R에 흐르는 전류 I는 몇 [A]인 가?

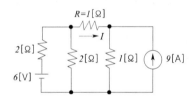

① 2[A]   ② 1[A]

③ -2[A]   ④ -1[A]

|정|답|및|해|설|

[중첩의 원리]

① 전류원 개방

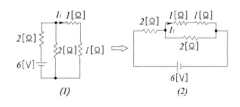

(1) *(2)*

$$I_1 = \dfrac{6}{2 + \dfrac{(1+1) \times 2}{(1+1) + 2}} \times \dfrac{2}{(1+1) + 2} = 1[A]$$

---

80. 전류의 대칭분을 I_0, I_1, I_2, 유기기전력 및 단자전 압의 대칭분을 E_a, E_b, E_c 및 V_0, V_1, V_2라 할 때 3상 교류 발전기의 기본식 중 정상분 V_1값은? 단, Z_0, Z_1, Z_2는 영상, 정상, 역상 임피던스이다.

① $-Z_0 I_0$ ② $-Z_2 I_2$

③ $E_a - Z_1 I_1$ ④ $E_b - Z_2 I_2$

|정|답|및|해|설|

[발전기의 기본식]

· 영상분 $V_0 = -Z_0 I_0$

· 정상분 $V_1 = E_a - Z_1 I_1$

· 역상분 $V_2 = -Z_2 \cdot I_2$

【정답】 ③

1회

61. 다음과 같은 시스템에 단위계단입력 신호가 가해졌을 때 지연시간에 가장 가까운 값(sec)은?

$$\frac{C(s)}{R(s)} = \frac{1}{s+1}$$

① 0.5
② 0.7
③ 0.9
④ 1.2

|정|답|및|해|설|

[단위 계단 응답] $C(s) = G(s)R(s) = \frac{1}{s(s+1)} = \frac{1}{s} - \frac{1}{s+1}$

$c(t) = 1 - e^{-t}$ 이므로

출력의 최종값 $\lim_{t \to \infty} c(t) = \lim_{t \to \infty}(1 - e^{-t}) = 1$이 된다.

따라서 지연시간 T_d는 최종값의 50[%]에 도달하는데 소요되는 시간이므로

$0.5 = 1 - e^{-T_d}$, $\frac{1}{e^{T_d}} = 1 - 0.5$, $e^{T_d} = 2$

$\therefore T_d = \ln 2 = 0.693 \fallingdotseq 0.7$ 【정답】②

62. 그림에서 ①에 알맞은 신호 이름은?

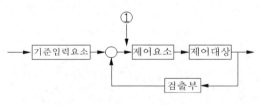

① 조작량
② 제어량
③ 기준 입력
④ 동작 신호

|정|답|및|해|설|

[궤환(feedback)] 동작 신호는 기준 입력과 주궤환량과의 차로, 제어 동작을 일으키는 신호로 편차라고도 한다. 【정답】④

63. 드모르간의 정리를 나타낸 식은?

① $\overline{A+B} = A \cdot B$
② $\overline{A+B} = \overline{A} + \overline{B}$
③ $\overline{A \cdot B} = \overline{A} \cdot \overline{B}$
④ $\overline{A+B} = \overline{A} \cdot \overline{B}$

|정|답|및|해|설|

[드모르간의 정리] $\overline{A \cdot B} = \overline{A} + \overline{B}$, $\overline{A+B} = \overline{A} \cdot \overline{B}$
【정답】④

64. 다음 단위 궤환 제어계의 미분방정식은?

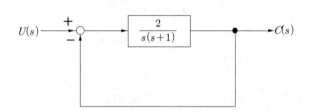

① $\dfrac{d^2 c(t)}{dt^2} + \dfrac{dc(t)}{dt} + c(t) = 2u(t)$

② $\dfrac{d^2 c(t)}{dt^2} + \dfrac{dc(t)}{dt} + 2c(t) = u(t)$

③ $\dfrac{d^2 c(t)}{dt^2} + \dfrac{dc(t)}{dt} + 2c(t) = 5u(t)$

④ $\dfrac{d^2 c(t)}{dt^2} + \dfrac{dc(t)}{dt} + 2c(t) = 2u(t)$

|정|답|및|해|설|

[전달함수] $G(s) = \dfrac{C(s)}{U(s)} = \dfrac{\dfrac{2}{s(s+1)}}{1 + \dfrac{2}{s(s+1)}} = \dfrac{2}{s^2 + s + 2}$

$(s^2 + s + 2)C(s) = 2U(s)$
$s^2 C(s) + sC(s) + 2C(s) = 2U(s)$

그러므로 $\dfrac{d^2 c(t)}{dt^2} + \dfrac{dc(t)}{dt} + 2c(t) = 2u(t)$

【정답】④

65. 특성방정식이 다음과 같다. 이를 z변환하여 z평면에 도시할 때 단위원 밖에 놓일 근은 몇 개인가?

$$(s+1)(s+2)(s-3)=0$$

① 0 　　② 1

③ 2 　　④ 3

[특성 방정식] $(S+1)(S+2)(S-3)=0$
특성방정식의 해(극점) $S=-1,\ -2,\ 3$
안정 : $S=-1,\ -2$
불안정 : $S=3$
∴ z평면의 단위원 밖에 놓일 근은 1개이다.$(S=3)$
　　　　　　　　　　　　　　　【정답】②

66. 다음 진리표의 논리소자는?

입력		출력
A	B	C
0	0	1
0	1	0
1	0	0
1	1	0

① OR 　　② NOR

③ NOT 　　④ NAND

[NOR] 진리표를 보면 OR의 부정이므로 NOR임을 쉽게 알 수 있다.
　　　　　　　　　　　　　　　【정답】②

67. 근궤적이 s평면의 jw축과 교차할 때 폐루프의 제어계는?

① 안정하다. 　　② 알 수 없다.

③ 불안정하다. 　　④ 임계상태이다.

[폐루프의 제어] 근궤적이 허수축(jw)과 교차할 때는 특성근의 실수부 크기가 0일 때와 같고, 특성근의 실수부가 0이면 임계 안정(임계상태)이다.
　　　　　　　　　　　　　　　【정답】④

68. 특성방정식 　$s^3+2s^2+(k+3)s+10=0$에서 Routh의 안정도 판별법으로 판별시 안정하기 위한 k의 범위는?

① $k>2$ 　　② $k<2$

③ $k>1$ 　　④ $k<1$

[특성 방정식]
$F(s)=s^3+2s^2+(k+3)s+10=0$이므로 루드 표는

S^3	1	k+3
S^2	2	10
S^1	$\dfrac{2(k+3)-10}{2}$	0
S^0	10	

제1열의 요소가 모두 양수가 되어야 하므로
$$\frac{2k-4}{2}>0$$
그러므로 안정되기 위한 조건은 $k>2$이다.
　　　　　　　　　　　　　　　【정답】①

69. 그림과 같은 신호흐름 선도에서 전달함수 $\dfrac{Y(s)}{X(s)}$는 무엇인가?

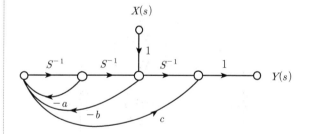

① $\dfrac{s+a}{s^2+as-b^2}$ 　　② $\dfrac{-bcs^2+s}{s^2+as+b}$

③ $\dfrac{-bcs^2+s+a}{s^2+as}$ 　　④ $\dfrac{-bcs^2+s+a}{s^2+as+b}$

[메이슨의 이득공식] $G=\dfrac{\sum G_i\triangle_i}{\triangle}$

$G=\dfrac{\sum G_i\triangle_i}{\triangle}$ 에서

$G_i : s^{-1}=\dfrac{1}{s}$ 　　$\triangle_i : 1-\left(-\dfrac{a}{s}\right)=1+\dfrac{a}{s}$

$\triangle=1-\left(-\dfrac{a}{s}-\dfrac{b}{s^2}\right)=1+\dfrac{a}{s}+\dfrac{b}{s^2}$

$$\therefore \frac{X(s)}{Y(s)} = \frac{\frac{1}{s}\left(1+\frac{a}{s}\right)-bc}{1+\frac{a}{s}+\frac{b}{s^2}} = \frac{-bcs^2+s+a}{s^2+as+b}$$

【정답】④

70. $G(s)H(s) = \dfrac{2}{(s+1)(s+2)}$ 의 이득여유[dB]는?

① 20[dB] ② −20[dB]

③ 0[dB] ④ ∞[dB]

|정|답|및|해|설|

[이득여유]

$G(s)H(s) = \dfrac{2}{(s+1)(s+2)}$ 허수부 $s=0$에서의 크기가 1이

므로, 이득 여유는

$G(s)H(s) = 20\log\dfrac{1}{|G(s)H(s)|} = 20\log 1 = 0[dB]$

【정답】③

71. $R_1 = R_2 = 100[\Omega]$ 이며, $L_1 = 5[H]$인 회로에서 시정수는 몇 [sec] 인가?

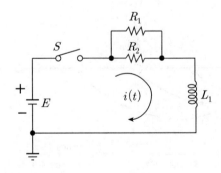

① 0.001 ② 0.01

③ 0.1 ④ 1

|정|답|및|해|설|

[시정수] $r = \dfrac{L}{R}[\text{sec}]$

여기서, L : 인덕턴스, R : 저항

회로에서 $R = \dfrac{100 \times 100}{100 + 100} = 50[\Omega]$

시정수 $r = \dfrac{L}{R}$ $\therefore r = \dfrac{5}{50} = 0.1[\text{sec}]$

【정답】③

72. 최대값이 10[V]인 정현파 전압이 있다. $t=0$에서의 순시값이 5[V]이고 이 순간에 전압이 증가하고 있다. 주파수가 60[Hz]일 때, $t=2[\text{ms}]$에서의 전압의 순시값[V]은?

① $10\sin 30°$ ② $10\sin 43.2°$

③ $10\sin 73.2°$ ④ $10\sin 103.2°$

|정|답|및|해|설|

[순시값] 순시값 $v(t) = V_m \sin(wt+\theta)$

여기서, V_m : 최대값 또는 진폭

순시값 $v = 10\sin(wt+30°)$

주기 $T = \dfrac{1}{f} = \dfrac{1}{60} = 0.0167[\text{sec}]$

90도에서 시간은 0.004 180도에서 시간은 0.008

270도에서 시간은 0.012 360도에서 시간은 0.016

$t = 2[\text{ms}] = 0.002$, 약 45도 뒤의 시간

$v = 10\sin(wt+30°) = 10\sin(45°+30°) = 10\sin 75°$

【정답】③

73. 그림과 같은 회로의 구동점 임피던스 Z_{ab}는?

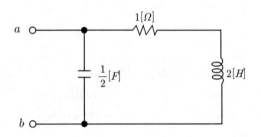

① $\dfrac{2(2s+1)}{2s^2+s+2}$ ② $\dfrac{2s+1}{2s^2+s+2}$

③ $\dfrac{2(2s-1)}{2s^2+s+2}$ ④ $\dfrac{2s^2+s+2}{2(2s+1)}$

|정|답|및|해|설|

[구동점 임피던스] 구동점 임피던스는 jw 또는 s로 치환하여 나타낸다.

· $R \rightarrow Z_R(s) = R$

· $L \rightarrow Z_L(s) = jwL = sL$

· $C \rightarrow Z_c(s) = \dfrac{1}{jwC} = \dfrac{1}{sC}$

$Z_{ab}(s) = \dfrac{(1+2s) \cdot \dfrac{2}{s}}{1+2s+\dfrac{2}{s}} = \dfrac{2(2s+1)}{2s^2+s+2}$

【정답】①

74.

74. 비접지 3상 Y회로에서 전류 $I_a = 15 + j2[A]$, $I_b = -20 - j14[A]$일 경우 $I_c[A]$는?

① $5 + j12$ ② $-5 + j12$

③ $5 - j12$ ④ $-5 - j12$

|정|답|및|해|설|

[대칭좌표법] 영상분은 접지선, 중성선에 존재하므로

$I_0 = \frac{1}{3}(I_a + I_b + I_c) = 15 + j2 - 20 - j14 + I_c = 0$

$I_c = 5 + j12[A]$

【정답】①

75.

75. 콘덴서 $C[F]$에 단위 임펄스의 전류원을 접속하여 동작시키면 콘덴서의 전압 $V_c(t)$는? 단, $u(t)$는 단위계단 함수이다.

① $V_c(t) = C$ ② $V_c(t) = Cu(t)$

③ $V_c(t) = \frac{1}{C}$ ④ $V_c(t) = \frac{1}{C}u(t)$

|정|답|및|해|설|

콘덴서에서의 전압 $V_c(t) = \frac{1}{C}\int i(t)dt$

라플라스 변환하면 $V_c(s) = \frac{1}{Cs}I(s)$

임펄스의 전류를 인가하면 $I(s) = 1$

$V_c(s) = \frac{1}{Cs}$

라플라스 역변환 $V_c(t) = \frac{1}{C}u(t)$

【정답】④

76.

76. 그림과 같은 라플라스 변환은?

① $\frac{2}{S}(1 - e^{4S})$ ② $\frac{2}{S}(1 - e^{-4S})$

③ $\frac{4}{S}(1 - e^{4S})$ ④ $\frac{4}{S}(1 - e^{-4S})$

|정|답|및|해|설|

[라플라스 변환의 시간이동정리를 적용]

$f(t) = 2u(t) - 2u(t-4)$

$\mathcal{L}[f(t)] = \mathcal{L}[2u(t) - 2u(t-4)] = \frac{2}{S} - \frac{2}{S}e^{-4S} = \frac{2}{S}(1 - e^{-4S})$

【정답】②

77.

77. 그림과 같은 회로의 컨덕턴스 G_2에 흐르는 전류는 몇 [A]인가?

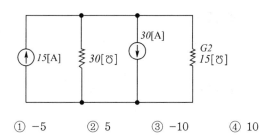

① -5 ② 5 ③ -10 ④ 10

|정|답|및|해|설|

[전류 배분의 법칙] $I_1 = I \times \frac{G_1}{G_1 + G_2}[A]$, $I_2 = I \times \frac{G_2}{G_1 + G_2}[A]$

전류원 두 개가 방향이 반대 이므로 컨덕턴스에는 15[A]전류가 흐르고 배분법칙에 따라 작은 컨덕턴스(G)에 작은 전류가 흐른다.

$I_2 = I \times \frac{G_2}{G_1 + G_2} = -15 \times \frac{15}{30 + 15} = -5[A]. \rightarrow (G = \frac{1}{R})$

【정답】①

78.

78. 분포정수 전송회로에 대한 설명이 아닌 것은?

① $\frac{R}{L} = \frac{G}{C}$인 회로를 무왜형 회로라 한다.

② $R = G = 0$인 회로를 무손실 회로라 한다.

③ 무손실 회로와 무왜형 회로의 감쇠정수는 $\sqrt{RG}$이다.

④ 무손실 회로와 무왜형 회로에서의 위상속도는 $\frac{1}{\sqrt{LC}}$이다.

|정|답|및|해|설|

[무손실 선로 (손실이 없는 선로)]

·조건이 $R = 0$, $G = 0$인 선로

·$\alpha = 0$, $\beta = \omega\sqrt{LC}$ → (α : 감쇠정수, β : 위상정수)

·전파속도 $v = \frac{\omega}{\beta} = \frac{\omega}{\omega\sqrt{LC}} = \frac{1}{\sqrt{LC}}$ [m/sec]

79. 다음 회로에서 절점 a와 절점 b의 전압이 같은 조건은?

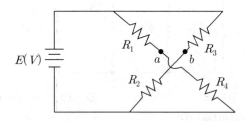

① $R_1 R_3 = R_2 R_4$ ② $R_1 R_2 = R_3 R_4$

③ $R_1 + R_3 = R_2 + R_4$ ④ $R_1 + R_2 = R_3 + R_4$

|정|답|및|해|설|
[브리지 회로의 평형 조건] 서로 마주보는 대각으로의 곱이 같으면 회로가 평형이다. 즉, $R_1 R_2 = R_3 R_4$ 【정답】②

80. 그림과 같은 파형의 파고율은?

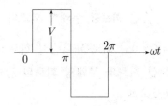

① 1 ② 2

③ $\sqrt{2}$ ④ $\sqrt{3}$

|정|답|및|해|설|
[구형파 전파의 파고율과 파형률] 구형파 전파의 경우는 파형률 파고율이 모두 1이다.

구형파의 파고율 $= \dfrac{최대값}{실효값} = \dfrac{V_m}{V_m} = 1$

구형파의 파형율 $= \dfrac{실효값}{평균값} = \dfrac{V_m}{V_m} = 1$

[구형파 반파의 파고율과 파형률]

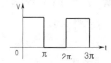

실효값 $\dfrac{V_m}{\sqrt{2}}$, 평균값 $\dfrac{V_m}{2}$ 이므로

파형률 $= \dfrac{실효값}{평균값} = \dfrac{\dfrac{V_m}{\sqrt{2}}}{\dfrac{V_m}{2}} = \dfrac{2}{\sqrt{2}} = \sqrt{2} = 1.414$

파고율 $= \dfrac{최대값}{실효값} = \dfrac{V_m}{\dfrac{V_m}{\sqrt{2}}} = \sqrt{2} = 1.414$

【정답】①

61. 기준 입력과 주궤환량과의 차로서, 제어계의 동작을 일으키는 원인이 되는 신호는?

① 조작신호 ② 동작신호
③ 주궤환 신호 ④ 기준입력신호

|정|답|및|해|설|
[동작 신호]
동작 신호는 기준 입력과 주궤환량과의 차로, 제어 동작을 일으키는 신호로 편차라고도 한다. 【정답】②

62. 폐루프 전달함수 C(s)/R(s)가 다음과 같은 2차 제어계에 대한 설명 중 잘못된 것은?

$$\frac{C(s)}{R(s)} = \frac{\omega_n^2}{s^2 + 2\delta\omega_n s + \omega_n^2}$$

① 최대 오버슈트는 $e^{-\pi\delta/\sqrt{1-\delta^2}}$ 이다.

② 이 폐루프계의 특성방정식은
$s^2 + 2\omega_n s + \omega_n^2 = 0$ 이다.

③ 이 계는 $\delta = 0.1$일 때 부족 제동된 상태에 있게 된다.

④ δ값을 작게 할수록 제동은 많이 걸리게 되니 비교 안정도는 향상된다.

|정|답|및|해|설|
[제동비(δ)]

$\delta > 1$: 과제동 비진동

$0 < \delta < 1$: 부족제동 감쇠진동

$\delta = 0$: 무제동

$\delta = 1$: 임계제동

δ가 클수록 제동이 크고 안정도가 향상된다.

【정답】④

63. 3차인 이산치 시스템의 특성 방정식의 근이 −0.3, −0.2, +0.5로 주어져 있다. 이 시스템의 안정도는?

① 이 시스템은 안정한 시스템이다.

② 이 시스템은 불안정한 시스템이다.

③ 이 시스템은 임계 안정한 시스템이다.

④ 위 정보로서는 이 시스템의 안정도를 알 수 없다.

|정|답|및|해|설|
[z평면의 안정도]

·s평면의 좌반면 : z평면상에서는 단위원의 내부에 사상(안정)

·s평면의 우반면 : z평면상에서는 단위원의 외부에 사상(불안정)

·s평면의 허수축 : z평면상에서는 단위원의 원주상에 사상(임계)

이산치 시스템에서 z 변환 특성 방정식의 근의 위치(−0.3, −0.2, +0.5)는 모두 원점을 중심으로 z 평면의 단위인 내부에 존재하므로 안정한 시스템이다.

【정답】①

64. 다음의 특성방정식을 Routh−Hurwitz 방법으로 안정도를 판별하고자 한다. 이때 안정도를 판별하기 위하여 가장 잘 해석한 것은 어느 것인가?

$$q(s) = s^5 + 2s^4 + 2s^3 + 4s^2 + 11s + 10$$

① s평면의 우반면에 근은 없으나 불안정하다.

② s평면의 우반면에 근이 1개 존재하여 불안정하다.

③ s평면의 우반면에 근이 2개 존재하여 불안정하다.

④ s평면의 우반면에 근이 3개 존재하여 불안정하다.

|정|답|및|해|설|
[특정 방정식] $q(s) = s^5 + 2s^4 + 2s^3 + 4s^2 + 11s + 10$

루드 표는 다음과 같다.

s^5	1	2	11
s^4	2	4	10
s^3	ϵ	6	
s^2	$\dfrac{4\epsilon - 12}{\epsilon}$	10	
s^1	$\dfrac{24\epsilon - 72 - 10\epsilon^2}{4\epsilon - 12}$		
s^0	10		

ϵ은 양수, $\dfrac{4\epsilon - 12}{\epsilon}$ 은 음수, $\dfrac{24\epsilon - 72 - 10\epsilon^2}{4\epsilon - 12}$ 은 양수

1열의 부호변화가 2번 있으므로 불안정

우반면의 2개의 극점이 존재

【정답】③

65. 전달함수 $G(s)H(s) = \dfrac{K(s+1)}{s(s+2)(s+3)}$ 에서 근궤적의 수는?

① 1   ② 2

③ 3   ④ 4

|정|답|및|해|설|
[근궤적의 수] $z > p$이면 $N = z$이고, $z < p$이면 $N = p$가 된다.

문제에서 $p = 3$, $z = 1$이므로 $N = p$, ∴ $N = 3$

【정답】③

66. 다음의 미분 방정식을 신호 흐름 선도에 바르게 나타낸 것은? (단, c(t)=$X_1(t)$, $X_2(t) = \dfrac{d}{dt}X_1(t)$로 표시한다)

$$2\frac{dc(t)}{dt} + 5c(t) = r(t)$$

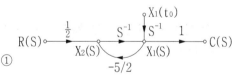

[신호 흐름 선도]

$\dfrac{d}{dt}c(t)=\dfrac{d}{dt}x_1(t)=x_2(t)$ ....①

방정식을 다음과 같이 변형할 수 있다.

$\dfrac{d}{dt}c(t)=-\dfrac{5}{2}c(t)+\dfrac{1}{2}r(t)$

$x_2(t)=-\dfrac{5}{2}x_1(t)+\dfrac{1}{2}r(t)$ ....②

식 ①을 적분하면

$x_1(t)=\displaystyle\int_{t_0}^{t}x_2(\tau)d\tau+x_1(t_0)$ ....③

식 ②, ③을 라플라스 변환하면

$X_2(s)=-\dfrac{5}{2}X_1(s)+\dfrac{1}{2}R(s)$ ....④

$X_1(s)=-\dfrac{X_2(s)}{s}+\dfrac{x_1(t_0)}{s}$ ....⑤

식 ④, ⑤를 신호 흐름 선도로 변환하면 그림 (a), (b)와 같다.
위의 두 선도를 합성하면 그림 (c)가 된다.

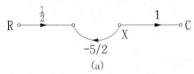
(a)

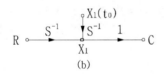
(b)

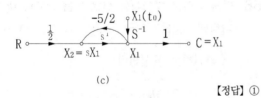
(c)

【정답】①

67. 다음 블록선도의 전제 전달함수가 1이 되기 위한 조건은?

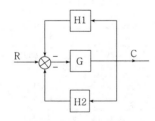

① $G=\dfrac{1}{1-H_1-H_2}$ ② $G=\dfrac{1}{1+H_1+H_2}$

③ $G=\dfrac{-1}{1-H_1-H_2}$ ④ $G=\dfrac{-1}{1+H_1+H_2}$

[전달함수] $\dfrac{C(s)}{R(s)}=\dfrac{G}{1-(-H_1G-H_2G)}=\dfrac{G}{1+H_1G+H_2G}=1$

$G=1+H_1G+H_2G,\quad G(1-H_1-H_2)=1$

$\therefore G=\dfrac{1}{1-H_1-H_2}$

【정답】①

68. 특성방정식의 모든 근이 s복소평면의 좌반면에 있으면 이 계는 어떠한가?

① 안정   ② 준안정
③ 불안정   ④ 조건부안정

[특성방정식의 근의 위치에 따른 안정도]

① 제어계의 안정조건 : 특성방정식의 근이 모두 s 평면 좌반부에 존재하여야 한다.
② 불안정 상태 : 특성방정식의 근이 모두 s 평면 우반부에 존재하여야 한다.
③ 임계 상태 : 허수축

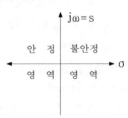

【정답】①

69. 그림의 회로는 어느 게이트(Gate)에 해당하는가?

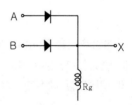

① OR   ② AND
③ NOT   ④ NOR

[OR gate의 논리 심벌 및 진리표]

OR gate의 논리 심벌 및 진리표는 다음과 같다.

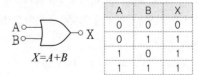

A	B	X
0	0	0
0	1	1
1	0	1
1	1	1

$X=A+B$

【정답】①

70. 전달함수가 $G(s) = \dfrac{Y(s)}{X(s)} = \dfrac{1}{s^2(s+1)}$ 로 주어진 시스템의 단위 임펄스 응답은?

① $y(t) = 1 - t + e^{-t}$ ② $y(t) = 1 + t + e^{-t}$

③ $y(t) = t - 1 + e^{-t}$ ④ $y(t) = t - 1 - e^{-t}$

|정|답|및|해|설|

[임펄스 응답] $r(t) = \delta(t)$

출력 $C(s) = G(s)R(s)$, $R(s) = 1$, $C(s) = G(s)$

$\therefore C(t) = \mathcal{L}^{-1}[C(s)] = \mathcal{L}^{-1}[G(s)]$

$G(s) = \dfrac{1}{s^2(s+1)} = \dfrac{k_1}{s^2} + \dfrac{k_2}{s} + \dfrac{k_3}{s+1}$

$k_1 = \lim_{s \to 0} s^2 \cdot F(s) = \left[\dfrac{1}{s+1} \right]_{s=0} = 1$

$k_2 = \lim_{s \to 0} \dfrac{d}{ds} \left(\dfrac{1}{s+1} \right) = \left[\dfrac{-1}{(s+1)^2} \right]_{s=0} = -1$

$k_3 = \lim_{s \to -1} (s+1) \cdot F(s) = \left[\dfrac{1}{s^2} \right]_{s=-1} = 1$

$G(s) = \dfrac{1}{s^2} - \dfrac{1}{s} + \dfrac{1}{s+1}$

그러므로 $C(t) = \mathcal{L}^{-1}[G(s)] = t - 1 + e^{-t}$

【정답】③

71. 다음과 같은 회로망에서 영상파라미터(영상전달 정수) θ는?

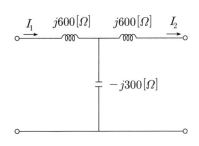

① 10 ② 2

③ 1 ④ 0

|정|답|및|해|설|

[4단자 정수] $\begin{bmatrix} A & B \\ C & D \end{bmatrix} = \begin{bmatrix} 1 & j6000 \\ 0 & 1 \end{bmatrix} \begin{bmatrix} 1 & 0 \\ -\dfrac{1}{j300} & 1 \end{bmatrix} \begin{bmatrix} 1 & j600 \\ 0 & 1 \end{bmatrix}$

$= \begin{bmatrix} -1 & 0 \\ \dfrac{1}{j300} & -1 \end{bmatrix}$

$\therefore \theta = \cosh^{-1}\sqrt{AD} = \cosh^{-1} 1 = 0$

【정답】④

72. △결선된 대칭 3상 부하가 있다. 역률이 0.8(지상)이고, 소비전력이 1,800[W]이다. 선로 저항이 0.5[Ω]에서 발생하는 선로손실이 50[W]이면 부하단자전압[V]은?

① 627[V] ② 525[V]

③ 326[V] ④ 225[V]

|정|답|및|해|설|

[전선로 손실] $P_l = 3I^2 R = 50[W]$

선로에 흐르는 전류를 구하면

$I = \sqrt{\dfrac{P_l}{3R}} = \sqrt{\dfrac{50}{30 \times 0.5}} = 5.77[A]$

[소비 전력] $P = \sqrt{3}\,VI\cos\theta$에서

부하 단자전압 $V = \dfrac{P}{\sqrt{3}\,I\cos\theta} = \dfrac{1800}{\sqrt{3} \times 5.77 \times 0.8} = 225[V]$

【정답】④

73. 그림과 같은 회로에서 스위치 S를 닫았을 때, 과도분을 포함하지 않기 위한 $R[\Omega]$은?

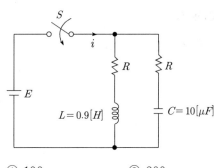

① 100 ② 200

③ 300 ④ 400

|정|답|및|해|설|

과도현상이 발생되지 않기 위한 조건은 정저항 조건을 만족하면 된다. 그러므로 $R^2 = \dfrac{L}{C}$이다.

$\therefore R = \sqrt{\dfrac{L}{C}} = \sqrt{\dfrac{0.9}{10 \times 10^{-6}}} = 300[\Omega]$

【정답】③

74. $E = 40 + j30[V]$의 전압을 가하면 $I = 30 + j10[A]$의 전류가 흐르는 회로의 역률은?

① 0.949   ② 0.831

③ 0.764   ④ 0.651

|정|답|및|해|설|

[피상전력] $P_a = VI$

[역률] $\cos\theta = \dfrac{P}{P_a}$

여기서, P : 유효전력, P_a : 피상전력

$P_a = VI = (40 - j30)(30 + j10) = 1500 - j500$

$\therefore \cos\theta = \dfrac{P}{P_a} = \dfrac{1500}{\sqrt{1500^2 + 500^2}} = 0.949$

【정답】①

75. 분포정수회로에서 직렬임피던스를 Z, 병렬어드미턴스를 Y라 할 때, 선로의 특성임피던스 Z_0는?

① ZY ② $\sqrt{ZY}$

③ $\sqrt{\dfrac{Y}{Z}}$ ④ $\sqrt{\dfrac{Z}{Y}}$

|정|답|및|해|설|

[특성임피던스] $Z_0 = \sqrt{\dfrac{Z}{Y}} = \sqrt{\dfrac{R + j\omega L}{G + j\omega C}}$

【정답】④

76. 다음과 같은 회로의 공진 시 어드미턴스는?

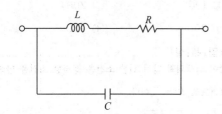

① $\dfrac{RL}{C}$ ② $\dfrac{RC}{L}$

③ $\dfrac{L}{RC}$ ④ $\dfrac{R}{LC}$

|정|답|및|해|설|

[합성어드미턴스] $Y = Y_1 + Y_2 = \dfrac{1}{R + j\omega L} + j\omega C$

$= \dfrac{R}{R^2 + (\omega L)^2} + j\left(\omega C - \dfrac{\omega L}{R^2 + (\omega L)^2}\right)$

병렬공진 조건인 어드미턴스의 허수부의 값이 0이 되어야 하므로

$\omega C - \dfrac{\omega L}{R^2 + (\omega L)^2} = 0$, $\omega C = \dfrac{\omega L}{R^2 + (\omega L)^2}$

따라서 $R^2 + \omega^2 L^2 = \dfrac{L}{C}$

공진 시 어드미턴스는 $Y = \dfrac{R}{R^2 + \omega^2 L^2}$

$R^2 + \omega^2 L^2 = \dfrac{L}{C}$를 대입 $Y_r = \dfrac{R}{R^2 + \omega^2 L^2} = \dfrac{R}{\dfrac{L}{C}} = \dfrac{RC}{L}$

【정답】②

77. 그림과 같은 회로에서 전류 $I[A]$는?

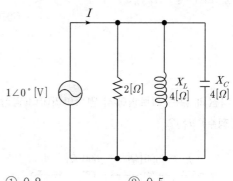

① 0.2   ② 0.5

③ 0.7   ④ 0.9

|정|답|및|해|설|

저항 2[Ω]에 흐르는 전류 $I_R = \dfrac{1\angle 0°}{2} = 0.5[A]$

인덕턴스 4[Ω]에 흐르는 전류 $I_L = \dfrac{1\angle 0°}{j4} = -j0.25[A]$

콘덴서 4[Ω]에 흐르는 전류 $I_C = \dfrac{1\angle 0°}{-j4} = j0.25[A]$

전체 전류 $I = I_R + I_L + I_C = 0.5 - j0.25 + j0.25 = 0.5[A]$

【정답】②

78. $F(s) = \dfrac{s+1}{s^2+2s}$ 로 주어졌을 때 $F(s)$의 역변환은?

① $\dfrac{1}{2}(1+e^t)$ ② $\dfrac{1}{2}(1+e^{-2t})$

③ $\dfrac{1}{2}(1-e^{-t})$ ④ $\dfrac{1}{2}(1-e^{-2t})$

|정|답|및|해|설|

[라플라스 역변환]

$F(s) = \dfrac{s+1}{s^2+2s}$ 를 라플라스 역변환하면

$F(s) = \dfrac{s+1}{s^2+2s} = \dfrac{s+1}{s(s+2)} = \dfrac{k_1}{s} + \dfrac{k_2}{s+2}$

$k_1 = \lim_{s \to 0} s \cdot F(s) = \left[\dfrac{s+1}{s+2}\right]_{s=0} = \dfrac{1}{2}$

$k_2 = \lim_{s \to -2} (s+2) \cdot F(s) = \left[\dfrac{s+1}{s}\right]_{s=-2} = \dfrac{1}{2}$

$F(s) = \dfrac{1}{2}\dfrac{1}{s} + \dfrac{1}{2}\dfrac{1}{s+2} = \dfrac{1}{2}\left(\dfrac{1}{s} + \dfrac{1}{s+2}\right)$

라플라스 역변환하면

$\therefore f(t) = \mathcal{L}^{-1}[F(s)] = \dfrac{1}{2}(1+e^{-2t})$

【정답】②

79. 그림과 같은 파형의 전압 순시값은?

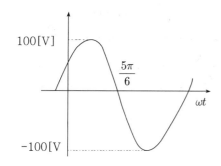

① $100\sin\left(\omega t + \dfrac{\pi}{6}\right)$

② $100\sqrt{2}\,\sin\left(\omega t + \dfrac{\pi}{6}\right)$

③ $100\sin\left(\omega t - \dfrac{\pi}{6}\right)$

④ $100\sqrt{2}\,\sin\left(\omega t - \dfrac{\pi}{6}\right)$

|정|답|및|해|설|

[파형의 전압 순시값] $v = V_m \sin(\omega t + \theta)$

파형을 보면, 최대값 : 100[V]

위상이 앞서는 파형으로 $\theta = \pi - \dfrac{5\pi}{6} = \dfrac{\pi}{6}$ 앞선다.

$v = V_m \sin(\omega t + \theta)$에서 $v = 100\sin\left(\omega t + \dfrac{\pi}{6}\right)$

【정답】①

80. $e(t) = 100\sqrt{2}\,\sin\omega t + 150\sqrt{2}\,\sin\omega t + 200\sqrt{2}\,\sin 5\omega t[V]$인 전압을 $R-L$ 직렬회로에 가할 때에 제5고조파 전류의 실효값은 약 몇 [A]인가? 단, $R = 12[\Omega]$, $\omega L = 1[\Omega]$이다.

① 10 ② 15

③ 20 ④ 25

|정|답|및|해|설|

[제5고조파에 의하여 흐르는 전류의 실효값]

제5고조파에 대한 임피던스 $Z_5 = R + j5\omega L = 12 + j5$

$I_5 = \dfrac{V_5}{Z_5} = \dfrac{V_5}{\sqrt{R^2 + (5\omega L)^2}} = \dfrac{260}{\sqrt{12^2 + 5^2}} = 20[A]$

【정답】③

61. 다음 블록선도의 전달함수는?

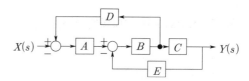

① $\dfrac{Y(s)}{X(s)} = \dfrac{ABC}{1 + BCD + ABE}$

② $\dfrac{Y(s)}{X(s)} = \dfrac{ABC}{1 + BCD + ABD}$

③ $\dfrac{Y(s)}{X(s)} = \dfrac{ABC}{1 + BCE + ABD}$

④ $\dfrac{Y(s)}{X(s)} = \dfrac{ABC}{1 + BCE + ABE}$

[블록선도의 전달함수] $G(s) = \dfrac{\sum G}{1 - \sum L_1 + \sum L_2 + \cdots}$

L_1 : 각각의 모든 페루프 이득의 합$(-ABD)$

L_2 : 서로 접촉하지 않는 2개의 페루프 이득의 곱의 합$(-BCE)$

$\sum G$: 각각의 전향 경로의 합(ABC)

$$G(s) = \frac{\sum G}{1 - \sum L_1 + \sum L_2 + \cdots} = \frac{ABC}{1 - (-ABD - BCE)}$$
$$= \frac{ABC}{1 + ABD + BCE}$$

【정답】③

62. 주파수 특성의 정수 중 대역폭이 좁으면 좁을수록 이때의 응답속도는 어떻게 되는가?

① 빨라진다.

② 늦어진다.

③ 빨라졌다 늦어진다.

④ 늦어졌다 빨라진다.

[대역폭] 대역폭은 크기가 $0.707 M_0$ 또는 $(20 \log M_0 - 3)$[dB]에서의 주파수로 정의한다(여기서, M_0 : 영 주파수에서의 이득).

· 대역폭이 넓으면 넓을수록 응답 속도가 빠르다.

· 대역폭이 좁으면 좁을수록 응답 속도가 늦어진다.

【정답】②

63. 다음의 논리회로가 나타내는 식은?

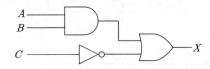

① $X = (A \cdot B) + \overline{C}$　　② $X = \overline{(A \cdot B)} + C$

③ $X = \overline{(A+B)} \cdot C$　　④ $X = (A+B) \cdot \overline{C}$

[논리 게이트]

· AND gate : 직렬회로 논리곱으로 표현하며, $X = AB$

· OR gate : 병렬회로 논리합으로 표현, $X = A + B$

· NOT gate : bar(-)로 표현, $X = \overline{A}$

$X = (AB) + \overline{C}$

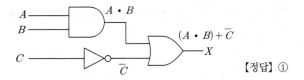

【정답】①

64. 그림과 같은 요소는 제어계의 어떤 요소인가?

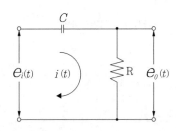

① 적분 요소

② 미분 요소

③ 1차 지연 요소

④ 1차 지연 미분 요소

[전달함수] $G(s) = \dfrac{E_0(s)}{E_i(s)} = \dfrac{R}{\dfrac{1}{Cs} + R} = \dfrac{RCs}{1 + RCs}$

$$= \frac{Ts}{1 + Ts} \quad (T = RC \text{이므로})$$

여기서, K : 비례 요소, Ks : 미분 요소, $\dfrac{K}{s}$: 적분 요소

$\dfrac{K}{Ts+1}$: 1차 지연 요소

그러므로 1차 지연 요소를 포함한 미분 요소이다.

【정답】④

65. 상태 방정식으로 표시되는 제어계의 천이 행렬 $\varnothing(t)$는?

$$X = \begin{bmatrix} 0 & 1 \\ 0 & 0 \end{bmatrix} X + \begin{bmatrix} 0 \\ 1 \end{bmatrix} u$$

① $\begin{bmatrix} 0 & t \\ 1 & 1 \end{bmatrix}$　　　　② $\begin{bmatrix} 1 & 1 \\ 0 & t \end{bmatrix}$

③ $\begin{bmatrix} 1 & t \\ 0 & 1 \end{bmatrix}$　　　　④ $\begin{bmatrix} 0 & t \\ 1 & 0 \end{bmatrix}$

[천이행렬]

$$\varnothing(t) = \pounds^{-1}[(sI-A)^{-1}]$$

$$[sI-A] = \begin{bmatrix} s & 0 \\ 0 & s \end{bmatrix} - \begin{bmatrix} 0 & 1 \\ 0 & 0 \end{bmatrix} = \begin{bmatrix} s & -1 \\ 0 & s \end{bmatrix}$$

$$\varnothing(s) = [sI-A]^{-1} = \frac{1}{\begin{bmatrix} s & -1 \\ 0 & s \end{bmatrix}} \begin{bmatrix} s & 1 \\ 0 & s \end{bmatrix} = \begin{bmatrix} \frac{1}{s} & \frac{1}{s^2} \\ 0 & \frac{1}{s} \end{bmatrix}$$

$$\therefore \varnothing(t) = \pounds^{-1}[sI-A]^{-1} = \pounds^{-1} \begin{bmatrix} \frac{1}{s} & \frac{1}{s^2} \\ 0 & \frac{1}{s} \end{bmatrix} = \begin{bmatrix} 1 & t \\ 0 & 1 \end{bmatrix}$$

【정답】③

66. 제어장치가 제어대상에 가하는 제어신호로 제어장치의 출력인 동시에 제어대상의 입력인 신호는?

① 목표값   ② 조작량

③ 제어량   ④ 동작신호

[피드백 제어 시스템]

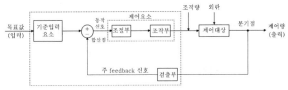

① 목표값 : 입력값
② 기준입력요소(설정부) : 목표값에 비례하는 기준 입력 신호 발생
③ 동작 신호 : 제어 동작을 일으키는 신호, 편차라고도 한다.
④ 제어 요소 : 동작신호를 조작량으로 변환하는 요소, 조절부와 조작부로 구성
⑤ 조작량 : 제어 요소의 출력신호, 제어 대상의 입력신호
⑥ 제어량 : 제어를 받는 제어계의 출력, 제어 대상에 속하는 양

【정답】②

67. 제어기에서 적분제어의 영향으로 가장 적합한 것은?

① 대역폭이 증가한다.

② 응답 속응성을 개선시킨다.

③ 작동오차의 변화율에 반응하여 동작한다.

④ 정상상태의 오차를 줄이는 효과를 갖는다.

[연속 제어]
·비례제어 : 사이클링은 없으나 잔류 편차(off set) 발생
·적분제어 : 잔류 편차 제거, 정상상태 개선

【정답】④

68. $G(j\omega) = \dfrac{1}{j\omega T + 1}$ 의 크기와 위상각은?

① $G(j\omega) = \sqrt{\omega^2 T^2 + 1} \angle \tan^{-1} \omega T$

② $G(j\omega) = \sqrt{\omega^2 T^2 + 1} \angle -\tan^{-1} \omega T$

③ $G(j\omega) = \dfrac{1}{\sqrt{\omega^2 T^2 + 1}} \angle \tan^{-1} \omega T$

④ $G(j\omega) = \dfrac{1}{\sqrt{\omega^2 T^2 + 1}} \angle -\tan^{-1} \omega T$

$$G(j\omega) = \frac{1}{1 + j\omega T}$$

·크기 : $|G(j\omega)| = \left| \dfrac{1}{1 + j\omega T} \right| = \dfrac{1}{\sqrt{1 + (\omega T)^2}}$

·위상각 : $\theta = -\tan^{-1} \dfrac{\omega T}{1} = -\tan^{-1} \omega T$ 　　【정답】④

69. Routh 안정판별표에서 수열의 제1열이 다음과 같을 때 이 계통의 특성 방정식에 양의 실수부를 갖는 근이 몇 개인가?

$$\begin{array}{c} 1 \\ 2 \\ -1 \\ 3 \\ 1 \end{array}$$

① 전혀 없다.   ② 1개 있다.

③ 2개 있다.   ④ 3개 있다.

[Routh 안정판별표] 루드표를 작성할 때 제 1열 요소의 부호 변환은 s평면의 우반면에 존재하는 근의 수를 나타낸다.
제1열의 2에서 -1과 -1에서 3으로 부호변화가 2번 있으므로 양의 실수를 (우반면에) 갖는 근은 2개 이다.

【정답】③

70. 특정 방정식 $S^5 + 2S^4 + 2S^3 + 3S^2 + 4S + 1$을 Routh–Hurwitz 판별법으로 분석한 결과이다. 옳은 것은 ?

① s−평면의 우반면에 근이 존재하지 않기 때문에 안정한 시스템이다.

② s−평면의 우반면에 근이 1개 존재하기 때문에 불안정한 시스템이다.

③ s−평면의 우반면에 근이 2개 존재하기 때문에 불안정한 시스템이다.

④ s−평면의 우반면에 근이 3개 존재하기 때문에 불안정한 시스템이다.

|정|답|및|해|설|
[루드 표]

S^5	1	2	4
S^4	2	3	1
S^3	0.5	3.5	
S^2	−11	1	
S^1	3.55	0	
S^0	1		

루드표에서 제1열의 부호가 2번 변하므로(0.5에서 −11로, −11에서 3.55로) s평면의 우반면에 불안정한 근이 2개가 존재하는 불안정 시스템이다. 【정답】③

71. 회로에서 전류 방향을 옳게 나타낸 것은?

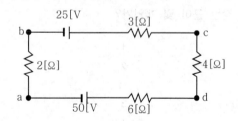

① 알 수 없다. ② 시계방향이다.
③ 흐르지 않는다. ④ 반시계방향이다.

|정|답|및|해|설|
직류 전원이 직렬로 연결되어 있는 경우에는 큰 전원에서 작은 전원 쪽으로 전류가 흐른다.
그러므로 반시계 방향($d \rightarrow c \rightarrow b \rightarrow a$)으로 전류가 흐른다.
【정답】④

72. 입력신호 $x(t)$ 출력신호 $y(t)$의 관계가 다음과 같을 때 전달함수는?

$$\frac{d^2y(t)}{dt^2} + 5\frac{dy(t)}{dt} + 6y(t) = x(t)$$

① $\dfrac{1}{(s+2)(s+3)}$ ② $\dfrac{s+1}{(s+2)(s+3)}$

③ $\dfrac{s+4}{(s+2)(s+3)}$ ④ $\dfrac{s}{(s+2)(s+3)}$

|정|답|및|해|설|
[전달함수]

$\dfrac{d^2y(t)}{dt^2} + 5\dfrac{dy(t)}{dt} + 6y(t) = x(t)$ 에서

모든 초기치를 0으로 하고 라플라스 변환하면
$s^2 Y(s) + 5sY(s) + 6Y(s) = X(s)$
$(s^2 + 5s + 6)Y(s) = X(s)$

$G(s) = \dfrac{Y(s)}{X(s)} = \dfrac{1}{s^2 + 5s + 6} = \dfrac{1}{(s+2)(s+3)}$

【정답】①

73. 회로에서 10[mH]의 인덕턴스에 흐르는 전류는 일반적으로 $i(t) = A + Be^{-at}$로 표시된다. a의 일반 값은?

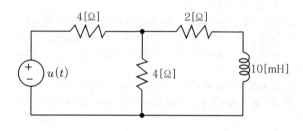

① 100 ② 200
③ 400 ④ 500

|정|답|및|해|설|

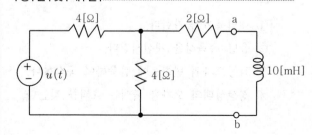

[개방전압] $V_{ab} = \dfrac{u(t)}{4+4} \times 4 = 0.5u(t)$

[테브난 등가저항] $R = \dfrac{4 \times 4}{4+4} + 2 = 4[\Omega]$

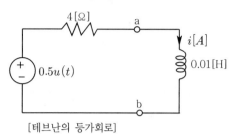

[테브난의 등가회로]

$i(t) = \dfrac{E}{R}\left(1 - e^{-\frac{R}{L}t}\right) = \dfrac{0.5}{4}\left(1 - e^{-\frac{4}{0.01}t}\right) = 0.125\left(1 - e^{-400t}\right)$

그러므로 $\alpha = \dfrac{R}{L} = 400$

【정답】③

74. $R-L$ 직렬 회로에 $e = 100\sin(120\pi t)[V]$의 전원을 연결하여 $I = 2\sin(120\pi t - 45°)[A]$의 전류가 흐르도록 하려면 저항은 몇 $[\Omega]$인가?

① 25.0　　　　② 35.4

③ 50.0　　　　④ 70.7

|정|답|및|해|설|

임피던스 $Z = \dfrac{E}{I} = \dfrac{\dfrac{100}{\sqrt{2}} \angle 0°}{\dfrac{2}{\sqrt{2}} \angle -45°} = 50 \angle 45°$

$Z = 50(\cos 45° + j\sin 45°) = 35.36 + j35.36$
임피던스 $Z = R + jX$

$R = 35.36[\Omega], \quad X = 35.36[\Omega]$

【정답】②

75. 3상 △부하에서 각 선전류를 I_a, I_b, I_c라 하면 전류의 영상분은? (단, 회로 평형 상태임)

① ∞　　　　② $\dfrac{1}{3}$

③ 1　　　　④ 0

|정|답|및|해|설|

[전류의 영상분] $I_0 = \dfrac{1}{3}(I_a + I_b + I_c)$

$I_a + I_b + I_c = 0$이므로 $I_0 = 0$이다.　　　　【정답】④

76. 정현파 교류전원 $e = E_m \sin(\omega t + \theta)$가 인가된 $R-L-C$직렬회로에 있어서 $\omega L > \dfrac{1}{\omega C}$일 경우, 이 회로에 흐르는 전류의 $I[A]$의 위상은 인가전압 $e[V]$의 위상보다 어떻게 되는가?

① $\tan^{-1}\dfrac{\omega L - \dfrac{1}{\omega C}}{R}$ 앞선다.

② $\tan^{-1}\dfrac{\omega L - \dfrac{1}{\omega C}}{R}$ 뒤진다.

③ $\tan^{-1}R\left(\dfrac{1}{\omega L} - \omega C\right)$ 앞선다.

④ $\tan^{-1}R\left(\dfrac{1}{\omega L} - \omega C\right)$ 뒤진다.

|정|답|및|해|설|

[$R-L-C$ 직렬회로]

· 임피던스 $Z = R + j(X_L - X_C) = R + j\left(\omega L - \dfrac{1}{\omega C}\right) = Z\angle\theta[\Omega]$

· $\omega L > \dfrac{1}{\omega C}$: 유도성 회로, 지상전류(I_L)

· $\omega L < \dfrac{1}{\omega C}$: 용량성 회로, 진상전류(I_C)

임피던스의 위상 $\theta = \tan^{-1}\dfrac{\text{허수부}}{\text{실수부}} = \tan^{-1}\dfrac{\left(\omega L - \dfrac{1}{\omega C}\right)}{R}$ 뒤진다

(유도성)　　　　【정답】②

77. 그림과 같은 R-C 병렬 회로에서 전원 전압이 $e(t) = 3e^{-5t}$인 경우 이 회로의 임피던스는?

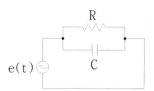

① $\dfrac{j\omega RC}{1 + j\omega RC}$　　　　② $\dfrac{R}{1 - 5RC}$

③ $\dfrac{R}{1 + RCs}$　　　　④ $\dfrac{1 + j\omega RC}{R}$

[임피던스] $Z = \dfrac{\dfrac{R}{jwC}}{R + \dfrac{1}{jwC}} = \dfrac{R}{1 + jwCR}$

$e_s(t) = 3e^{-5t}$에서 $jw = -5$이므로

$Z = \dfrac{R}{1 + jwCR} = \dfrac{R}{1 - 5CR}$ 【정답】②

78. 분포정수 선로에서 위상정수를 $\beta[rad/m]$라 할 때 파장은?

① $2\pi\beta$ ② $\dfrac{2\pi}{\beta}$

③ $4\pi\beta$ ④ $\dfrac{4\pi}{\beta}$

[전파속도] 전파속도 $v = \dfrac{\omega}{\beta} = \lambda f[m/sec]$

여기서, ω : 각속도($=2\pi f$), f : 주파수, β : 위상정수, λ : 파장

$\lambda f = \dfrac{w}{\beta} = \dfrac{2\pi f}{\beta}$ $\therefore \lambda = \dfrac{2\pi}{\beta}[m]$ 【정답】②

79. 성형(Y)결선의 부하가 있다. 선간전압 300[V]의 3상 교류를 인가했을 때 선전류가 40[A]이고 역률이 0.8이라면 리액턴스는 몇 [Ω]인가?

① 1.66   ② 2.60

③ 3.56   ④ 4.33

[한 상의 임피던스] $Z = \dfrac{V_p}{I}[\Omega]$

$Z = \dfrac{V_p}{I} = \dfrac{\dfrac{300}{\sqrt{3}}}{40} = \dfrac{30}{4\sqrt{3}} = 4.33[\Omega]$

$\sin\theta = \sqrt{1 - \cos^2\theta} = \sqrt{1 - 0.8^2} = 0.6$
$\therefore X_L = Z\sin\theta = 4.33 \times 0.6 = 2.598[\Omega]$

【정답】②

80. 그림의 회로에서 합성 인덕턴스는?

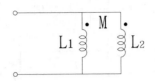

① $\dfrac{L_1 L_2 - M^2}{L_1 + L_2 - 2M}$ ② $\dfrac{L_1 L_2 + M^2}{L_1 + L_2 - 2M}$

③ $\dfrac{L_1 L_2 - M^2}{L_1 + L_2 + 2M}$ ④ $\dfrac{L_1 L_2 + M^2}{L_1 + L_2 + 2M}$

[병렬 접속 시 합성 인덕턴스] 병렬 접속형의 동가 회로를 그려 보면 그림과 같다.

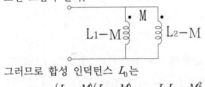

그러므로 합성 인덕턴스 L_0는

$L_0 = M + \dfrac{(L_1 - M)(L_2 - M)}{(L_1 - M) + (L_2 - M)} = \dfrac{L_1 L_2 - M^2}{L_1 + L_2 - 2M}$

【정답】①

1회

61. 제어오차가 검출될 때 오차가 변화하는 속도에 비례하여 조작량을 조절하는 동작으로 오차가 커지는 것을 사전에 방지하는 제어 동작은?

① 미분동작제어

② 비례동작제어

③ 적분동작제어

④ 온-오프(ON-OFF)제어

|정|답|및|해|설|
[미분 동작 제어(D동작)]
제어계 오차가 검출될 때 오차가 변화하는 속도에 비례하여 조작량을 가·감산하도록 하는 동작으로 오차가 커지는 것을 사전에 방지하는 데 있다. 【정답】①

62. 다음과 같은 상태방정식으로 표현되는 제어계에 대한 설명으로 틀린 것은?

$$\dot{x} = \begin{bmatrix} 0 & 1 \\ -2 & -3 \end{bmatrix} x + \begin{bmatrix} 1 & 1 \\ 0 & -2 \end{bmatrix} u$$

① 2차 제어계이다.

② x는 (2×1)의 벡터이다.

③ 특성방정식은 $(s+1)(s+2) = 0$이다.

④ 제어계는 부족제동(under damped)된 상태에 있다.

|정|답|및|해|설|
특성 방정식은 $s^2 + 3s + 2 = 0$이므로
$s^2 + 2\delta\omega_n s + \omega_n^2 = 0$과 비교하면
$2\delta\omega_n = 3,\ \omega_n^2 = 2 \rightarrow \omega_n = \sqrt{2},\ 2\sqrt{2}\delta = 3$
$\therefore \delta = \dfrac{3}{2\sqrt{2}} > 1$: 과제동 【정답】④

63. 벡터 궤적이 그림과 같이 표시되는 요소는?

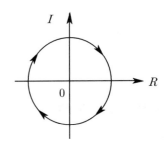

① 비례요소

② 1차 지연 요소

③ 2차 지연요소

④ 부동작 시간요소

|정|답|및|해|설|
[부동작 시간 요소]
·$G(s) = e^{-Ls}$
·$G(j\omega) = e^{-j\omega L} = \cos\omega L - j\sin\omega L$
·$G(j\omega) = \sqrt{(\cos\omega L)^2 + (\sin\omega L)^2} \angle \tan^{-1} - \dfrac{\sin\omega L}{\cos\omega L}$
$\qquad = -\omega L$
즉, 크기는 1이며, ω의 증가에 따라 원주상을 시계 방향으로 회전하는 벡터 궤적 $G(j\omega)$이며 이득은 0[dB]
【정답】④

64. 그림과 같은 이산치계의 z변환 전달함수 $\dfrac{C(z)}{R(z)}$를 구하면? (단, $Z\left[\dfrac{1}{s+a}\right]=\dfrac{z}{z-e^{-aT}}$ 임)

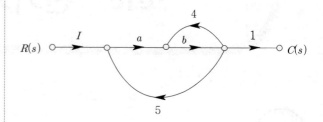

① $\dfrac{2z}{z-e^{-T}}-\dfrac{2z}{z-e^{-2T}}$

② $\dfrac{2z^2}{(z-e^{-T})(z-e^{-2T})}$

③ $\dfrac{2z}{z-e^{-2T}}-\dfrac{2z}{z-e^{-T}}$

④ $\dfrac{2z}{(z-e^{-T})(z-e^{-2T})}$

|정|답|및|해|설|

$C(z)=G_1(z)G_2(z)R(z)$

$\therefore G(z)=\dfrac{C(z)}{R(z)}=G_1(z)G_2(z)$

$\quad=z\left[\dfrac{1}{S+1}\right]z\left[\dfrac{2}{s+2}\right]=\dfrac{2z^2}{(z-e^{-T})(z-e^{-2T})}$

【정답】②

---

65. 다음의 논리 회로를 간단히 하면?

A○━┐
B○━┫●

① $X=AB$　　② $X=A\overline{B}$

③ $X=\overline{A}B$　　④ $X=\overline{AB}$

|정|답|및|해|설|

[논리회로]

A○━
B○━　$\overline{A+B}$ 이므로

주어진 그림은 $X=\overline{\overline{A+B}+B}$가 된다.

$X=\overline{\overline{A+B}+B}=\overline{\overline{A+B}}\cdot\overline{B}=(A+B)\overline{B}$

$\quad=A\overline{B}+B\overline{B}=A\overline{B}\quad(B+\overline{B}=1\quad B\overline{B}=0)$

【정답】②

---

66. 그림과 같은 신호 흐름 선도에서 $C(s)/R(s)$의 값은?

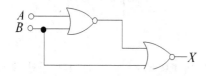

① $\dfrac{ab}{1-4b-5ab}$　　② $\dfrac{ab}{1+4b-5ab}$

③ $\dfrac{ab}{1-4b+5ab}$　　④ $\dfrac{ab}{1+4b+5ab}$

|정|답|및|해|설|

[메이슨의 식]

$G_1=ab,\ \triangle_1=1,\ L_{11}=4b,\ L_{21}=5ab$

$\triangle=1-(L_{11}+L_{21})=1-(4b+5ab)=1-4b-5ab$

$\therefore G=\dfrac{C}{R}=\dfrac{G_1\triangle_1}{\triangle}=\dfrac{ab}{1-4b-5ab}$

【정답】①

---

67. 단위계단 입력에 대한 응답특성이

$$c(t)=1-e^{-\frac{1}{T}t}$$ 로 나타나는 제어계는?

① 비례제어계　　② 적분제어계

③ 1차지연제어계　　④ 2차지연제어계

|정|답|및|해|설|

$R(s)=\mathcal{L}[r(t)]=\mathcal{L}[u(t)]=\dfrac{1}{s}$

$C(s)=\mathcal{L}[c(t)]=\mathcal{L}\left[1-e^{-\frac{1}{T}t}\right]=\dfrac{1}{s}-\dfrac{1}{s+\dfrac{1}{T}}$

$\therefore G(s)=\dfrac{C(s)}{R(s)}=\dfrac{\dfrac{1}{s}-\dfrac{1}{s+\dfrac{1}{T}}}{\dfrac{1}{s}}=1-\dfrac{s}{s+\dfrac{1}{T}}=\dfrac{1}{Ts+1}$

그러므로 1차지연제어계

【정답】③

68. $G(s)H(s) = \dfrac{K(s+1)}{s^2(s+2)(s+3)}$ 에서 근궤적의

수는?

① 1   ② 2

③ 3   ④ 4

|정|답|및|해|설|

[근궤적의 수] 근궤적의 수(N)는 극의 수(p)와 영점의 수(z)에서 큰 수와 같다. $z > p$이면 $N = z$이고, $z < p$이면 $N = p$가 된다. 문제에서 $z = 1$, $p = 4$이므로 근궤적의 수 $N = p$, 즉 $N = 4$

【정답】 ④

69. 주파수 응답에 의한 위치제어계의 설계에서 계통의 안정도 척도와 관계가 적은 것은?

① 공진치   ② 위상여유

③ 이득여유   ④ 고유주파수

|정|답|및|해|설|

[주파수 응답] 주파수 응답에서 안정도의 척도는 공진치, 위상 여유, 이득 여유가 된다. 고유 주파수는 안정도와는 무관하다.

【정답】 ④

70. 나이퀴스트 선도에서의 임계점(-1, j0)에 대응하는 보드선도에서의 이득과 위상은?

① 1[dB], 0°   ② 0[dB], -90°

③ 0[dB], 90°   ④ 0[dB], -180°

|정|답|및|해|설|

[나이퀴스트 곡선의 이득과 위상]

·이득 = $20\log|G| = 20\log 1 = 0[dB]$

·위상 = -180° 또는 180°   【정답】 ④

71. 평형 3상 △ 결선 회로에서 선간전압(E_l)과 상전압(E_p)의 관계로 옳은 것은?

① $E_l = \sqrt{3}\,E_p$ ② $E_l = 3E_p$

③ $E_l = E_p$ ④ $E_l = \dfrac{1}{\sqrt{3}}E_p$

|정|답|및|해|설|

[3상 교류의 결선]

항목	Y결선	△결선
전압	$E_l = \sqrt{3}\,E_p\angle 30$	$E_l = E_p$
전류	$I_l = I_p$	$I_l = \sqrt{3}\,I_p\angle -30$

【정답】 ③

72. 정격전압에서 1[kW]의 전력을 소비하는 저항에 정격의 80[%]의 전압을 가할 때의 전력[W]은?

① 320   ② 540

③ 640   ④ 860

|정|답|및|해|설|

[전력] $P = \dfrac{V^2}{R}$ 이므로 $P \propto V^2$

정격전압에서 1[kW] 전력을 소비하는 저항에 80[%] 전압을 가하면 $P = 0.8^2 \times 1[\mathrm{kW}] = 640[\mathrm{W}]$ 전력을 소비하게 된다.

【정답】 ③

73. 그림에서 $t = 0$에서 스위치 S를 닫았다. 콘덴서에 충전된 초기전압 $V_C(0)$가 1[V]이었다면 전류 $i(t)$를 변환한 값 $I(s)$는?

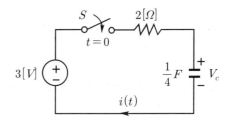

① $\dfrac{3}{2s+4}$ ② $\dfrac{3}{s(2s+4)}$

③ $\dfrac{2}{s(s+2)}$ ④ $\dfrac{1}{s+2}$

|정|답|및|해|설|

$i(t) = \dfrac{E}{R}e^{-\frac{1}{RC}t} = \dfrac{3-1}{2}e^{-\frac{1}{2\times\frac{1}{4}}t} = e^{-2t}$

$\therefore I(s) = \mathcal{L}\left[e^{-2t}\right] = \dfrac{1}{s+2}$

【정답】 ④

74. 그림과 같은 회로에서 i_x는 몇 [A]인가?

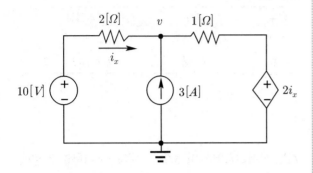

① 3.2

② 2.6

③ 2.0

④ 1.4

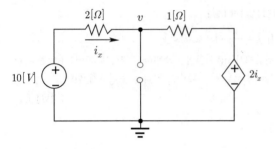

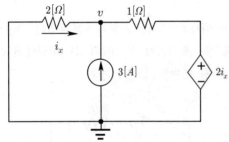

중첩의 원리에 의하여 전류원을 개방, 전류제어 전압원 단락하면

$i_x' = \dfrac{10}{2+1}$ $\therefore i_x' = \dfrac{10}{3}[A]$

다음 10[V]의 전압원을 단락시키고 전류제어 전압원도 단락시키고 전류원만 있다면, $i_x' = -\dfrac{1}{2+1} \times 3 = -1[A]$

전류제어 전압원만 있다면 $i_x' = -\dfrac{2i_x'}{3}$

$i_x = \dfrac{10}{3} - 1 - \dfrac{2i_x}{3}$ $\dfrac{5}{3}i_x = \dfrac{7}{3}$ $i_x = 1.4[A]$

【정답】④

75. 그림과 같이 전압 V와 저항 R로 구성되는 회로 단자 A–B간에 적당한 R_L을 접속하여 R_L에서 소비되는 전력을 최대로 하게 했다. 이때 R_L에서 소비되는 전력 P는?

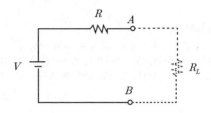

① $\dfrac{V^2}{4R}$

② $\dfrac{V^2}{2R}$

③ R

④ $2R$

[소비전력] $P_L = I^2 R_L = \left(\dfrac{V}{R+R_L}\right) \cdot R_L$ 에서

최대 전력 전송조건 $R = R_L$ 이므로

$= \left(\dfrac{V}{R+R}\right)^2 \times R = \dfrac{V^2}{4R}[W]$

【정답】①

76. 다음의 T형 4단자망 회로에서 A, B, C, D 파라미터 사이의 성질 중 성립되는 대칭조건은?

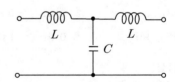

① $A = D$

② $A = C$

③ $B = C$

④ $B = A$

$\begin{bmatrix} 1 & j\omega L \\ 0 & 1 \end{bmatrix} \begin{bmatrix} 1 & 0 \\ j\omega C & 1 \end{bmatrix} \begin{bmatrix} 1 & j\omega L \\ 0 & 1 \end{bmatrix} = \begin{bmatrix} 1-\omega^2 LC & j\omega L(2-\omega^2 LC) \\ j\omega C & 1-\omega^2 LC \end{bmatrix}$

대칭조건 : $A = D$

【정답】①

77. 그림의 RLC 직·병렬회로를 등가 병렬회로로 바꿀 경우, 저항과 리액턴스는 각각 몇 $[\Omega]$인가?

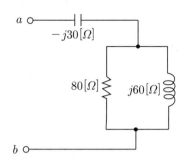

① 46.23, $j87.67$

② 46.23, $j107.15$

③ 31.25, $j87.67$

④ 31.25, $j107.15$

|정|답|및|해|설|

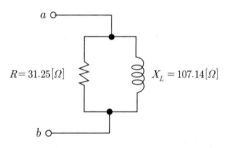

[등가 병렬회로]

$Z = -j30 + \dfrac{80 \times j60}{80 + j60} = 28.8 + j8.4\,[\Omega]$

$Y = \dfrac{1}{Z} = \dfrac{1}{28.8 + j8.4} = \dfrac{4}{125} - j\dfrac{7}{750}\,[\Omega]$

허수부가 (–) 이므로 $R-L$ 병렬 회로이다.

저항 $R = \dfrac{1}{G} = \dfrac{1}{\dfrac{4}{125}} = \dfrac{125}{4} = 31.25\,[\Omega]$

리액턴스 $X_L = j\dfrac{1}{B_L} = j\dfrac{1}{\dfrac{7}{750}} = j\dfrac{750}{7} = j107.14\,[\Omega]$

【정답】④

78. 분포정수 회로에서 선로의 특성 임피던스를 Z_0, 전파정수를 γ라 할 때 무한장 선로에 있어서 송전단에서 본 직렬임피던스는?

① $\dfrac{Z_0}{\gamma}$

② $\sqrt{\gamma Z_0}$

③ γZ_0

④ $\dfrac{\gamma}{Z_0}$

|정|답|및|해|설|

[특성 임피던스] $Z_0 = \sqrt{\dfrac{Z}{Y}}$

여기서, Z : 임피던스, Y : 어드미턴스

[전파정수] $\gamma = \sqrt{ZY}$

[선로의 직렬 임피던스] $Z = \sqrt{ZY}\sqrt{\dfrac{Z}{Y}} = \gamma Z_0$

【정답】③

79. $F(s) = \dfrac{5s+3}{s(s+1)}$ 일 때 $f(t)$의 정상값은?

① 5

② 3

③ 1

④ 0

|정|답|및|해|설|

[최종값 정리]

$\lim_{t \to \infty} f(t) = \lim_{s \to 0} s\,F(s) = \lim_{s \to 0} s \cdot \dfrac{5s+3}{s(s+1)} = \dfrac{3}{1} = 3$

【정답】②

80. 선간전압이 200[V], 선전류가 $10\sqrt{3}\,[A]$, 부하역률이 80[%]인 평형 3상 회로의 무효전력[Var]은?

① 3600

② 3000

③ 2400

④ 1800

|정|답|및|해|설|

[무효전력] $P_r = \sqrt{3}\,VI\sin\theta\,[Var]$

역률 $\cos\theta = 0.8$이면 무효율 $\sin\theta = \sqrt{1 - \cos^2\theta} = 0.6$

무효전력 $P_r = \sqrt{3}\,VI\sin\theta$

$\qquad\qquad = \sqrt{3} \times 200 \times 10\sqrt{3} \times 0.6 = 3600\,[Var]$

【정답】①

61. Nyquist 판정법의 설명으로 틀린 것은?

① 안정성을 판정하는 동시에 안정도를 제시해 준다.

② 계의 안정도를 개선하는 방법에 대한 정보를 제시해 준다.

③ Nyquist 선도는 제어계의 오차 응답에 관한 정보를 준다.

④ Routh-Hurwitz 판정법과 같이 계의 안정 여부를 직접 판정해 준다.

|정|답|및|해|설|
[나이퀴스트 판정법] 나이퀴스트 판정법은 안정도와 안정도를 개선하는 방법에 대한 정보를 준다.

【정답】③

62. 그림의 신호 흐름 선도에서 $\dfrac{y_2}{y_1}$은?

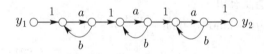

① $\dfrac{a^3}{1-3ab}$

② $\dfrac{a^3}{(1-ab)^3}$

③ $\dfrac{a^3}{(1-3ab+ab)}$

④ $\dfrac{a^3}{(1-3ab+2ab)}$

|정|답|및|해|설|
[신호 흐름 선도] 동일한 루프 3개가 종속이므로
$\dfrac{y_2}{y_1}=\left(\dfrac{a}{1-ab}\right)^3$으로 할 수 있다.

【정답】②

63. 폐루프 시스템의 특징으로 틀린 것은?

① 정확성이 증가한다.

② 대역폭이 증가한다.

③ 발진을 일으키고 불안정한 상태로 되어갈 가능성이 있다.

④ 계의 특성변화에 대한 입력 대 출력비의 감도가 증가한다.

|정|답|및|해|설|
[폐루프 제어계의 특징]
① 정확성의 증가
② 계의 특성 변화에 대한 입력 대 출력비의 감도 감소
③ 비선형과 왜형에 대한 효과의 감소
④ 대역폭의 증가
⑤ 발진을 일으키고 불안정한 상태로 되어 가는 경향성
⑥ 구조가 복잡하고 설치비가 고가

【정답】④

64. 다음과 같은 상태 방정식의 고유값 λ_1과 λ_2는?

$$\begin{bmatrix} x_1 \\ x_2 \end{bmatrix} = \begin{bmatrix} 1 & -2 \\ -3 & 2 \end{bmatrix}\begin{bmatrix} x_1 \\ x_2 \end{bmatrix} + \begin{bmatrix} 2 & -3 \\ -4 & 3 \end{bmatrix}\begin{bmatrix} r_1 \\ r_2 \end{bmatrix}$$

① 4, −1

② −4, 1

③ 6, −1

④ −6, 1

|정|답|및|해|설|
$|\lambda I-A| = \begin{bmatrix} \lambda & 0 \\ 0 & \lambda \end{bmatrix} - \begin{bmatrix} 1 & -2 \\ -3 & 2 \end{bmatrix} = \begin{bmatrix} \lambda-1 & 2 \\ 3 & \lambda-2 \end{bmatrix}$
$= (\lambda-1)(\lambda-2)-6 = \lambda^2-3\lambda-4$
$= (\lambda-4)(\lambda+1)=0$
$\therefore \lambda = 4, -1$

【정답】①

65. 2차 제어계 $G(s)H(s)$의 나이퀴스트 선도의 특징이 아닌 것은?

① 이득여유 ∞ 이다.

② 교차량 $|GH|=0$이다.

③ 모두 불안정한 제어계이다.

④ 부의 실축과 교차하지 않는다.

[나이퀴스트 선도의 특징]

2차 시스템에서 $G(s)H(s)$의 나이퀴스트 선도

① 음의 실수축과 교차하지 않으므로 교차량 $|GH_c|$는 0이다.

② 이득 여유 $GM = 20\log\dfrac{1}{|GH_C|} = 20\log\dfrac{1}{0} = \infty[dB]$이다.

③ 모든 이득 $K(<\infty)$에 대해서 2차 시스템은 안정하다.

안정한계점이 (−1, 0dB)이므로 2차제어계는 안정한계점과 교차할 수가 없어서 모두 안정하다.

【정답】③

66. 단위계단 함수 $u(t)$를 z변환하면?

① 1　　　　　② $\dfrac{1}{z}$

③ 0　　　　　④ $\dfrac{z}{z-1}$

|정|답|및|해|설|
[라플라스 변환]

$f(t)$	$F(s)$	$F(z)$
$\delta(t)$	1	1
$u(t)$	$\dfrac{1}{s}$	$\dfrac{z}{z-1}$
t	$\dfrac{1}{s^2}$	$\dfrac{Tz}{(z-1)^2}$
e^{-at}	$\dfrac{1}{s+a}$	$\dfrac{z}{z-e^{-at}}$

【정답】④

67. 그림과 같은 블록선도로 표시되는 제어계는 무슨 형인가?

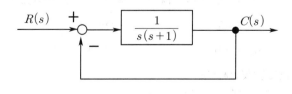

① 0　　　　　② 1

③ 2　　　　　④ 3

|정|답|및|해|설|

$$G(s)H(s) = \frac{1}{s^n(s+1)}$$

・n=0이면 o형　　・n=2이면 2형　　・n=1이면 1형

【정답】②

68. 제어기에서 미분제어의 특성으로 가장 적합한 것은?

① 대역폭이 감소한다.

② 제동을 감소시킨다.

③ 작동오차의 변화율에 반응하여 동작한다.

④ 정상상태의 오차를 줄이는 효과를 갖는다.

|정|답|및|해|설|
[미분 동작 제어(D동작)]

제어계 오차가 검출될 때 오차가 변화하는 속도에 비례하여 조작량을 가·감산하도록 하는 동작으로 오차가 커지는 것을 미리 방지하는 데 있다.　　　　【정답】③

69. 다음의 설명 중 틀린 것은?

① 최소 위상 함수는 양의 위상 여유이면 안정하다.

② 이득 교차 주파수는 진폭비가 1이 되는 주파수이다.

③ 최소 위상 함수는 위상 여유가 0이면 임계안정하다.

④ 최소 위상 함수의 상대안정도는 위상각의 증가와 함께 작아진다.

|정|답|및|해|설|
[위상과 안정도] 위상이 증가하면 안정도 증가한다.

【정답】④

70. 다음 논리회로의 출력 X는?

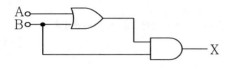

① A   ② B

③ A+B   ④ $A \cdot B$

|정|답|및|해|설|
[논리회로]
$X = (A+B) \cdot B = A \cdot B + B \cdot B = A \cdot B + B = B(A+1) = B$

【정답】②

71. $v = 100\sqrt{2}\,sin\left(\omega t + \dfrac{\pi}{3}\right)[V]$를 복소수로 나타내면?

① $25 + j25\sqrt{3}$ ② $50 + j25\sqrt{3}$

③ $25 + j5\sqrt{3}$ ④ $50 + j50\sqrt{3}$

|정|답|및|해|설|
$v = 100\sqrt{2}\sin\left(\omega t + \dfrac{\pi}{3}\right)$를 실효값 정지 벡터로 표시하면

$V = 100\angle\dfrac{\pi}{3} = 100(\cos 60° + j\sin 60°) = 50 + j50\sqrt{3}\,[V]$

【정답】④

72. 인덕턴스 0.5[H], 저항 2[Ω]의 직렬회로에 30[V]의 직류전압을 급히 가했을 때 스위치를 닫은 후 0.1초 후의 전류의 순시값 $i[A]$와 회로의 시정수 $\tau[s]$는?

① $i = 4.95, \tau = 0.25$

② $i = 12.75, \tau = 0.35$

③ $i = 5.95, \tau = 0.45$

④ $i = 13.95, \tau = 0.25$

|정|답|및|해|설|
[RL 직렬 회로]

① 순시값 $i(t) = \dfrac{E}{R}\left(1 - e^{-\frac{R}{L}t}\right) = \dfrac{30}{2}\left(1 - e^{-\frac{2}{0.5} \times 0.1}\right) ≒ 4.95[A]$

② 시정수 $\tau = \dfrac{L}{R} = \dfrac{0.5}{2} = 0.25[s]$

【정답】①

73. 다음 회로의 4단자 정수는?

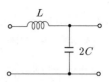

① $A = 1 + 2\omega^2 LC,\ B = j2\omega C,\ C = j\omega L,\ D = 0$

② $A = 1 - 2\omega^2 LC,\ B = j\omega L,\ C = j2\omega C,\ D = 1$

③ $A = 2\omega^2 LC,\ B = j\omega L,\ C = j2\omega C,\ D = 1$

④ $A = 2\omega^2 LC,\ B = j2\omega C,\ C = j\omega L,\ D = 0$

|정|답|및|해|설|
$$\begin{bmatrix} A & B \\ C & D \end{bmatrix} = \begin{bmatrix} 1 & Z_1 \\ 0 & 1 \end{bmatrix}\begin{bmatrix} 1 & 0 \\ \dfrac{1}{Z_2} & 1 \end{bmatrix}$$
$$= \begin{bmatrix} 1 & j\omega L \\ 0 & 1 \end{bmatrix}\begin{bmatrix} 1 & 0 \\ j2\omega C & 1 \end{bmatrix} = \begin{bmatrix} 1 - 2\omega^2 LC & j\omega L \\ j2\omega C & 1 \end{bmatrix}$$

【정답】②

74. 전압의 순시값이 다음과 같을 때 실효값은 약 몇 [V]인가?

$$v = 3 + 10\sqrt{2}\,sin\omega t + 5\sqrt{2}\,\sin(3\omega t - 30°)[V]$$

① 11.6   ② 13.2

③ 16.4   ④ 20.1

|정|답|및|해|설|
[비정현파의 실효값]
$V = \sqrt{V_0^2 + V_1^2 + V_3^3} = \sqrt{3^2 + 10^2 + 5^2} ≒ 11.6[V]$

【정답】①

75. 한 상의 임피던스가 $6 + j8[Ω]$인 △ 부하에 대칭 선간전압 200[V]를 인가할 때 3상 전력[W]은?

① 2400   ② 4160

③ 7200   ④ 10800

|정|답|및|해|설|
$I = \dfrac{E}{Z} = \dfrac{200}{6 + j8} = \dfrac{200}{\sqrt{6^2 + 8^2}} = 20[A]$

$\boxed{|Z| = \sqrt{R^2 + X^2}}$

$\therefore P = 3I^2 R = 3 \times 20^2 \times 6 = 7200[W]$

【정답】③

76. 그림과 같이 $R = 1[\Omega]$인 저항을 무한히 연결할 때, a-b에서의 합성저항은?

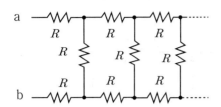

① $1 + \sqrt{3}$ ② $\sqrt{3}$

③ $1 + \sqrt{2}$ ④ ∞

77. 3상 불평형 전압에서 역상전압이 35[V]이고, 정상전압이 100[V], 영상전압이 10[V]라 할 때, 전압의 불평형률은?

① 0.10 ② 0.25

③ 0.35 ④ 0.45

78. 분포정수회로에서 선로의 단위길이 당 저항을 $100[\Omega]$, 인덕턴스를 200[mH], 누설 컨덕턴스를 $0.5[℧]$라 할 때 일그러짐이 없는 조건을 만족하기 위한 정전용량은 몇 $[\mu F]$인가?

① 0.001 ② 0.1

③ 10 ④ 1000

79. $f(t) = u(t-a) - u(t-b)$의 라플라스 변환 $F(s)$는?

① $\dfrac{1}{s^2}(e^{-as} - e^{-bs})$ ② $\dfrac{1}{s}(e^{-as} - e^{-bs})$

③ $\dfrac{1}{s^2}(e^{as} + e^{bs})$ ④ $\dfrac{1}{s}(e^{as} + e^{bs})$

80. 4단자 정수 A, B, C, D 중에서 어드미턴스 차원을 가진 정수는?

① A ② B

③ C ④ D

61. 단위 피드백 제어계의 개루프 전달함수가 $G(s) = \dfrac{1}{(s+1)(s+2)}$ 일 때 단위계단 입력에 대한 정상편차는?

① $\dfrac{1}{3}$ ② $\dfrac{2}{3}$

③ 1 ④ $\dfrac{4}{3}$

|정|답|및|해|설|

$e_{ss} = \lim\limits_{x \to 0} \dfrac{s}{1+G(s)} R(s)$ 에서 $R(s) = \dfrac{1}{s}$

$e_{ss} = \lim\limits_{s \to 0} \dfrac{s}{1+G(s)} \cdot \dfrac{1}{s} = \dfrac{1}{1+\lim\limits_{s \to 0} G(s)}$

$= \dfrac{1}{1+\lim\limits_{s \to 0} \dfrac{1}{(s+1)(s+2)}} = \dfrac{1}{1+\dfrac{1}{2}} = \dfrac{2}{3}$

【정답】②

62. $G(s)H(s) = \dfrac{K(s+1)}{s^2(s+2)(s+3)}$ 에서 점근선의 교차점을 구하면?

① $-\dfrac{5}{6}$ ② $-\dfrac{1}{5}$

③ $-\dfrac{4}{3}$ ④ $-\dfrac{1}{3}$

|정|답|및|해|설|

[점근선과 실수축의 교차점]

$\dfrac{\sum P - \sum Z}{P - Z} = \dfrac{극점의 합 - 영점의 합}{극점의 개수 - 영점의 개수}$

p(극점의 개수)=4개(0, 0, -2, -3)

z(영점의 개수)=1개(-1)

$= \dfrac{(-2-3)-(-1)}{4-1} = \dfrac{-4}{3}$

【정답】③

63. 그림의 블록선도에서 K에 대한 폐루프 전달함수 $T = \dfrac{C(s)}{R(s)}$ 의 감도 S_K^T는?

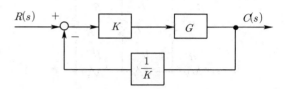

① -1 ② -0.5

③ 0.5 ④ 1

|정|답|및|해|설|

전달함수 $T = \dfrac{C(s)}{R(s)} = \dfrac{KG}{1+\dfrac{1}{K} \cdot KG} = \dfrac{KG}{1+G}$

감도 $S_K^T = \dfrac{K}{T} \cdot \dfrac{dT}{dK} = \dfrac{K}{\dfrac{KG}{1+G}} \cdot \dfrac{d}{dK}\left(\dfrac{KG}{1+G}\right)$

$= \dfrac{1+G}{G} \cdot \dfrac{G(1+G)-kG \cdot 0}{(1+G)^2} = 1$

【정답】④

64. 다음의 전달함수 중에서 극점이 $-1 \pm j2$, 영점이 -2인 것은?

① $\dfrac{s+2}{(s+1)^2+4}$ ② $\dfrac{s-2}{(s+1)^2+4}$

③ $\dfrac{s+2}{(s-1)^2+4}$ ④ $\dfrac{s-2}{(s-1)^2+4}$

|정|답|및|해|설|

영점은 분자가 0이 되는 점, 극점은 분모가 0이 되는 점

·영점 : $s = -2$에서 분자는 $s+2$

·극점 : $s = 1 \pm j2$에서

분모는

$[s-(-1+j2)][s-(-1-j2)] = s^2 + 2s + 5 = (s+1)^2 + 4$

따라서 $G(s) = \dfrac{s+2}{(s+1)^2+4}$

【정답】①

65. 비례요소를 나타내는 전달함수는?

① $G(s) = K$ ② $G(s) = Ks$

③ $G(s) = \dfrac{K}{s}$ ④ $G(s) = \dfrac{K}{Ts+1}$

|정|답|및|해|설|

· 비례요소의 전달함수는 K

· 미분요소의 전달함수는 Ks

· 적분요소의 전달함수는 $\dfrac{K}{s}$

【정답】①

66. 다음의 논리 회로를 간단히 하면?

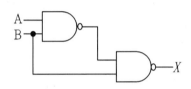

① $\overline{A} + B$ ② $A + \overline{B}$

③ $\overline{A} + \overline{B}$ ④ $A + B$

|정|답|및|해|설|

[논리회로]

$X = \overline{\overline{(A \cdot B)} \cdot B} = \overline{\overline{A \cdot B}} + \overline{B} = A \cdot B + \overline{B}$

$A \cdot B + \overline{B} = (A + \overline{B}) \cdot (B + \overline{B}) = A + \overline{B}$

$(\because B + \overline{B} = 1)$ 【정답】②

67. 근궤적에 대한 설명 중 옳은 것은?

① 점근선은 허수축에서만 교차한다.

② 근궤적이 허수축을 끊는 K의 값은 일정하다.

③ 근궤적은 절대 안정도 및 상대 안정도와 관계가 없다.

④ 근궤적의 개수는 극점의 수와 영점의 수 중에서 큰 것과 일치한다.

|정|답|및|해|설|

[근궤적의 작도법]

· 극점에서 출발하여 원점에서 끝남

· 근궤적의 개수는 z와 p중 큰 것과 일치한다. 또한 근궤적의 개수

는 특정 방정식의 차

· 근궤적의 대칭성 : 특성 방정식의 근이 실근 또는 공액 복소근을 가지므로 근궤적은 실수축에 대하여 대칭이다.

· 근궤적의 점근선 : 큰 s에 대하여 근궤적은 점근선을 가진다.

· 점근선의 교차점 : 점근선은 실수축 상에만 교차하고 그 수치는 $n = p - z$이다.

· 실수축에서 이득 K가 최대가 되게 하는 점이 이탈점이 될 수 있다. 【정답】④

68. $F(s) = s^3 + 4s^2 + 2s + K = 0$에서 시스템이 안정하기 위한 K의 범위는?

① $0 < K < 8$ ② $-8 < K < 0$

③ $1 < K < 8$ ④ $-1 < K < 8$

|정|답|및|해|설|

[특성 방정식] $F(s)s^3 + 4s^2 + 2s + K = 0$이므로 루드 표는

S^3	1	2
S^2	4	K
S^1	$\dfrac{8-K}{4}$	0
S^0	K	

제1열의 부호 변화가 없어야 안정하므로

$8 - K > 0$, $8 > K$, $K > 0$ $\therefore 0 < K < 8$

【정답】①

69. 전달함수 $G(s) = \dfrac{C(s)}{R(s)} = \dfrac{1}{(s+a)^2}$인 제어계의 임펄스 응답 $c(t)$는?

① e^{-at} ② $1 - e^{-at}$

③ te^{-at} ④ $\dfrac{1}{2}t^2$

|정|답|및|해|설|

[임펄스 응답] 임펄스 응답은 단위 임펄스 함수를 입력으로 했을 때의 응답이다.

· 임펄스 입력 $R(s) = \pounds[r(t)] = \pounds[\delta(t)] = 1$

· 임펄스 응답

$c(t) = \pounds^{-1}[G(s)R(s)] = \pounds^{-1}[G(s) \cdot 1] = \pounds^{-1}[G(s)]$

$= \pounds^{-1}\left[\dfrac{1}{(s+a)^2}\right] = te^{-at}$

【정답】③

70. $\mathcal{L}^{-1}\left[\dfrac{s}{(s+1)^2}\right]$ 는?

① $e^t - te^{-t}$　　　② $e^{-t} - te^{-t}$

③ $e^{-t} + te^{-t}$　　　④ $e^{-t} + 2te^{-t}$

|정|답|및|해|설|

$F(s) = \dfrac{s}{(s+1)^2} = \dfrac{A}{(s+1)^2} + \dfrac{B}{s+1}$

$A = \lim\limits_{s\to -1}(s+1)^2 F(s) = [s]_{s=-1} = -1$

$B = \lim\limits_{s\to -1}\dfrac{d}{ds}s = [1]_{s=-1} = 1$

$F(s) = \dfrac{-1}{(s+1)^2} + \dfrac{1}{s+1} = \dfrac{1}{s+1} - \dfrac{1}{(s+1)^2}$

$\therefore f(t) = \mathcal{L}^{-1}[F(s)] = e^{-t} - te^{-t}$　　【정답】②

71. 전하보존의 법칙(conservation of charge)과 가장 관계가 있는 것은?

① 키르히호프의 전류법칙

② 키르히호프의 전압법칙

③ 옴의 법칙

④ 렌츠의 법칙

|정|답|및|해|설|

[전하 보존의 법칙] 전하는 새로이 생성되거나 소멸하지 않고 항상 처음의 전하량을 유지한다.

[키르히호프의 전류 법칙(KCL)] 전기회로의 한 접속점에서 유입하는 전류는 유출하는 전류와 같으므로 회로에 흐르는 전하량은 항상 일정하다.　　【정답】①

72. 그림과 같은 직류 전압의 라플라스 변환을 구하면?

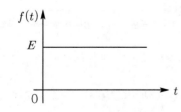

① $\dfrac{E}{s-1}$　　　② $\dfrac{E}{s+1}$

③ $\dfrac{E}{s}$　　　④ $\dfrac{E}{s^2}$

|정|답|및|해|설|

[단위 계단 함수] $\mathcal{L}[Eu(t)] = \dfrac{E}{s}$

【정답】③

73. 그림의 사다리꼴 회로에서 부하전압 V_L의 크기는 몇 [V]인가?

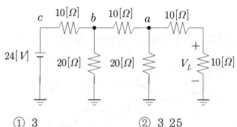

① 3　　　② 3.25

③ 4　　　④ 4.15

|정|답|및|해|설|

처음 a점 우측의 합성저항은 $20[\Omega]$이며, 아래측의 $20[\Omega]$과 병렬로 되어 a점의 합성 저항은 $10[\Omega]$이 된다.

같은 방법으로 b점의 합성 저항은 $10[\Omega]$,

즉, 24[V]는 1/2씩 b점을 중심으로 나누어 걸리게 된다. b점의 전위는 12[V], a점의 전위는 6[V], V_L의 전위는 3[V]가 된다.

【정답】①

74. $i = 3t^2 + 2t[A]$의 전류가 도선을 30초간 흘렀을 때 통과한 전체 전기량[Ah]은?

① 4.25　　　② 6.75

③ 7.75　　　④ 8.25

|정|답|및|해|설|

[전체 전기량]

$Q = \displaystyle\int_0^1 i\,dt = \int_0^{30}(3t^2+2t)dt = [t^3+t^2]_0^{30}$

$= 27900[A \cdot \sec] = \dfrac{27900}{3600}[Ah] = 7.75[Ah]$

【정답】③

75. 인덕턴스 $L = 20[mH]$인 코일에 실효값 $E = 50[V]$, 주파수 $f = 60[Hz]$인 정현파 전압을 인가했을 때 코일에 축적되는 평균 자기에너지는 약 몇 [J]인가?

① 6.3 　　　　② 4.4

③ 0.63 　　　　④ 0.44

|정|답|및|해|설|

[평균 자기 에너지] $W = \frac{1}{2}LI^2[J]$

$I = \frac{V}{Z} = \frac{V}{wL} = \frac{V}{2\pi fL} = \frac{50}{2\pi \times 60 \times 20 \times 10^{-3}} = 6.63[A]$

$W = \frac{1}{2}LI^2 = \frac{1}{2} \times 20 \times 10^{-3} \times 6.63^2 = 0.44[J]$

【정답】④

76. 전압비 10^6을 데시벨(dB)로 나타내면?

① 2 　　　　② 60

③ 100 　　　　④ 120

|정|답|및|해|설|

이득 $= 20\log_{10}10^6 = 120[dB]$　　　　【정답】④

77. 전송선로의 특성 임피던스가 $100[\Omega]$이고, 부하저항이 $400[\Omega]$일 때 전압 정재파비는 얼마인가?

① 0.25 　　　　② 0.6

③ 1.67 　　　　④ 4.0

|정|답|및|해|설|

반사계수 $\rho = \frac{Z_R - Z_0}{Z_R + Z_0} = \frac{400 - 100}{400 + 100} = \frac{3}{5} = 0.6$

전압 정재파비 $S = \frac{1 + |\rho|}{1 - |\rho|} = \frac{1 + 0.6}{1 - 0.6} = 4$

【정답】④

78. 구동점 임피던스 함수에 있어서 극점(pole)은?

① 개방 회로 상태를 의미한다.

② 단락 회로 상태를 의미한다.

③ 아무 상태도 아니다.

④ 전류가 많이 흐르는 상태를 의미한다.

|정|답|및|해|설|

[구동점 임피던스의 영점과 극점]

·영점 : $Z(s) = 0$인 경우로 회로를 단락한 상태이다

·극점 : $Z(s) = \infty$인 경우는 회로가 개방 상태이다.

【정답】①

79. 상전압이 120[V]인 평형 3상 Y결선의 전원에 Y결선 부하를 도선으로 연결하였다. 도선의 임피던스는 $1 + j[\Omega]$이고 부하의 임피던스는 $20 + j10[\Omega]$이다. 이 때 부하에 걸리는 전압은 약 몇 [V]인가?

① $67.18\angle -25.4°$ 　　② $101.62\angle 0°$

③ $113.14\angle -1.1°$ 　　④ $118.42\angle -30°$

|정|답|및|해|설|

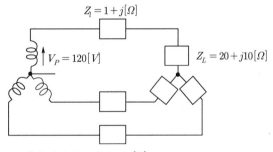

·도선의 임피던스 $Z_l = 1 + j[\Omega]$

·부하 임피던스 $Z_L = 20 + j10$

$= \sqrt{20^2 + 10^2}\angle\tan^{-1}\frac{10}{20} = 22.36\angle 26.565°$

·합성 임피던스 $Z = Z_l + Z_L = 1 + j + 20 + j10 = 21 + j11$

$= \sqrt{21^2 + 11^2}\angle\tan^{-1}\frac{11}{21} = 23.71\angle 27.646°$

·부하전압 $V_L = I_P Z_L = \frac{V_P}{Z} \cdot Z_L$

$= \frac{120\angle 0°}{23.71\angle 27.646°} \times 22.36\angle 26.565°$

$= 113.14\angle -1.1°$

【정답】③

80. 그림과 같은 파형의 파고율은 얼마인가?

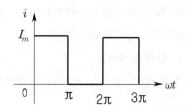

① 0.707 ② 1.414

③ 1.732 ④ 2.000

|정|답|및|해|설|

구형파 반파 실효값 : $\dfrac{I_m}{\sqrt{2}}$, 평균값 : $\dfrac{I_m}{2}$

파형율 $= \dfrac{실효값}{평균값} = \dfrac{\dfrac{I_m}{\sqrt{2}}}{\dfrac{I_m}{2}} = \dfrac{2}{\sqrt{2}} = \sqrt{2} = 1.414$

파고율 $= \dfrac{최대값}{실효값} = \dfrac{I_m}{\dfrac{I_m}{\sqrt{2}}} = \sqrt{2} = 1.414$

구형파 전파의 경우는 파형률 파고율이 모두 1이다.

【정답】②

Memo

Memo